U0353704

纳米晶体的光致发光与能量转移

安利民　著

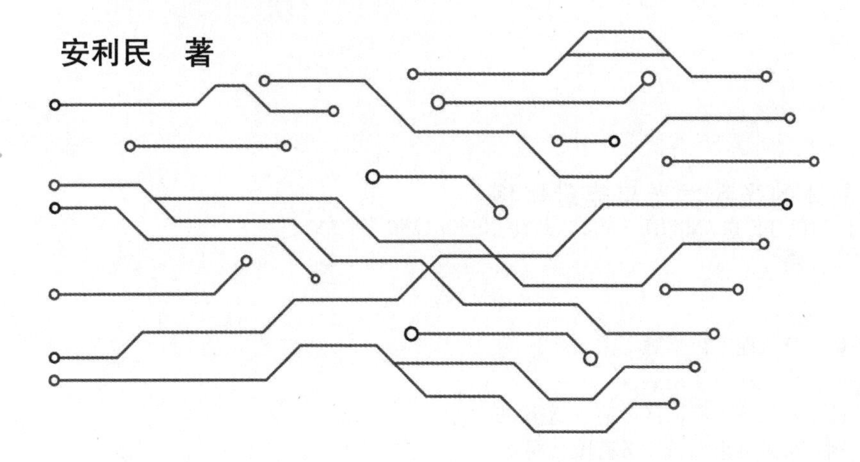

黑龍江大學出版社
HEILONGJIANG UNIVERSITY PRESS
哈尔滨

图书在版编目（CIP）数据

纳米晶体的光致发光与能量转移 / 安利民著. -- 哈尔滨 : 黑龙江大学出版社, 2019.8
ISBN 978-7-5686-0386-7

Ⅰ. ①纳… Ⅱ. ①安… Ⅲ. ①晶体－纳米材料－光致发光－研究②晶体－纳米材料－能量－转移－研究 Ⅳ. ①TB383

中国版本图书馆 CIP 数据核字 (2019) 第 155934 号

纳米晶体的光致发光与能量转移
NAMI JINGTI DE GUANGZHI FAGUANG YU NENGLIANG ZHUANYI
安利民 著

责任编辑 李 丽 肖嘉慧
出版发行 黑龙江大学出版社
地 址 哈尔滨市南岗区学府三道街 36 号
印 刷 哈尔滨市石桥印务有限公司
开 本 720 毫米 ×1000 毫米 1/16
印 张 20.25
字 数 321 千
版 次 2019 年 8 月第 1 版
印 次 2019 年 8 月第 1 次印刷
书 号 ISBN 978-7-5686-0386-7
定 价 63.00 元

前　言

荧光纳米材料具有量子尺寸效应、表面效应及宏观量子隧道效应等多种新奇效应，在光、电、磁、热等方面呈现出优异的性能，近年来成为科技领域研究的热点。半导体纳米晶体(或称纳米晶体、纳米晶、量子点、Quantum Dots、QDs)的发射谱线窄、激发谱线宽、荧光波长随粒径变化连续可调、性能稳定等理化性质方面的优点使其有望取代目前使用的有机荧光材料，在细胞成像、DNA测序、免疫检测、温度传感、白光LED等领域有广阔的应用前景。目前，纳米晶体材料已经有较成熟的合成技术路线，但仍需改进，例如油相合成应降低成本，水相合成需提高晶体质量。纳米晶体的很多特性目前尚未完全研究清楚，如金属表面的荧光增强、上转换荧光、纳米晶体与有机分子间的相互作用等。本书详细讨论了多种颗粒状纳米晶体的合成、光致发光和能量转移过程。

与传统的油相合成方法不同，我们用十八烯(ODE)作为反应溶剂，替代昂贵、有毒的三辛基氧化膦(TOPO)，得到了发光性能同样优异的不同颜色的CdSe纳米晶体，降低了合成成本。在氯仿溶液中，获得了CdSe纳米晶体与聚苯胺的复合体，实验发现纳米晶体尺寸减小和聚苯胺浓度增加时复合体荧光强度会降低。研究表明，这一方面是由于CdSe纳米晶体向聚苯胺的共振能量转移，另一方面是由于聚苯胺可以有效截获CdSe纳米晶体中的电荷传递，两方面共同促成了复合体的荧光淬灭现象。

水相合成以巯基羧酸为表面配体，得到了不同尺寸的CdSe和CdTe纳米晶体。CdSe纳米晶体在金岛薄膜表面，与在玻璃表面相比较，荧光积分强度增加四倍，而荧光寿命减小接近一半。因为CdSe纳米晶体和金之间的能带结构相匹配，所以金岛薄膜中激发态的电子隧穿注入CdSe核区，增加了纳米晶体激发态的电子密度,从而导致荧光增强。荧光寿命减小则是由于金岛薄膜的存在,导致纳米晶体中自由激子数目和辐射跃迁效率增加。利用银纳米粒子表面配体(聚乙烯吡咯烷酮)与 CdTe 纳米晶体之间的 Cd—O 键相互作用,将 CdTe 纳米晶体自组装到银纳米粒子表面,观察到 CdTe 纳米晶体的荧光增强、峰位红移和寿命缩短等现象,研究表明这些现象的出现与金属表面强局域电磁场和表面配体等有关。这种自组装方法简单、方便,对纳米晶体在生命科学、化学、医学等领域中提高检测灵敏度具有重要的意义。

同时制备出了壳层厚度可以精确控制的水溶性 CdTe/CdS 核壳纳米晶体,在该体系中存在不同于 CdSe/CdS、CdTe/ZnS 等核壳纳米晶体的荧光峰展宽、大幅度红移以及荧光寿命增加的现象。我们认为,随着 CdS 厚度的增加,纳米晶体会从Ⅰ型逐渐过渡到Ⅱ型。Ⅱ型 CdTe/CdS 核壳纳米晶体不仅有 CdTe 核区导带电子与价带空穴间的直接复合,还有 CdS 壳层导带电子与 CdTe 核价带空穴界面处的间接复合,这种发光机制的改变导致了荧光光谱的上述变化。

利用 400 nm 和 800 nm 不同波长的低强度飞秒激光,对 CdTe 和 CdTe/CdS 核壳纳米晶体溶胶进行激发,获得稳态和时间分辨荧光光谱。在 800 nm 飞秒激光激发下,CdTe 和 CdTe/CdS 纳米晶体产生上转换发光现象,上转换荧光峰与 400 nm 激发下的荧光峰相比发生蓝移,而且蓝移值与荧光量子产率有关,激发光功率与上转换荧光强度间满足平方关系。研究表明,CdTe 和 CdTe/CdS 纳米晶体荧光由带边激子态和诱捕态两种成分组成,两种成分峰位不同,带边激子态波长较短,诱捕态波长较长。800 nm 激发与 400 nm 激发相比,激子态相对比重增加,这导致了荧光峰的蓝移。所以,表面态辅助的双光子吸收是低激发强度下纳米晶体上转换发光的主要机制。

以 $Cd(NO_3)_2$、Na_2S 和 TiO_2 为原料,采用连续离子层沉积法制备了不同层数的 CdS/TiO_2 光阳极。以 Pt 做对电极,CdS 纳米晶体做敏化剂,组装了不同层数的纳米晶敏化太阳能电池。通过对电池的光电性能的测试,得到了不同层数 CdS/TiO_2 光阳极电池的光电性能的参数,并结合 $I-V$ 曲线图、$I-T$ 曲线图和交流阻抗谱图,分析了不同层数 CdS/TiO_2 光阳极的光电特性,通过

SEM 测试，探讨了 CdS/TiO_2的形貌。实验结果表明：CdS 的含量在一定范围内会有效地改善光阳极的导电性能，15 次循环沉积得到的 CdS 纳米晶体敏化 TiO_2光阳极的转换效率最高。

采用连续离子层吸附反应法构筑了 PbS/TiO_2光阳极，组成纳米晶体敏化太阳能电池。通过不同次数的循环得到了不同层数的 PbS 纳米晶体。以一个循环为一层，分别做了 3、6、9、12、15 层的 PbS/TiO_2薄膜基片。不同层数的 PbS/TiO_2薄膜产生的光电转换效率不同。随着层数的增多，PbS 纳米晶体的效率越高，在 12 层时，效率最高，之后随着层数的增多，效率降低。这说明了在 TiO_2薄膜表面吸附纳米晶体可提高电子传输效率；当纳米晶体过多时，阻碍电子传输，导致效率下降。根据 IMPS 与 IMVS 测试，PbS 纳米晶体敏化 TiO_2薄膜可以加快电子传输，抑制电子复合，延长电子寿命，从而提高太阳能电池的光电转换效率。

采用水热合成方法构筑 MoS_2对电极太阳能电池，并对 MoS_2对电极的催化性能展开研究。通过改变前驱物比例合成、测试 MoS_2的结构及其光电性能。按 3 mol/L MoO_3与 7.5 M KSCN，3 mol/L MoO_3与 9 mol/L KSCN 两种不同比例合成，得到 MoS_2对电极。在以 MoO_3与 KSCN 为前驱物，以不低于 4 500 r/min的转速离心，成功制备了球状的 MoS_2。球状 MoS_2中间有大量的空隙，电子具有很高的运动频率。实验结果显示，比例为 1∶3 合成的 MoS_2的光电转换效率 $\eta = 3.332\ \%$。根据电化学阻抗谱，知道比例为 1∶3 合成的 MoS_2的阻抗较小，所以导电性能更好。在循环伏安测试中，MoS_2对电极有两部分氧化还原峰，1∶3合成的 MoS_2电流密度很大，对 I_3^- 还原有较高的催化活性，所以太阳能电池的光电转换效率较高。

采用稀土氯化物溶剂热方法合成稀土上转换纳米材料镱离子与铒离子相掺的四氟钇钠（$NaYF_4$:Yb^{3+}，Er^{3+}）、镱离子与铥离子相掺的四氟钇钠（$NaYF_4$:Yb^{3+}，Tm^{3+}）、镱离子与铒离子相掺的四氟钆钠（$NaGdF_4$:Yb^{3+}，Er^{3+}），分析了三种材料的荧光光谱和扫描电镜图像。以斑马鱼作为模拟生物，研究了三种稀土上转换纳米材料以及五种稀土离子对斑马鱼胚胎发育的影响，统计斑马鱼的存活率以及畸形率，分析稀土上转换纳米材料的生物相容性。对几种常见的稀土离子存在的潜在毒性进行分析，总结可能引发的疾病。实验结果表明,三种稀土上转换纳米材料的生物相容性很好,但高浓度的稀土离子对斑马鱼有毒害作用,五种稀土离子的毒性大小是 $Nd^{3+} > Gd^{3+} > Er^{3+} > Yb^{3+} > Lu^{3+}$。

利用时间分辨瞬态吸收光谱技术对 CdTe/CdS/ZnS 纳米晶体 - 罗丹明 B 混合体系水溶液与 CdSe/ZnS 纳米晶体 - TPP 复合体系非水溶液的能量转移过程进行研究。在研究 CdTe/CdS/ZnS 纳米晶体 - 罗丹明 B 混合体系水溶液的能量转移过程中, CdTe/CdS/ZnS 纳米晶体为能量给体,罗丹明 B 为能量受体,二者之间的主要能量转移机制为荧光共振能量转移。在其吸收光谱中,纳米晶体和染料的吸光度的总和很类似于混合体系的吸光度,二者的复合体系仅稍微改变了单个荧光团的吸光度。在研究 CdTe/CdS/ZnS 纳米晶体 - 罗丹明 B 混合体系水溶液的时间分辨瞬态吸收光谱时,发现二者之间存在着明显的荧光共振能量转移现象,并且 TA 信号上升与罗丹明 B 受体浓度有着明确的正相关性。随受体浓度增加,荧光共振能量转移的效率升高。

在 CdSe/ZnS 纳米晶体 - 卟啉(TPP)复合体系甲苯溶液中,以 CdSe/ZnS 纳米晶体为能量给体,TPP 为能量受体的能量转移过程研究中,其能量转移类型为非辐射型。通过分析样品的稳态荧光光谱,可以看出,在混合溶液中随着 TPP 受体浓度的增加,纳米晶体给体在 534 nm 处的荧光强度减小,TPP 受体在 654 nm 处的荧光强度增加。通过对时间分辨荧光光谱的分析, CdSe/ZnS 纳米晶体 - TPP 混合体系甲苯溶液中 CdSe/ZnS 纳米晶体的荧光寿命比纯 CdSe/ZnS 纳米晶体溶液状态下的荧光寿命有所衰减。而在其飞秒时间分辨瞬态吸收光谱中,CdSe/ZnS 纳米晶体 - TPP 混合溶液的吸收光谱与纯的 CdSe/ZnS 纳米晶体甲苯溶液吸收光谱相比,在 519 nm、549 nm、590 nm、650 nm 附近有新的负吸收变化,并且与纯 TPP 光谱相比,其吸光度较弱,实验结果都说明了纳米晶体与卟啉之间发生的是非辐射型能量转移。CdSe/ZnS 纳米晶体与 TPP 之间的能量转移过程发生在相对应的激发态上。

针对硝基甲烷的拉曼散射光谱的温度依赖性进行了深入研究,在理论上分析了自发拉曼散射强度、受激拉曼散射强度以及相干反斯托克斯拉曼散射强度对温度的依赖性,并且推导出了新的受激拉曼散射强度以及相干反斯托克斯拉曼散射强度对温度的依赖性公式，为实验部分奠定了坚实的理论基础。设计了硝基甲烷与掺杂 IR780 的硝基甲烷的反斯托克斯共振拉曼（CARS）对比实验以及掺杂 Rh101 染料的硝基甲烷与纯硝基甲烷的瞬态光栅（TG）对比实验，对实验数据进行了细致的处理，其结果能够很好地与理论公式和理论预测结果相符合，这两个实验证明了通过 CARS 信号和瞬态光栅（受激拉曼过程）信号预测温度变化趋势的可行性，也说明了掺杂分子加热计的浓度的大小影响着温度的变化趋势，IR780 分子与硝基甲烷分子间存在着能量转移过程，并且罗丹明 101 分子与硝基甲烷分子间也存在着能量转移过程。

本书由黑龙江大学杰出青年科学基金资助。

安利民

2018 年 5 月

目　录

第1章 纳米晶体的基本特征

1.1 纳米材料的效应

纳米科学技术是在纳米尺度($1\ nm=10^{-9}\ m$)范围内研究物质的特征和相互作用,并利用这些特性制造具有特定功能产品的高新科技。纳米材料是纳米科学技术的基础,已经引起世界各国的广泛关注。现代物理和材料学家所称的纳米材料是指小到纳米尺度的微小粒子(也称之为纳米粉)及晶粒尺寸小到纳米量级的固体和薄膜。纳米粒子也叫超微颗粒,通常指尺寸在1~100 nm间的粒子,它们正好处在原子簇和宏观物体交界的过渡区域,这样的系统既不属于典型的微观系统,也不属于典型的宏观系统,而是一种介观系统。当人们将宏观块体材料逐渐细分成纳米量级的超微颗粒以后,它将显示出许多奇异的特殊性质,例如小尺寸效应、表面效应和宏观量子隧穿效应等。纳米材料的力学、热学、光学、电学、磁学以及化学方面的性质和块体材料相比有明显的不同,所以在催化、滤光、光吸收、医药、磁介质、传感、荧光标记、离子检测、激光器、量子计算机等诸多方面有着广阔的应用前景。

在已经过去的二十余年中,几乎所有的工业化国家开始了集中于纳米方面的研究项目。现在,美国在合成、化学和生物方面领先;日本在纳米器械和加固纳米结构上领先;欧洲在弥散、涂覆、新型仪器方面实力强大。美国、日本、瑞典、瑞士等国都创建了纳米技术特殊用途研究中心。我国也投入了巨大的人力、物力,许多高校和研究所都在进行相关研究。

纳米晶体是介于团簇和体材料之间的一种被重点研究的纳米材料，是由数百到数千个原子构成的半导体纳米晶体，如图 1－1 所示。目前，研究较多的是 ZnO、CdS 等ⅡB－ⅥA 族化合物，InP、GaAs 等ⅢA－ⅤA 族化合物和 Si、Ge 等元素，特别是含镉元素的纳米晶体 CdX（X＝S、Se、Te）引起人们的极大兴趣。纳米晶体由于粒径很小（1～10 nm），电子和空穴在三个维度上都受到量子限域的影响，体材料中连续的能带变成具有分子特性的分立能级结构，因此，光学行为与一些大分子（如多环的芳香烃）很相似，可以发射荧光。纳米晶体的光吸收和发射特征与体积大小有密切的关系，晶粒尺寸越小，比表面积越大，光激发的电子或空穴受钝化表面的束缚就越大，其表面束缚能就越高，吸收的光能也越多，即存在量子尺寸效应，从而导致吸收峰蓝移，荧光发射峰位也相应蓝移。

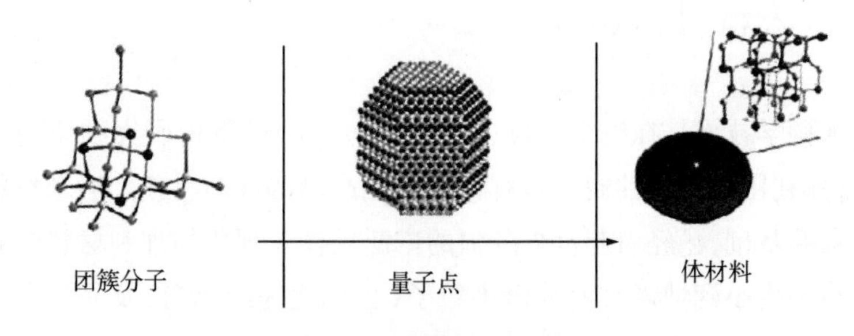

图 1－1　纳米晶体的结构

裸核纳米晶体的表面缺陷较多，形成大量的无辐射中心，很多激发态电子通过无辐射通道以发射声子散发热量的形式弛豫到基态，所以荧光量子产率很低。但是，当以荧光纳米晶体为内核，采用另一种晶格参数相匹配的宽带隙半导体材料对其进行包覆，形成核壳（core/shell）结构后，表面缺陷就会减少，荧光量子产率可以提高到约 90%，甚至更高，同时消光系数也会大幅度地增加，获得很强的荧光发射。目前已经合成得到多种核壳结构的纳米晶体，例如 CdSe/ZnS、CdSe/ZnSe、CdTe/CdS、CdS/Cd$(OH)_2$、PbS/CdS 等，此外还有更复杂的三明治多层结构，例如 CdSe/ZnSe/ZnS、CdS/HgS/CdS 等。

CdSe 体材料的带隙宽度是 1.72 eV，本体材料的发光波长在 729 nm 左右，因此 CdSe 纳米晶体的荧光发射波长可以覆盖整个可见光谱范围。根据 CdSe 纳米晶体的这种光学特性，人们设法利用 CdSe 纳米晶体代替有机荧光分子作为生物荧光标记的材料。与有机染料和荧光蛋白相比,CdSe 纳米晶体具有许多优势。

(1) 纳米晶体的激发波长范围很宽,可以使用小于其发射波长 10 nm 以上的任意波长的激发光进行激发,而且荧光峰位置可以通过改变纳米晶体的物理尺寸进行调节,这样就可以使用同一种激发光同时激发多种纳米晶体,发射出不同波长的荧光,进行多元荧光的同时检测。而有机荧光分子的激发波长范围较窄,欲获得不同颜色的发射光,需要选取不同的有机荧光分子,这时常常要用不同波长的光来分别激发,给实际工作带来了很多的不便。此外,由于纳米晶体的激发波长范围宽,我们可以选取更为合适的激发波长,使生物组织样本的自发荧光降到最低点,提高分辨率和灵敏度。

(2) 纳米晶体的荧光峰狭窄对称,半峰宽(FWHM)通常只有 30 nm 左右,这样就可以同时使用不同发射波长的纳米晶体,而发射光谱不会出现重叠(overlap),或者只存在极少的重叠,使标记生物分子荧光谱的区分、识别变得很容易,更使多路同时标记成为可能。而有机荧光分子的荧光峰很宽(约 100 nm),并且在长波方向有很长的拖尾(约 100 nm),因此,同时使用不同的有机荧光分子时会出现发射光谱重叠的现象。

(3) 纳米晶体的斯托克斯位移(Stocks shift, 激发波长和发射波长峰值的差值)较大(最大可达 300 ~ 400 nm),能够有效避免激发光谱与发射光谱的重叠,从而可以实现低信号强度下的光谱学检测。而有机荧光染料的斯托克斯位移较小,激发光谱与发射光谱之间存在严重的互相重叠问题,容易产生干扰,给检测分析造成难以解决的困难。

(4) 纳米晶体的荧光寿命长,可以持续数十纳秒(ns),通过采用时间分辨的办法,能够使纳米晶体的荧光从背景荧光中分离出来。然而,典型的有机荧光染料的荧光寿命很短,仅为几纳秒,所以,不易与背景荧光分离。

(5) 纳米晶体的光稳定性比有机荧光分子好,它可以经受反复多次激发,而不像有机荧光分子那样容易发生荧光漂白,这为研究生物分子之间长时间相互作用提供了有力的工具。

近十几年来,纳米晶体的研究取得了许多重要突破。这些突破主要表现在两个方面:第一是理论研究方面,第二是实验方面(即材料制备和新性质的发现)。两者是相辅相成的:制备出尺寸均一的纳米晶体使直接观测单个纳米晶体的光谱特性成为可能;反过来,理论研究的进展使人们能更清楚地了解纳米晶体的性质,材料制备与理论研究的突破又不断地扩展着纳米晶体的应用范围。

1.1.1 量子尺寸效应

从固体物理中的能带理论出发,可以成功解释金属、半导体、绝缘体之间的联系与区别。对纳米微粒来说,由于尺寸极小,电子被限制在一个体积十分狭小的纳米空间内,运动受到限制,电子平均自由程随之降低,局域性和相干性明显增强。尺寸下降使纳米体系包含的原子数大大减少,宏观固定的准连续能带消失了,表现为类似分子的分立能级结构,能级间的距离会随微粒尺寸的减小而增大。当电场能、磁场能或者热能比平均的能级间距还小时,就会呈现出一系列与宏观物体截然不同的反常特性,称之为量子尺寸效应。例如,导电的金属在纳米尺度下可以变成绝缘体,磁矩的大小和微粒中电子数是奇数还是偶数有关,光谱线会产生向短波长方向的移动,这就是量子尺寸效应的宏观表现。其中,研究最多的是吸收光谱和荧光光谱的蓝移现象。

纳米晶体的尺寸效应来自量子限域机制,通过胶体化学方法合成的纳米晶体不同于纳米薄膜和纳米线,它的三维空间均被限域,尺寸很小,以至于可以看成准零维的一个点,所以也被称为量子点。纳米晶体具有一些不连续的能级,通过调节粒子的尺寸,可以改变这些能级的位置,从而导致发射光波长的改变。图 1-2 显示了不同尺寸的 InAs、InP 和 CdSe 纳米晶体发射出的不同波长荧光,三种纳米晶体的荧光可以覆盖整个可见光谱区和近中红外光谱区,波长范围为 400~1 100 nm。图 1-3 直观地显示了可见光区十种发射波长的纳米晶体在紫外灯照射下的实物照片。

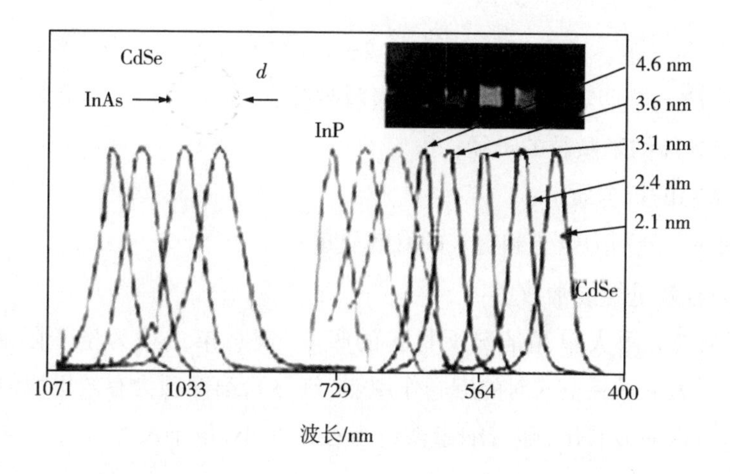

图 1－2　InAs、InP 和 CdSe 纳米晶体的荧光光谱

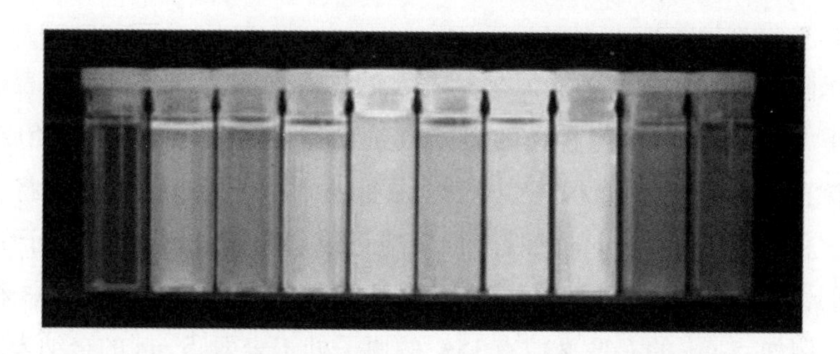

图 1－3　紫外灯照射下十种发射波长的纳米晶体

（发射波长从左到右分别为 443 nm、473 nm、481 nm、500 nm、518 nm、543 nm、565 nm、587 nm、610 nm 和 655 nm）

进一步从理论的角度来看，这种量子尺寸效应也可以通过布拉斯（Brus）公式（1－1）得到证明。

$$E(r) = E_g(r = \infty) + \frac{h^2\pi^2}{2\mu r^2} - \frac{1.786e^2}{\varepsilon r} - 0.248E_{R_y}^* \tag{1-1}$$

其中

$$\mu = \left[\frac{1}{m_{e^-}} + \frac{1}{m_{h^+}}\right]^{-1}$$

$$E_{R_y}^* = \frac{\mu e^4}{2\pi^2 h^2}$$

式中：$E(r)$ 为半导体纳米微粒的吸收带隙；

r 为半导体纳米微粒的半径；

μ 为微粒的折合质量；

m_e^- 和 m_h^+ 分别为电子和空穴的有效质量；

$E_{R_y}^*$ 为有效里德伯常数。

第一项是无限大单晶情况下材料的吸收带隙，第二项为量子限域能（蓝移），第三项为电子－空穴对的库仑作用能（红移），第四项为有效里德伯能。由式（1－1）可以明显看出：随着纳米微粒半径的减小，量子尺寸效应会导致其吸收峰蓝移。

1.1.2 表面效应

纳米微粒的另一个显著特征是具有大的比表面积。球形微粒的表面积与直径的平方成正比，体积与直径的立方成正比，所以比表面积与直径成反比。随着微粒直径变小，比表面积将会增大，说明表面原子所占的百分数将会显著地增加。直径大于 100 nm 的微粒表面效应可以忽略不计，当尺寸小于 100 nm 时，表面原子所占的比例急剧增长，甚至 1 g 纳米微粒表面积的总和可达 100 m^2。例如，5 nm 的 CdS 微粒有 15% 的原子处于表面，5 nm 的金纳米微粒有 30% 的原子处于表面。由于表面原子数增多，表面原子配位不饱和，表面能提高，导致这些表面原子具有较高的活性，极不稳定，很容易与其他原子结合。表面原子的活性不但引起纳米微粒表面原子输运和结构的变化，同时也会引起表面电子自旋构象和电子能谱的变化。所以，这时表面原子对于纳米微粒性质的影响将不能忽视。

纳米微粒的表面与大块物体的表面是十分不同的，若用高倍率电子显微镜对直径为 2 nm 的金纳米微粒进行实时观察，可以发现这些微粒没有固定的形态，随着时间的变化会自动形成各种形状，不断变换，它既不同于一般固体，又不同于液体。在电子显微镜的电子束照射下，表面原子好像进入了一种“沸腾”状态，尺寸大于 10 nm 才观察不到金纳米微粒的这种结构不稳定性。

在纳米微粒的表面，由于存在大量的自身缺陷、吸附物质，表面电子的量子状态会形成分立的能级或很窄的能带，在能量禁阻的带隙中引入许多表面态。它们成为可以捕获电子和空穴的陷阱，从而导致纳米微粒辐射发光效率的降低，严重影响纳米微粒的理化性质，因此纳米微粒的表面修饰是重要的研究课题。一方面，由于大的比表面积以及大量的表面缺陷，纳米微粒具有很强的氧化还原能力，从而具有很强的催化活性。例如，金属纳米微粒和 TiO_2、CdS 等半导体纳米微粒都是重要的工业催化剂。另一方面，通过化学手段对纳米微粒表面进行适当的修饰，能够改变其化学、光学及光催化性质。例如，经包覆修饰的 CdSe、CdTe 纳米晶体荧光量子效率会显著增加，光稳定性也会获得提升。

1.1.3　体积效应

当纳米微粒的尺寸与德布罗意波长、超导态的相干长度等物理特征尺寸相当或更小时，晶体周期性的边界条件将被破坏，纳米微粒表面层附近的原子密度减小，导致力、热、电、磁、声、光等特性呈现出新的效应。例如：磁有序态向磁无序态转变；超导相向正常相转变；纳米微粒的吸光度明显增加，同时吸收峰出现等离子共振频移；声子谱也会出现变化；等等。

进一步从理论上来看，半导体纳米微粒的粒径 $r < a_B$（a_B 为激子玻尔半径）时，电子被局限在很小的范围内，平均自由程明显缩短，电子与空穴很容易由于库仑作用而束缚在一起，形成类似氢原子的激子。对于半径为 r 的球形微粒，忽略表面效应，激子的振子强度为：

$$f = \frac{2m}{h^2}\Delta E\ |\mu|^2\ |U(0)|^2 \tag{1-2}$$

式中 m 为电子质量，ΔE 为跃迁能量，μ 为跃迁偶极矩。当 $r < a_B$ 时，电子和空穴波函数的重叠因子 $|U(0)|^2$（在某处同时发现电子和空穴的概率）将随微粒尺寸减小而增大，近似正比于 $(a_B/r)^3$。由于材料的吸收系数是由单位体积微粒的振子强度 f/V（V 为微粒体积）决定的，所以粒径越小，$|U(0)|^2$ 越大，f/V 也就越大，即激子带的吸收系数随粒径减小而增加，也就是出现激子增强吸收蓝移，这就称作体积效应，也称为小尺寸效应。

1.1.4 介电限域效应

当纳米微粒的折射率与介质的折射率有很大差别时,就会产生折射率边界,导致微粒表面和内部的场强比入射场强明显增加,这种局域场的增强现象称为介电限域效应。通常来讲,半导体纳米微粒和过渡金属氧化物都可能产生较明显的介电限域效应,此效应对材料的光吸收、光物理与光化学、光学非线性等有重要影响。在半导体纳米材料表面修饰一层介电常数较小的介质后,被包覆的纳米材料中电荷载体的电力线更容易穿过这层包覆膜,从而产生明显的介电限域效应,此时,带电粒子间的库仑作用加强,结果增强了激子的振子强度和结合能,减弱了产生量子尺寸效应的主要因素——激子的空间限域能,此时表面效应引起的能量变化大于空间效应所引起的能量变化,从而导致带隙减小,反映在光学性质上就是吸收光谱表现出明显的红移现象。

1.1.5 库仑堵塞效应

通常把小体系的单电子输运行为称为库仑堵塞效应。对于纳米尺度的小体系来说,充电和放电过程是不连续的,充入一个电子所需的能量E_c为$e^2/2C$,e为一个电子的电荷,C为小体系的电容,体系越小,C越小,能量E_c越大。能量E_c我们称为库仑堵塞能,其实质是前一个电子对后一个电子的库仑排斥能,这就导致了对一个小体系的充放电过程,电子不能集体传输,而是一个一个单电子传输。基于库仑阻塞效应可以制造多种单电子器件和纳米晶体旋转门,如室温下工作的微小场效应三极管。单电子器件不仅在超大规模集成电路制造上有着重要的应用前景,而且还可用于研制超快、超高灵敏度静电计。

1.1.6 宏观量子隧道效应

量子隧道效应是指微观粒子具有的贯穿势垒的能力。近年来,人们发现一些宏观量,例如微粒的磁化强度,量子相干器件中的磁通量等也具有隧道效应,称为宏观量子隧道效应。宏观量子隧道效应限定了磁带、磁盘进行信息存储的时间极限。量子隧道效应、量子尺寸效应确立了现存微电子器件进一步微型化的极限,例如,在制造半导体集成电路时,当电路的尺寸接近电子的德布罗意波长时,电子就会由于隧道效应而溢出器件,导致器件无法正常工作。经典电路的极限尺寸大概为0.25 μm。当微电子器件进一步细微化时,必须要考虑上述的量子效应。目前研制中的量子共振隧穿晶体管就是利用量子效应制成的新一代器件。

1.2 纳米晶体的制备方法

纳米晶体的制备思路分为两大类:第一类称为"自上而下"(top-down)的方法,如刻蚀技术和球磨技术,但这些技术一般只能达到几百纳米的量级;第二类是"自下而上"(bottom-up)的方法,如胶体化学方法和外延生长技术。目前大家广泛研究的纳米晶体主要包括ⅡB－ⅥA和ⅢA－ⅤA族的一些半导体材料,例如CdSe、CdTe、CdS、ZnS、ZnO、InP、InAs和GaSe等。最开始对这些材料的合成主要是采用一些物理的手段,例如磁控溅射、电子束蒸镀、气相沉积等,但这样合成出来的材料都是二维或三维的,尺寸一般都很大而且分布不均匀。随着胶体化学的发展,现在已经能够获得准零维的纳米晶体,同时纳米晶体也展示了一些新的特性。虽然对于不同的纳米晶体材料有多种不同的合成方法,但所追求的目的是相同的:

(1)纳米晶体的形状要一致;

(2)获得材料的尺寸分布要足够窄;

(3)合成的纳米晶体应该具有结晶性,并且以一种晶型为主。

按所制备的体系状态可分为气相法、液相法和固相法。气相法是直接利用气体或将物质变成气体,使之在气体状态下发生物理变化或化学反应,最后在冷却过程中凝聚长大形成纳米晶体的方法。气相法分为气体冷凝法、化学气相反应法、化学气相凝聚法和溅射法等。液相法是指在溶液中,通过各种方式使溶质和溶剂分离,溶质形成形状、大小一定的晶体,得到所需粉末的前驱体,加热分解后得到纳米晶体的方法。典型的液相法有沉淀法、水解法、溶胶－凝胶法等。固相法是把固相原料通过减小尺寸或重新组合制备纳米粉体的方法。固相法有热分解法、球磨法等。下面就简要介绍几种常见的纳米晶体制备方法。

1.2.1 气相法制备纳米晶体

1.2.1.1 气体冷凝法

该方法主要是将装有待蒸发物质的容器抽至高真空后，充入惰性气体，然后加热蒸发源，使物质蒸发成雾状原子，随惰性气体流冷凝到冷凝器上，将聚集的纳米尺度粒子刮下、收集，即得到纳米晶体。其特点是纯度高、结晶性好、粒度可控，但对技术设备要求高。加热方法有以下几种：

(1)电子束法；

(2)高频感应法；

(3)等离子喷射法；

(4)电阻加热法；

(5)激光法。

不同加热方法制备出的纳米晶体的产量、品种、晶径大小存在一些差异。

1.2.1.2 溅射法

高真空状态下充入适量的氩气，在阴极(柱状靶或平面靶)和阳极(镀膜室壁)之间施加直流电压，于是镀膜室内产生辉光放电，使氩气发生电离，形成氩离子。氩离子被电场加速并轰击阴极靶材表面，使靶材原子从表面溅射出来形成纳米晶体，并在附着面上沉积下来。通过更换不同材质的靶和控制不同的溅射时间，便可以获得不同材质和不同厚度的薄膜。纳米晶体的大小及尺寸分布主要取决于两电极间的电压、电流和气体压力。溅射法具有镀膜层与基材的结合力强、镀膜层致密均匀等优点。

1.2.1.3 激光诱导化学气相沉积法

激光诱导化学气相沉积法制备纳米晶体的基本原理是利用反应气体分子(或光敏剂分子)对特定波长激光束的吸收，引起反应气体分子发生激光光解、激光光敏化、激光热解或激光诱导化学合成反应，在一定的工艺条件(激光功率密度、反应温度、反应池压力、反应气体流速和配比等）下，使得纳米晶体空间成核和生长。

1.2.1.4　电爆炸丝法

电爆炸丝法产生纳米金属氧化物粉末的基本原理是将脉冲大电流通过金属丝，利用金属丝的电阻热储能，使金属丝在几微秒或更短时间内熔化、汽化，形成金属蒸汽或进一步形成等离子体与周围气体发生碰撞，最后冷凝形成纳米粉末。这种方法适用于工业上连续生产金属、合金和金属氧化物纳米粉体。其特点是操作简单、成本低，但产品纯度低，晶体分布不均匀。

1.2.2　液相法制备纳米晶体

1.2.2.1　沉淀法

沉淀法是指在混合组分的溶液中加入与该溶液能互溶的溶剂，通过改变溶剂的极性而改变混合组分溶液中某些成分的溶解度，使其从溶液中析出，并将溶剂和溶液中原有的阴离子除去，经洗涤、过滤、干燥、煅烧制得成品。其特点是简单易行，但纯度低，晶体半径大，适合制备氧化物。

1.2.2.2　溶剂蒸发法

这种方法是将溶液通过各种物理手段进行雾化，获得纳米晶体的一种化学与物理相结合的方法。它的基本过程是溶液的制备、喷雾、干燥、收集和热处理。溶剂蒸发法又可分为冷冻干燥法、喷雾干燥法、喷雾热分解法和喷雾反应法。

1.2.2.3　水热法

水热法又称热液法，是指在密封的压力容器中，以水为溶剂，在高温高压的条件下进行化学反应的方法。水热反应依据反应类型的不同可分为水热氧化、水热还原、水热沉淀、水热结晶、水热分解、水热合成等。其中水热结晶采用得最多。水热法的特点是产物粒子纯度高、分散性好、晶形好且可控制，生产成本低。用水热法制备的粉体一般无须烧结,这样就可以避免在烧结过程中晶粒长大、杂质容易混入等缺点。影响水热合成的因素有:搅拌速度、升温速度、温度的高低以及反应时间等。

1.2.2.4 溶胶-凝胶法

溶胶-凝胶法是20世纪60年代发展起来的一种制备玻璃、陶瓷等无机材料的新工艺,近年来许多人用这种方法制备纳米晶体。溶胶-凝胶法的基本原理是:将金属醇盐或无机盐经水解直接形成溶胶或经解凝形成溶胶,然后使溶质聚合凝胶化,再将凝胶干燥、焙烧去除有机成分,最后得到无机材料。溶胶-凝胶法的优点为:化学均匀性好、纯度高、微粒细、可容纳不溶性组分或不沉淀组分等。

1.2.2.5 微乳液法

互不相溶的两种溶剂在表面活性剂的作用下形成微乳液,在囊泡中经成核、聚结、团聚、热处理后得到纳米晶体。其特点是粒子的单分散性和界面性好。

1.2.3 纳米晶体的胶体化学合成

1.2.3.1 油相合成方法

纳米晶体的制备方法很多,气相沉积与液相合成均可以。在生命科学、化学与医学领域应用的含镉纳米晶体通常采用溶胶-凝胶法制备,可以分为水相和油相两种方案。典型的油相制备过程如下:反应前体快速注入300 ℃左右含表面活性剂的溶液中,瞬间发生成核过程,胶粒表面络合的有机分子阻止了生长过程中小分子的团聚,而胶粒的粒径大小可通过控制生长时间,或者改变表面活性剂、掺杂其他元素等来实现。粒子的粒径分布还可以通过尺寸选择性沉淀(size-selective precipitation,加入非溶剂,较大的粒子因溶解度小而先沉淀下来)进一步优化。生长过程中动力学和热力学因素排除了高能量的缺陷结构(如晶粒边界),使得生成的纳米晶体结晶度很高。

现以 CdSe 纳米晶体为例,具体介绍油相合成方法。Alivasatos 和 Bawendi 等首次采用三辛基氧化膦(TOPO)作为有机配体,用二甲基镉或二乙基镉和 Se 的三辛基膦溶液(TOPSe)作为镉和硒的前体,将上述前体迅速注入剧烈搅拌的 350 ℃的 TOPO 中,短时间内即有大量的 CdSe 纳米晶体的晶核形成。然后将温度迅速降低到 240 ℃阻止 CdSe 纳米晶体继续成核,随后升温到 260 ~ 280 ℃,使 CdSe 纳米晶体缓慢生长,每隔 5 分钟取出部分反应液,根据其吸收光谱来监测纳米晶体的生长状况,当纳米晶体生长到所需要的尺寸时,将反应液冷却至 60 ℃,加入丁醇防止 TOPO 凝固,随后加入过量的甲醇,控制 CdSe 纳米晶体溶液中丁醇和甲醇的量,由于 CdSe 纳米晶体不溶于甲醇,通过离心使不同粒径的纳米晶体分批沉淀,从而得到单分散的 CdSe 纳米晶体。这项工作的重要意义在于,它首次解决了过去纳米晶体合成中存在的尺寸分布宽、表面缺陷多导致荧光效率低的难题,为深入研究纳米晶体的光物理与光化学性质奠定了基础。但是,在这个反应中使用的二甲基镉是一种有剧毒、不稳定、容易爆炸且价格十分昂贵的药品,这些缺点限制了该方法的推广。

Peng 等对上述方法进行了改进,并在 CdSe 纳米晶体的油相合成领域做了大量突出而细致的工作,为推动纳米晶体的理论和应用研究做出了重要贡献。他们采用醋酸镉($CdAc_2$)、氧化镉(CdO)、碳酸镉($CdCO_3$)等作为镉源代替了原来的二甲基镉,合成出了特性相同的 CdSe 纳米晶体,使油相合成途径更安全。同时他们对于 CdSe 纳米晶体的生长机制进行了深入的研究,发现 CdSe 纳米晶体的生长与单体的浓度有关系,当单体浓度高的时候有利于棒型粒子的生长,这主要是由于晶体各个面的生长速度不一致,C 轴生长的速度要优于其他面的生长速度,在浓度适中的条件下有利于形成单分散的、尺寸均一的纳米晶体。在单体浓度小的情况下,粒子的生长主要是按照奥斯特瓦尔德(Ostwald)的熟化模式进行,也就是大的粒子以牺牲小的粒子为代价进行生长,这样带来的结果就是粒子在不断地生长。

在选择好合适的前驱物和配体的情况下,只要控制生长的时间就会得到不同尺寸的 CdSe 纳米晶体,它们的发射波长在可见光区内,不同尺寸的纳米晶体会发射不同颜色的荧光。最后为了能够进一步增加纳米晶体的发光效率,减少无辐射跃迁,可以采用 ZnS、ZnSe、CdS 等不同的壳层来修饰纳米晶体的表面,减少表面缺陷。采用油相合成方法合成的 CdSe 纳米晶体表面覆盖着一层疏水的表面配体,因此,它们只能在有机溶剂(正己烷、氯仿、甲苯等)中稳定存在。

这种合成方法的优点是,制备方法简单,生长温度可以在较大的范围内调节,从而有利于对纳米晶体成核和生长的控制。纳米晶体生长稳定剂的可选择范围广,可以根据不同种类的纳米晶体选择不同的有机化合物作为其生长的稳定剂。通过有机溶剂的配位作用来钝化晶粒表面,降低晶粒的生长速度,有效调节晶粒尺寸,同时增加晶粒在有机溶剂中的溶解度,容易对纳米微粒表面进行有机或无机修饰。有多种手段控制粒径大小和尺寸分布,从而达到提高纳米晶体的质量,改善光学性能的目的。油相法可以制备的纳米晶体种类很多,目前在有机体系中已制备得到性能较好的Ⅱ~Ⅵ族纳米晶体,并成功制备了Ⅲ~Ⅴ族纳米晶体。此外,除了简单的二元结构,具有更为复杂的结构的纳米晶体,如核/壳结构(CdSe/ZnS、CdSe/CdS、CdSe/ZnSe、CdTe/CdSe、InP/ZnS 等)、核/壳/壳三明治结构(InAs/InP/ZnSe、CdS/CdSe/CdS)、三元合金(CdSeTe、CdSeS、CdZnTe、CdZnS、CdZnSe)和微量掺杂纳米晶体等的合成也陆续出现报道。这种合成方法的缺点是试剂成本高、毒性较大、不能大批量合成。此外,若想在生物医学上应用,还须将纳米晶体从油相转移到水相,难度较大,步骤烦琐,而且转移后荧光量子产率下降,稳定性降低,最多两个月就会出现沉淀。

1.2.3.2 水相合成方法

相对于油相合成,水相合成含镉纳米晶体被更早地研究,其中 Brus、Henglein 及 Weller 等在理论与实践方面都做了大量的工作。在20世纪90年代中期以前,研究的重点是以多偏磷酸钠为稳定剂,探索 CdS 纳米晶体的形成机制和光物理、光化学性质。与油相合成方法相比,水相合成方法降低了合成所用试剂的毒性,而且获得的样品本身就是水溶性的,可以直接应用于生物医学领域。但是,由于合成温度较低,样品的结晶质量、尺寸分布等,与油相合成的纳米晶体差距较大,因此在过去很长的一段时间内没有得到足够的重视。直到1996年,Weller 等使用巯基化合物作为稳定剂,在水溶液中成功合成出具有带边发射的 CdTe 纳米晶体,水相合成才逐渐获得重视并得到迅速发展。1998年,Gao 等使用巯基羧酸为稳定剂,$Cd(ClO_4)_2$和 NaHTe 分别为 Cd 源和 Te 源,在水相中合成了 CdTe 纳米晶体,其尺寸能够通过控制加热时间的长短加以精确的调控,而且,当在过量的修饰剂和 Cd^{2+} 存在时,通过调节溶液的 pH,能使其荧光量子产率达到18%。随后，Weller小组做了更为系统的研究工作，他们改用H_2Te气体作为Te源，同时比较了多种巯基化合物的修饰作用。更为重要的是，他们发现，对制备的CdTe纳米晶体进行适当的后处理，如采用尺寸选择沉淀能够使其荧光量子产率增加到44%，而且，该方法合成的纳米晶体具有很好的稳定性，沉淀干燥后放置一年不变质，并且能够重新分散到水溶液中。这一结果已经达到甚至超过某些油相法，具有重要的意义。这些报道激起了人们对CdTe纳米晶体水相合成的研究兴趣，大量的努力使合成过程越来越简单，获得的纳米晶体的质量越来越高。

但是，水相合成的纳米晶体具有尺寸分布宽、发光效率低和合成时间长等致命的缺点；CdS和CdSe纳米晶体的水相合成还不能像CdTe纳米晶体那样得到令人满意的结果；在纳米晶体用于电致发光（Electroluminescence，EL）器件时，不易与具有电荷输运性质的聚合物材料复合。另外，一些具有复杂结构的纳米晶体，如核壳结构、掺杂结构等，水相合成的报道也比较少。因此，对于水相合成来说，继续研究的空间是很广阔的。近年来，通过超声辅助、微波辅助、水热合成等改进的水相制备方法，可以改善水相合成纳米晶体的性能，荧光量子产率可以提高至70%左右，并可以大幅度缩短合成时间。Tsukasa利用尺寸选择光刻蚀技术，在有溶解氧存在的情况下，用光照射预先制备的宽分布的纳米晶体溶液，那么尺寸较大的粒子就会氧化分解成小微粒，因此尺寸分布就可以被调整到较窄的程度上，荧光峰的半高宽(full width at half maximum，FWHM)也接近于油相法的样品。与油相法相比，水相合成纳米晶体具有成本低、重复性高、环境友好等特点。对于某些物质，特别是对CdTe纳米晶体来说，其水相合成在发光效率、稳定性等方面已达到或超过油相合成的水平。同样原理，我们可以合成出表面巯基化的CdSe水溶性纳米晶体，但荧光量子产率不是很高。最近也有报道，使用谷胱甘肽为修饰剂，在水中合成的CdSe纳米晶体，不经后处理，发光效率可以达到25%。总之，油相和水相两种合成方法各具特色，有一定的互补性。

1.3　纳米晶体的发光

由于外部能量的激发(光致发光、电致发光、阴极射线发光等)，电子从基态跃迁到激发态。处于激发态的电子和空穴可能会形成激子,正如上一节所描述。电子与空穴发生复合,最终弛豫到基态,多余的能量通过复合和弛豫过程释放,可能是辐射复合(发出光子)或无辐射复合(放出声子或俄歇电子)。自发辐射复合导致了纳米晶体的发光。这些发光的来源可能是带边或近带边跃迁、纳米晶体中缺陷或敏化中心跃迁。

1.3.1 带边或近带边辐射复合

最常见的辐射弛豫过程是本征半导体或绝缘体的带边或近带边(激子)发光。导带的激发态电子与价带空穴复合的过程称为带边发射。如上所述,电子和空穴可能会束缚在一起形成激子。因此,激子辐射复合是近带边发射,其能量略低于带隙能量。纳米晶体中最低的能态是 $1s_e-1s_h$,即所谓的激子态。室温下纳米晶体发射峰的半高宽一般为 15 ~ 30 nm,与纳米晶体的尺寸分布有关。吸收光谱反映的是材料的能带结构。

半导体体材料的发光相对容易理解,可以用抛物线的能带理论解释。而半导体纳米晶体的发光却依然存在一些问题。比如,3.2 nm 的 CdSe 纳米晶体在温度为 10 K 时的辐射寿命为 1 μs,而体材料仅 1 ns。这种现象通常解释为缺陷态发光或者暗激子态发光。通常半导体的能带结构可以通过吸收光谱或激发光谱(photoluminescence excitation, PLE)来确定。纳米晶体的这两种光谱在 15 K 时表现出不同的性质。激发光谱在 $1s_e-2s_h$旁边增加了一些峰,如图 1-4 所示。Bawendi 等将这些峰归因于禁戒的 $1s_p-1p_h$和 $1s_e-2s_h$。同样实验中也发现斯托克斯位移(stokes shift)与纳米晶体的尺寸相关。对于大的纳米晶体(5.6 nm),斯托克斯位移为 2 meV,而小的纳米晶体(1.7 nm),其斯托克斯位移却达到了 20 meV。这种差异可以归因于随着纳米晶体尺寸的减小,光学允许态和光学禁戒态之间的能级距离增加。

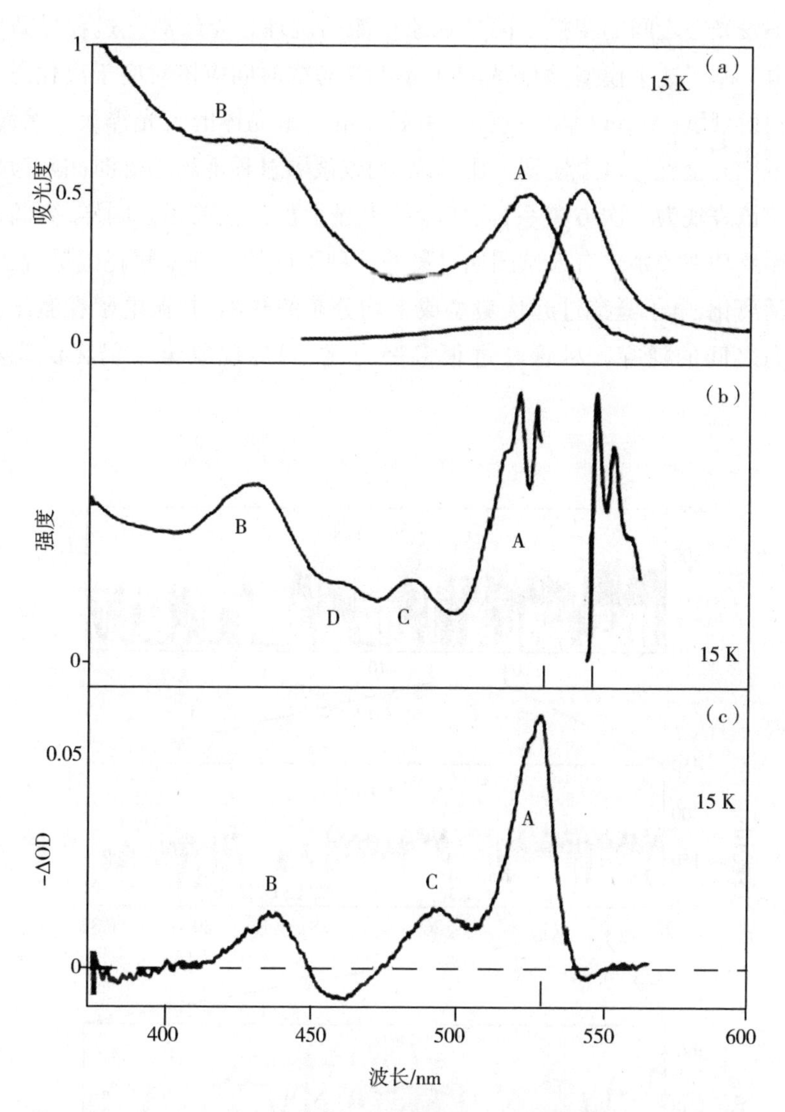

图 1-4　CdSe 的(a)吸收光谱、(b)激发光谱和(c)泵浦探测漂白光谱

纳米晶体作为生物荧光探针相对于有机染料有如下优点:光稳定性好,吸收带宽,发光线宽窄,发射峰位可调谐。然而,单个纳米晶体却表现出随机的、间歇性的发光,即所谓的“闪烁”。闪烁现象是纳米晶体发光后伴随着一段不发光阶段,如图 1-5 所示。1996 年,Nirmal 等观察到 CdSe 纳米晶体在室温下发光态与不发光态之间的变换。闪烁现象可能的机理是光致离化过程导致纳米晶体充电。基于这个模型,纳米晶体的不发光态的时间应该对应于离化态的寿命。非辐射俄歇(Auger)复合过程会引起充电纳米晶体的荧光淬灭。然而,实验结果不能完全支持这个模型。比如说,光致俄歇过程平均闪烁时间与激发强度之间应该表现为二次方关系,而实验结果显示出线性关系。同样,亮暗态的周期遵循反功率关系。有人试图通过另外几种不同的机理来解释闪烁现象,包括热激活离化,电子隧穿过起伏势垒或平均分布的缺陷,共振电子在激子态和暗缺陷态之间的隧穿。尽管经过很多努力,但闪烁现象至今仍无法完美的解释。

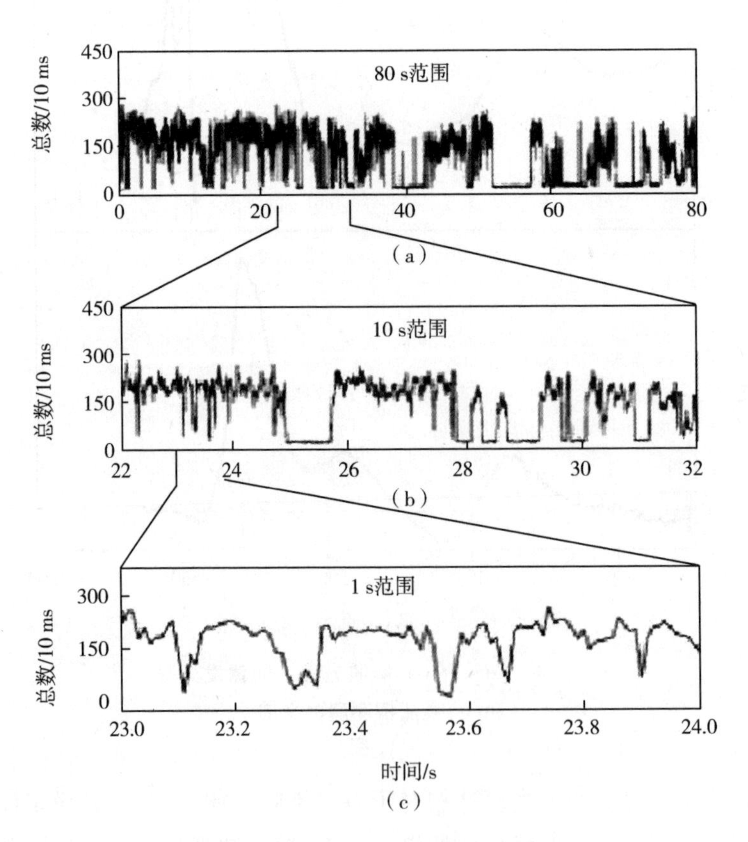

图 1-5 2.9 nm 的纳米晶体闪烁效应

1.3.2　缺陷态辐射复合

纳米晶体中的辐射复合也可以来自带隙中的局域杂质或缺陷态电子跃迁。缺陷态能级一般分布于半导体的能带中。根据缺陷或杂质的类型，这些能态可分为供体（多电子）和受体（少电子）。由于库仑相互作用，电子和空穴被吸引到这些少电子或多电子的局域态附近。与激子类似，被缺陷或杂质俘获的载流子也可以用类氢模型来描述，束缚能可以通过材料的介电常数来约化。这些缺陷态可分为浅缺陷能级和深缺陷能级，浅缺陷能级距离导带和价带的能量较近。大部分情况下，在极低温度下浅缺陷能级表现出辐射发光，归因于热能（thermal energies）不能从缺陷态中将载流子热激发出去。另一方面，深缺陷能级寿命很长，以至于大部分表现为无辐射复合。

来自缺陷能级的发光一般可以通过它们的能量和所占的比例来确定。发光光谱分布和强度随着激发能量的变化而变化是因为缺陷态和母体能带之间的不同。激发光能量会在样品中产生高能态光生载流子，然而这些高能态光生载流子的寿命很短，因为光生载流子通过发射声子将能量转变为热能。高能态电子通过发射声子弛豫到最低的振动能级的过程通常比复合过程快几个数量级。

纳米材料具有大的比表面积，即使通过各种手段进行包覆，大部分缺陷态也还是来自纳米晶体表面。表面态的密度与纳米晶体的合成和表面修饰过程有关。这些表面缺陷态俘获光生载流子和激子，增加无辐射复合的概率，一般引起纳米晶体光学和电学性质的退化。然而，在特定的条件下，表面缺陷同样也会辐射发光，比如 ZnO 粉末呈现出绿色的缺陷发光和紫外的带边发光（ZnO 的带隙能量为 3.37 eV，或 386 nm）。

1.3.3　敏化中心辐射复合

掺杂离子的发光称为敏化中心发光。敏化中心发光的主要辐射复合机制是电子－空穴的复合，包括导带到受体、供体到价带，以及供体到受体的电子－空穴复合。在特定条件下，载流子局限在敏化原子中心附近。轨道杂化导致选择定则放松，如在晶体场或配位场中的 d－p 轨道杂化，劈裂成很多精细的能级结构。因此，一些过渡族元素的 d－d 跃迁在特定情况下是允许的。如 Mn^{2+} 离子，发光寿命在毫秒量级，原因就是 d－d 跃迁禁戒。尽管由于稀土离子最外层的 s 和 p 轨道的屏蔽作用，f 电子能级受到母体晶体场的影响很小，但是其 f－f 跃迁也同样被观察到（如 Tm^{3+}、Er^{3+}、Tb^{3+} 和 Eu^{3+}）。由于这种屏蔽作用，f－f 跃迁具有如同原子光谱一样的发射尖峰。

ZnS 掺 Mn^{2+} 纳米晶体作为一种磷光材料被广泛地研究。1994 年，Bhagrava 等报道了 ZnS:Mn^{2+} 纳米晶体的发光量子产率达到 18%。与发光强度的增强相对应，他们观察到了 Mn^{2+} 短的发光寿命。发光强度的增强归因于从 ZnS 基质到 Mn^{2+} 的有效能量转移。ZnS 基质的原子轨道与 Mn^{2+} d 轨道的杂化使 Mn^{2+} 自旋禁戒的 ${}^4T_1 \rightarrow {}^6A_1$ 跃迁选择定则放松，导致发光寿命缩短。之后的研究证明，尽管 ZnS:Mn^{2+} 纳米晶体的发光效率很高，但是其发光寿命并没有明显地小于其在体材料基质中寿命。Mn^{2+} 的 ${}^4T_1 \rightarrow {}^6A_1$ 发射强度随着 Mn^{2+} 浓度的增加而增强，当 Mn^{2+} 浓度大于 0.12% 时，其发光开始淬灭。纳米晶体中 Mn^{2+} 的局域场可以通过 X 射线吸收精细结构（X－ray absorption fine structure，XAFS）和电子自旋共振（electron spin resonance，ESR）来表征。XAFS 数据表明 Mn^{2+} 占据晶体中 Zn^{2+} 四面体格位。ESR 得到的数据也说明 Mn^{2+} 光谱受四面体晶体场影响。

1.4 纳米晶体的应用

随着纳米科学技术的飞速发展，短短二十多年，就初步形成了纳米材料、纳米化学、纳米生物医学、纳米电子学等一系列既相对独立又彼此联系的分支学科。纳米晶体由于其独特的物理和化学特性，正日益显示出巨大的学术价值和良好的商业前途，在材料、化学、医学、生物、电子等众多领域都有着诱人的应用前景。下面主要讨论纳米晶体在生物医学和光电功能器件方面的应用。

1.4.1 纳米晶体在生物医学领域的应用及其前景

纳米晶体具有能够应用到生物医学方面的潜力，特别是在细胞成像、DNA 测序、病毒检测、荧光共振能量转移分析、光动力治疗等方面更具有很大的研究意义。在解决了纳米晶体的表面功能化问题之后，纳米晶体已经用于生物标记，尤其是能够用于活体细胞的标记。

1998 年，Alivasatos 小组用纳米晶体共价亲和素来进行荧光标记的探索性实验，即通过静电引力、氢键作用或特异的配体 - 受体相互作用将生物分子结合在硅烷化的纳米晶体表面。他们采用尺寸不同的两种纳米晶体标记 3T3 小鼠的成肌纤维细胞，一种发射红色荧光，一种发射绿色荧光，将发射红色荧光的纳米晶体特异地标记在 F2 肌动蛋白丝上，而发射绿光的纳米晶体与尿素和乙酸结合（图 1 - 6），这样发射绿光的纳米晶体与细胞核具有高亲和力，于是可以同时在细胞中观察到红色和绿色的荧光。这是首个用纳米晶体作为探针对细胞内特定生物分子进行识别的范例。但是纳米晶体对于细胞标记的信号非常弱，并且纳米晶体对核膜存在着大量的非特异性吸附。

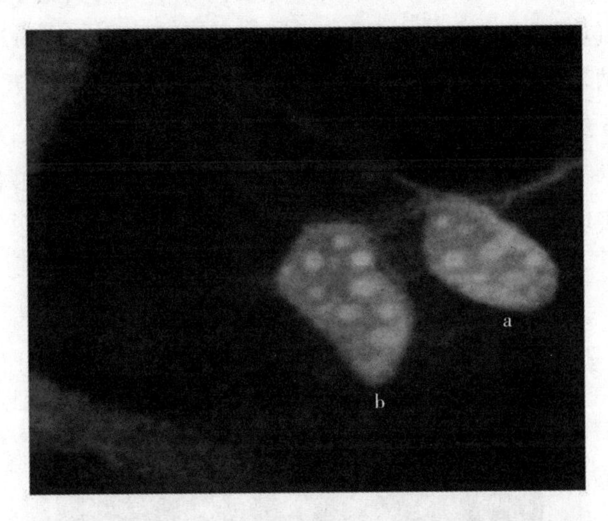

图 1 - 6　大小不同的纳米晶体标记 3T3 小鼠的成肌纤维细胞，红色荧光的纳米晶体特异地标记在 F2 肌动蛋白丝上（a），发射绿光的纳米晶体与尿素和乙酸结合（b）

与此同时，Nie 小组将巯基乙酸中的巯基与纳米晶体表面的 Zn 原子结合，游离的羧基一方面使纳米晶体具有水溶性，另一方面可与不同的生物分子（例如：核酸、蛋白质、多肽等）共价结合。他们把这种巯基化的纳米晶体连接到转铁蛋白上，并通过受体支持的内吞作用运输到 HeLa 细胞的内部，进而说明连接了纳米晶体的转铁蛋白仍然具有生物活性。

上述两个小组分别发表的关于纳米晶体可以作为生物探针，并且能够适用于活细胞体系的创新性论文，使纳米晶体荧光探针崭露头角，初步解决了油相纳米晶体的水溶性以及通过表面的活性基团与生物分子的偶联问题，但对于以纳米晶体为基础的探针是否能够特异性识别细胞内的靶目标，以及纳米晶体是否有足够的亮度应用到实际检测中仍旧是未知数，而且由于含有重金属镉及有毒的表面配体，并且几纳米的小尺寸纳米晶体很容易穿越各种屏障，所以对活体的生物毒性实验也有待深入进行。

Wu 等将纳米晶体与链霉亲和素和免疫球蛋白连接到一起，形成了一种免疫荧光探针，并由此研究了这些探针在超细胞水平上的标记效率。他们尝试应用两种纳米晶体和一种纳米晶体、一种染料对同一细胞的两种靶目标同时进行探测。如采用一种十八氨修饰的聚丙烯酸的高分子材料实施了对纳米晶体的表面包覆，将包覆后的荧光纳米晶体材料用于对乳腺癌细胞 Her2 的检测，同时也完成了用纳米晶体对细胞核与细胞微管双标的工作。图 1 - 7 显示了纳米晶体标记的 3T3 细胞的共聚焦荧光显微图像，细胞核用染料负染，周围的微管蛋白用荧光纳米晶体标记。这些实验进一步证明了纳米晶体能够作为一种有用的荧光探针实现对生物细胞的图像标记。

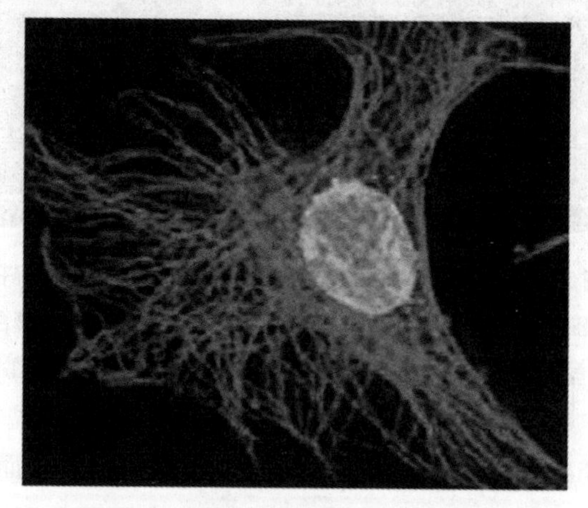

图 1 - 7 纳米晶体标记的 3T3 细胞的共聚焦荧光显微镜图像

2001 年,Nie 研究小组最先成功利用聚苯乙烯等高分子材料的乳液聚合形成的表面带有功能基团的高分子小球来包覆不同尺寸的荧光纳米晶体,他们设想利用不同尺寸纳米晶体的荧光颜色和小球中由不同粒子数所带来的不同荧光强度进行多路同时标记,如图 1 - 8 所示。按排列组合方法,把不同大小的纳米晶体以不同数量比例包入高分子聚合微球,可能编制的密码数量很大,理论上使用 6 种颜色和 10 种强度的纳米晶体就可以对 10^6 个核酸或蛋白质序列进行编码。根据人类基因组测序图,人类具有的基因不超过 40 000 个,只需要 6 种颜色结合 6 种发光强度的纳米晶体进行不同组合,得到的纳米晶体小球就可以形成超过 40 000 个可识别的编码,所以该技术对所有人类基因进行编码完全可以实现,由此可以推想出这一研究的意义。但由于这种高分子小球本身具有在水中溶胀的特性,因此荧光纳米晶体容易产生泄露,从而影响测试的结果。

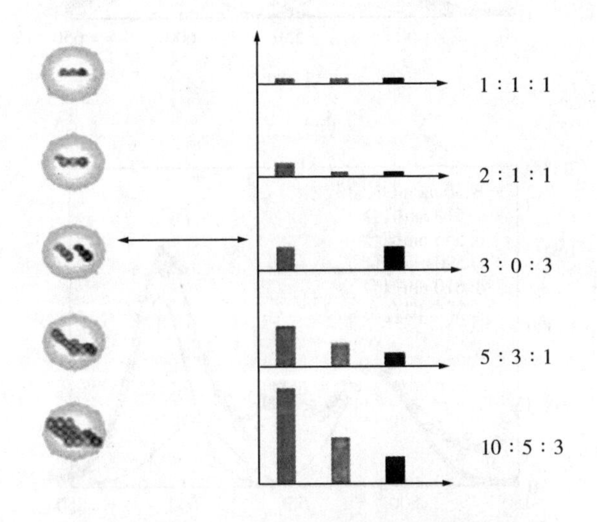

图 1 - 8　纳米晶体编码微球示意图

近来,美国海军实验室的研究人员 Goldman 等成功应用四种不同尺寸的 CdSe/ZnS 荧光纳米晶体实施了对蓖麻毒素、志贺样毒素 1(SLT - 1)、霍乱毒素(CT)、葡萄球菌肠毒素 B(SEB)四种病毒的同时检测。他们将含有多种病毒的一个样品放入用于荧光免疫检测的一个微孔,然后用一个光源激发获得了样品的荧光发射谱,图 1 - 9 显示的是荧光检测结果,通过分峰处理之后可以得到每种病毒所标记的荧光物质的发射强度。通过荧光的波长和荧光强度可以得知样品中的病毒种类和含量多少，这样就可以完成对一个样品中不同病毒蛋白的多路同时检测分析任务，在这个检测过程中，每种病毒的检测限都限制在30～1 000 ng/mL之间。

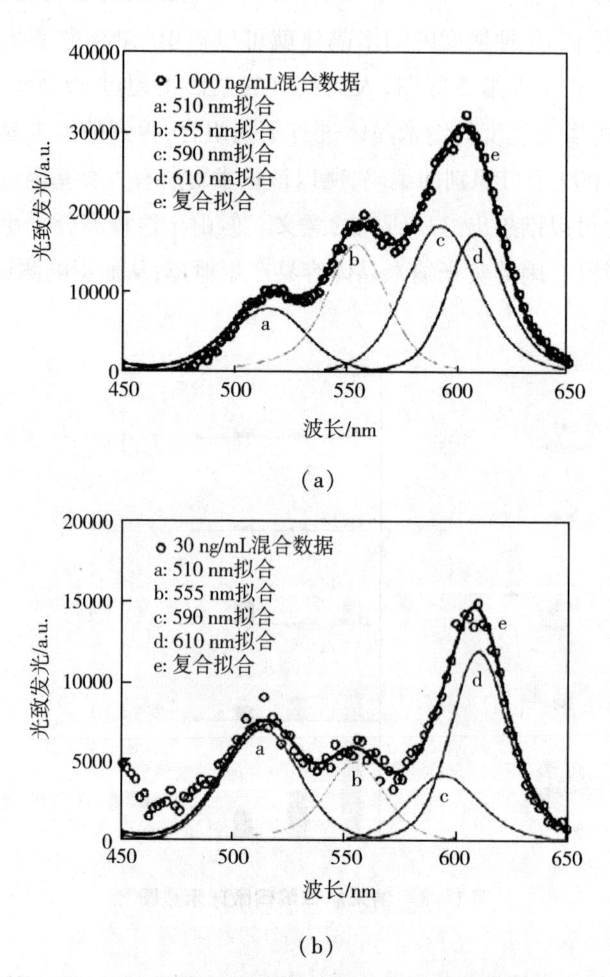

图1-9　对四种病毒进行多路同时荧光检测的数据，其中图(a)每种病毒的浓度为1 000 ng/mL，图(b)每种病毒的浓度为30 ng/mL，圆圈点代表实际测试数据，黑色实线为总的拟合曲线

Benoit Dubertret 小组将 CdSe/ZnS 纳米晶体包裹进聚合磷脂酰乙醇胺(PEG - PE)和卵磷脂混合物形成的胶囊中,他们对这种材料进行了体内和体外的研究实验,结果发现与其他的体系相比较,这个体系具有较好的荧光效率。同时他们将卵磷脂胶束包覆的荧光纳米晶体注入青蛙胚胎细胞内,利用其荧光观察胚胎发育全过程。图 1 - 10 显示了纳米晶体胶束在胚胎细胞分裂中的状态。

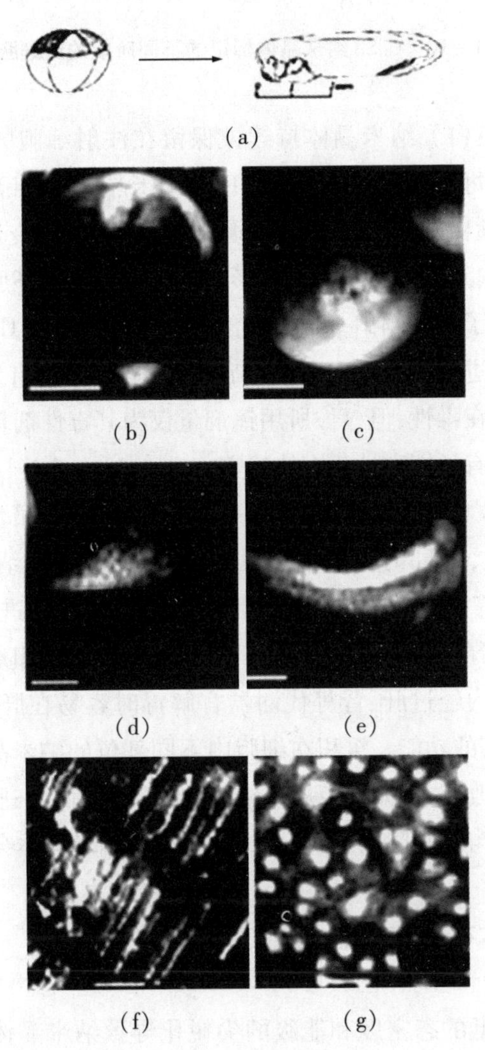

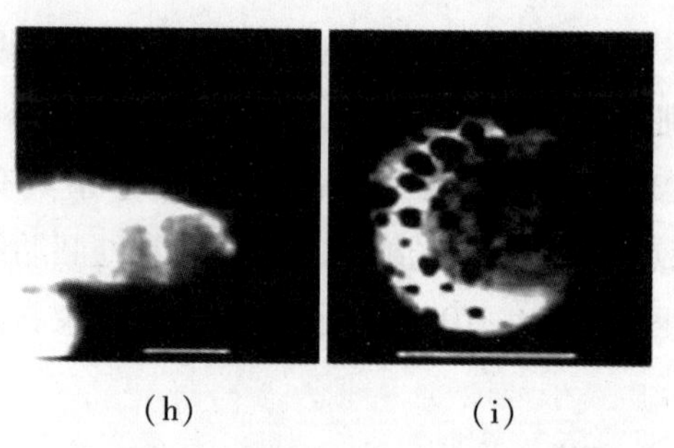

(h) (i)

图 1－10 CdSe 纳米晶体标记的不同阶段的青蛙胚胎

实验结果表明：(1) 纳米晶体持续被保留在注射细胞的传代细胞内；(2) 活性低、无毒，但当每个细胞内多于 5×10^9 个纳米晶体时，胚胎内出现不正常情况；(3) 荧光稳定性良好，并且不发生聚集现象。此外，研究还得出纳米晶体对原核细胞、真核细胞及人的细胞无不良影响的结论。青蛙胚胎细胞摄取了 CdSe 纳米晶体后发育成了正常蝌蚪。此外，给鼠和猪皮下注射 CdSe 纳米晶体使其引流到前哨淋巴结进行显像过程中及其后的数小时，也没有发现毒性反应。镉元素对机体虽有潜在毒性，但显像所用镉剂量仅为其毒性剂量的 1/300，可是纳米晶体对机体是否有长期毒性仍有待研究。

纳米晶体在体内研究中的应用价值一直是有争议的，虽然这些研究已取得了一些成功的结论，但同时也要看到可能存在的困难。纳米晶体中含有的 Cd^{2+}、Se^{2-} 和 Te^{2-} 等重金属离子都具有毒性。当纳米晶体进入机体后，可能通过光解或生物降解释放出内核的金属离子，导致对细胞或组织的损伤。重金属离子在脊椎动物体内经过肝、肾等代谢器官解毒时容易在肝脏和肾脏内沉积，严重损害肝、肾器官的功能。沉积在细胞内不同部位的纳米晶体可能引起细胞形态及增殖活性的改变，例如染色质浓缩、细胞活性降低、细胞膜表面性质及结构改变甚至使细胞与细胞间发生融合，毒性明显的纳米晶体会使细胞凋亡。

1.4.2 纳米晶体在光电器件上的应用及其前景

纳米晶体中较低的态密度和能级的尖锐化导致纳米晶体结构对其中的载流子产生三维量子限制效应，从而使其电学性能和光学性能发生显著变化，而且纳米晶体在正入射情况下能发生明显的带内跃迁。纳米晶体的量子尺寸、量子隧穿、库仑阻塞以及非线性光学效应等是新一代固态量子器件的基础,这些性质使得纳米晶体在未来的纳米电子学、光电子学、新一代超大规模集成电路等方面具有极为广阔的应用前景。

理论上预言,纳米晶体激光器与量子阱和量子线激光器相比,具有更好的激射特性。由于纳米晶体在三个维度上的尺寸与电子的德布罗意波长相当,甚至更小,电子的态密度分布呈 δ 函数形状,态密度的尖锐化会使增益谱变窄,注入载流子对增益的贡献变大,而且由于体积效应,使实现反转分布(受激发射大于受激吸收的状态)所需的载流子数目显著减少,所以纳米晶体激光器有可能实现更低的阈值电流密度、更高的光增益、更高的特性温度和更宽的调制带宽,使半导体激光器的性能有一个大的飞跃,对未来半导体激光器市场的发展方向产生巨大的影响。纳米晶体激光器与现在已经发展得很成熟的量子阱激光器的不同之处在于纳米晶体激光器的有源区是由纳米晶体而不是量子阱构成的。由于两者的结构相似,工艺兼容,加之纳米晶体激光器具有量子阱激光器无与伦比的优异性能,故纳米晶体激光器是半导体纳米晶体的主要应用领域之一。但在实际应用中,受限于纳米晶体的制备技术,目前纳米晶体激光器的阈值电流密度还是比较大的,要进一步提高纳米晶体激光器的性能,必须解决的问题包括:

(1) 如何生长尺寸均匀的纳米晶体阵列;

(2) 如何增加纳米晶体的面密度和体密度,尽可能提高纳米晶体材料的增益;

(3) 如何优化纳米晶体激光器的结构设计,使其有利于纳米晶体对载流子的俘获和束缚;

(4) 如何通过控制纳米晶体的尺寸或者选择新的材料体系,拓宽纳米晶体激光器的激射波长工作范围,争取覆盖 WDM 网络中的 1.4 ~ 1.6 μm 波段。

随着这些问题的解决,纳米晶体激光器在光电子器件、光通信等领域必然得到广泛的应用。

通过纳米晶体与聚合物溶液混合,或与聚合物单体混合共聚的方法可以得到体相无机 - 有机复合材料。Bawendi 等通过加入少量溶剂的方法,制备出 CdSe 纳米晶体与聚甲基丙烯酸月桂醇酯的复合物,该材料作为荧光器件可以应用在全色显示方面。与液晶平面显示器相比, 有机电致发光平面显示器具有主动发光、轻、薄、对比度好、无角度依赖性、能耗低等显著特点，在这类应用上有明显的优势，具有广阔的应用前景。纳米晶体与聚合物间的疏水－疏水相互作用，使薄膜中纳米晶体层与聚合物层稳定地交替结合，较大的接触面积使光电子在层与层之间的传输成为可能。这一思想已经成为目前制备这类光电器件的主流。人们正在尝试用不同种类的纳米晶体与光电功能聚合物复合，实现优化发光二极管、传感器件和太阳能电池性能的目的。

1994 年，Colvin 小组采用旋涂的方法首次将 CdSe 纳米晶体与聚苯撑乙烯（PPV）相结合制成纳米晶体－有机电致发光二极管（纳米晶－OLED），通过改变纳米晶体尺寸和聚合物共轭链长短，可以调整纳米晶体及聚合物的能级，进而改变器件的发光颜色，纳米晶体的发光可以从红色调谐到黄色，而在电压较高时聚合层 PPV 发出的绿光占优势，亮度可以达到 100 cd/m^2。用己二硫醇中双巯基与 CdSe 纳米晶体表面镉原子的双向配位作用，也可以制备出层状 CdSe 纳米晶体超薄膜，并与导电聚合物复合构筑二极管。中科院化学所有机固体实验室的研究人员使用 CdSe/ZnS 和 CdSe/CdS/ZnS 高质量核壳结构纳米晶体，采用聚三苯胺（poly－TPD）作为空穴传输层，八羟基喹啉铝（Alq_3）作为电子传输层，通过调节纳米晶体尺寸以及优化器件结构和各层厚度，制备了可以发射绿、黄、橙、红四种颜色光的纳米晶－OLED 器件，最大发光亮度分别达到 3 700 cd/m^2（绿光）、4 470 cd/m^2（黄光）、3 200 cd/m^2（橙光）、9 064 cd/m^2（红光），均为各种颜色光纳米晶－OLED 报道中的最高值。2006 年，马东阁等将 CdSe/CdS 核壳纳米晶体与聚乙烯咔唑（PVK）复合，制备了电致发光器件，发光光谱覆盖 400～800 nm 的整个可见光范围，获得了白光发射，具有重要意义，研究表明白光主要来源于 PVK 与 CdSe/CdS 纳米晶体间不完全的能量转移和纳米晶体对电荷的直接俘获。

纳米晶－OLED 拥有制备工艺简单、成本低廉、可以制成柔性器件、色纯度高、颜色可通过改变纳米晶体尺寸轻易调节等诸多优点。所以，纳米晶体和薄膜电致发光器件领域的科研工作者十分重视对纳米晶－OLED 的研究。另外，基于纳米晶体的单光子、单电子器件，如单光子光源、单电子晶体管、单电子存储器、单电子逻辑器件以及它们在量子计算中应用的研究也十分活跃。

单光子的产生与发射，是当前信息密码、量子计算和量子保密通信研究中所面临的一项关键技术。单光子发射器件与其他发光器件最主要的区别是发射光子的时间次序不同。普通发光器件发射的光子是聚束的,遵循泊松统计分布或超泊松统计分布,也就是在某个很短的时间间隔内发射两个或更多光子的概率非常高。而单量子发射源可以稳定地发出单个光子流,这种光子流在规定的时间间隔内只包括一个光子,称作“反聚束”源,它在量子密码通信领域将会有重要的应用前景。研究显示,通过脉冲激光激发单个分子或半导体纳米晶体可以发射出单个光子,而且应用脉冲激光激发纳米晶体,产生的电子空穴对将辐射复合发出一个波长唯一的光子,借助光谱过滤器可以把每个光子分离出来。截至目前,人们已经尝试了多种产生单光子的技术方案,其中采用纳米晶体作为有源区实现单光子发射是大家关注的焦点。这是因为与其他单光子光源相比,纳米晶体单光子光源具有较高的振子强度,较窄的谱线宽度,且不会发生光退色,而且固态纳米晶体材料的发光波长,可以覆盖从可见光到红外光的光波范围,因而纳米晶体在单光子发射器件的制作中具有光明的应用前景。

单电子器件是通过控制在微小隧道结体系中单个电子的隧穿过程来实现特定功能的器件,其原理是基于库仑阻塞效应。微小隧道结是单电子器件的基本单元,可以利用超薄硅膜(包括非晶硅、纳米硅)及 AlGaAs/ GaAs 等异质结构,经平面工艺加工或直接制成这样的微小隧道结。基于库仑阻塞效应和量子尺寸效应制成的半导体单电子器件由于具有尺寸小、损耗低等特性而日益受到人们重视,其研究也取得了一定进展。

基于纳米晶体结构的器件、电路的潜在应用还有很多,涉及的范围很广。随着量子电子学以及相关领域研究的进一步发展,相信在不久的将来,以纳米晶体结构为基础的光电器件必将能应用到千家万户,造福于人类。

第2章　CdSe纳米晶体与聚苯胺相互作用研究

导电聚合物的突出优点是既具有金属和无机半导体的电学和光学特性，又具有有机聚合物柔韧的机械性能和可加工性，还具有电化学氧化还原活性。MacDiamid、Heeger和白川英树因在导电聚合物的发现和发展中做出的突出贡献而共同获得2000年度诺贝尔化学奖。

目前，人们利用这些特性使纳米晶体与导电聚合物复合制备出窄谱带的电致发光器件，为其在平板显示方面的应用奠定了基础。1994年，Colvin等首次将CdSe纳米晶体与聚合物PPV相结合制成双层电致发光器件，器件的发光颜色通过改变CdSe纳米晶体的尺寸从红色调谐到黄色，在电压较高时聚合层PPV发出的绿光占优势，亮度可以达到100 cd/m^2。1997年，Kumar等采用湿化学工艺使CdS纳米晶体和聚合物PPV复合在一起，制成了纳米晶体－有机电致发光器件，器件启亮电压可达到3 V。在10 V电压下，器件发光效率可以达到1%，而电流密度为16 mA/cm^2。2002年，Seth Coe等采用相分离的方法，成功制备了单层无机核壳型纳米晶体CdSe/ ZnS的三明治型电致发光器件结构，即在芳香族的有机材料和脂肪族的纳米晶体修饰层这两层有机薄膜之间只有一层纳米晶体，结果发现该器件发光效率是以前报道的最好的电致发光器件的25倍，在电流密度为125 mA/cm^2时，亮度可以达到2 000 cd/m^2。这种方法也可以应用于其他无机/有机复合器件的制作，这一振奋人心的结果发表在*Nature*上。近年来，纳米晶体－有机电致发光器件领域的研究不断取得新的突破，尤其是通过改变纳米晶体的尺寸和纳米晶体的浓度实现了纳米晶体/聚合物异质结电致发光器件的白光发射。2004 年，Park 等将两种不同尺寸的 CdSe 纳米晶体与聚合物 PDHFPPV 复合制备了纳米晶体/聚合物复合电致发光器件，成功获得了白光发射。其中，蓝光发射来自聚合物，绿光发射来自粒径为 3 nm 的 CdSe 纳米晶体，而红色发光来自粒径为 7 nm 的 CdSe 纳米晶体，纳米晶体的发光是靠聚合物与纳米晶体之间的不完全能量转移激发的。总之，将半导体纳米晶体与有机材料复合应用于电致发光器件，对于电致发光器件的应用推广有着重要的意义，关于这方面的研究近几年已经成为国内外广大科学工作者关注的焦点。

聚苯胺（PANI）是一种高分子合成材料，俗称导电塑料，因具有制备简单（可通过化学氧化聚合批量生产）、成本低廉、稳定性好、可制备成导电聚苯胺溶液等突出优点，成为最有应用前景的导电聚合物之一。聚苯胺是一类特种功能材料，具有塑料的密度和塑料的可加工性，又具有金属的导电性，还具备金属和塑料所欠缺的化学和电化学性能。应用聚苯胺的优良导电性能，通过多种方式将其与其他结构的功能材料共聚，能够得到多种多样的新型高分子材料，可以应用于航空航天、汽车、微电子、通信、纺织等诸多领域。

采用 PVK、PPV 等传统导电聚合物与纳米晶体构成电致发光器件，使纳米晶体实用化这一方法存在的问题是聚合物层与纳米晶体层间的载流子输运机制没有得到满意的解释，发光效率与器件寿命仍需提高。由于透射电镜分辨率的限制，无法观察到有机分子的结构，所以对于纳米晶体与有机分子的界面只能通过一些间接的方法研究。我们将发光性能良好的 CdSe 纳米晶体与应用前景广阔的聚苯胺两种先进功能材料混合，制得 CdSe 纳米晶/PANI 复合物，借助荧光光谱学的方法，研究二者之间的相互作用。

2.1　油相 CdSe 纳米晶体的制备

2.1.1　试剂与仪器

氧化镉（CdO，纯度 99.9%）、Se 粉（纯度 99.99%）、十六烷基氨（HDA）、十八烯（octadecene，ODE）、三辛基氧化膦（trioctylphosphine oxide，TOPO，纯度 90%）、三辛基膦（trioctylphosphine，TOP）、聚苯胺（Polyaniline，PANI）、硬脂酸

(SA)、氯仿、正己烷、甲醇。

采用透射电子显微镜(TEM)观察,样片滴在250目的铜网上,加速电压为200 kV。O/max - RA 型旋转 Cu 靶的 X 射线衍射仪,采用铜靶(CuK_{α} = 0.154 078 nm)作为辐射源,工作电流100 mA,加速电压100 kV。采用UV - 3101型紫外可见分光光度计进行吸收光谱测试,测量时,采用1 cm厚石英比色皿,双光路平行测试。荧光发射光谱和激发光谱所用仪器为4500型荧光仪,光源为150 W的氙灯,可测荧光及寿命大于1 ms的磷光光谱和磷光寿命。以罗丹明6G的乙醇溶液为参比,对纳米晶体的荧光量子产率进行测定。X射线光电子能谱仪,用Mg的K_{α}射线作为光源,工作电流30 mA,加速电压12 kV。荧光寿命光谱仪型号为FL 920,激发源为nF 900纳秒闪光灯,仪器响应时间约为1 ns。采用主动声光锁模的飞秒激光系统。

2.1.2 CdSe 纳米晶体的合成

油相合成纳米晶体的实验装置如图2-1所示。由于反应需要在无水、无氧、高温的条件下进行,所以,利用三颈瓶作为反应容器,中口上部接冷凝回流装置,并与氩气(或氮气等其他惰性气体)连通,剩余的两个口分别接温度计(监控反应温度)和注射器(热注入反应前驱液)。三颈瓶放在可以控温加热的磁力搅拌器上。

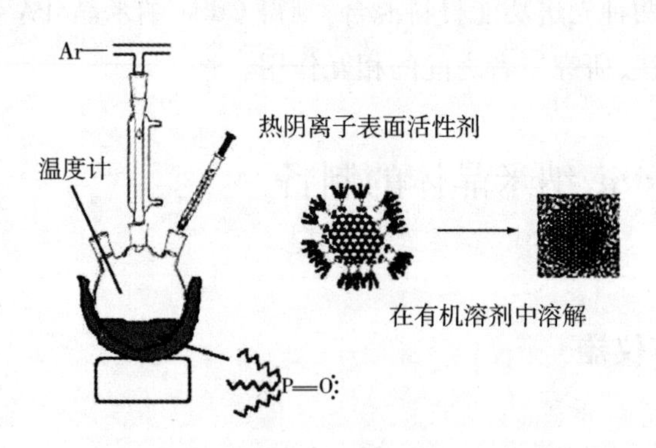

图2-1 油相合成纳米晶体的实验装置

称取0.025 6 g氧化镉,0.228 g硬脂酸和十八烯,加入50 mL三颈瓶中,在氩气的保护下,伴随着剧烈的搅拌,加热至 200 ℃,这时混合物形成一种光学透明的溶液。十六烷基氨和三辛基氧化膦按照 4∶1 的摩尔比加入反应器中,重新加热至 280 ℃。将 2 mL 含有 0.158 g Se 粉的三辛基膦与十八烯混合液一次性迅速注入上述反应器中,反应液的温度降至 240 ℃,维持加热,保持温度不变,间隔不同时间取样,就可以获得不同粒径的 CdSe 纳米晶体。利用甲醇溶液陈化粒子、离心后重新分散到氯仿溶液中。

目前,纳米晶体的油相合成已经是一条较为成熟的技术路线。然而,TOPO 等前驱体价格比较昂贵,对应用和研究有一定的限制,所以,我们用较便宜的十八烯来取代 TOPO 作为反应溶剂进行 CdSe 纳米晶体的合成,仅使用少量的 TOPO 作为表面配体来稳定纳米晶体,大大降低了合成成本,得到了具有同样发光特性的 CdSe 纳米晶体。反应速度与温度和配体都有很大关系,通过摸索,我们将反应温度定在 240 ℃,纯的配体 TOPO(99.9%)要比技术级的 TOPO(90%)反应速度快很多,这样就不容易控制纳米晶体的生长,所以我们采用技术级的 TOPO(90%)。通过控制不同配体十六烷基氨和三辛基氧化磷的比例可以控制纳米晶体的生长速度,我们选用的是 4∶1 的摩尔比。因此采用恰当比例的混合溶剂十八烯、十六烷基氨和三辛基氧化膦可以减缓纳米晶体的生长速度,使反应更易控制。

2.1.3　CdSe 纳米晶/PANI 复合物制备

取不同量的聚苯胺分别与不同尺寸的 CdSe 纳米晶体混合,在磁力搅拌器上均匀搅拌 30 min,即得到 CdSe 纳米晶/PANI 复合体。

2.2　CdSe 纳米晶体的性质分析

在半导体材料中,激子是由电子 – 空穴对通过库仑相互作用形成的,其束缚能为几毫电子伏到数十毫电子伏,所以体材料中的激子很容易发生热离化,在室温下一般是观察不到的。与体材料不同的是,在纳米晶体中,由于尺寸的限制,尤其是强限制的情况,内部能级结构呈分立的状态,电子占据分子轨道并满足 Pauli 不相容原理。因此,在纳米晶体中实际上不存在传统意义上的“激子”。纳米材料中常用“激子”描述处于分立状态的激发态,如果假设能带为抛物线型结构,在有效质量模型近似下,基态激子的能量为:

$$E(r) = E_g(r = \infty) + \frac{h^2\pi^2}{2\mu r^2} - \frac{1.786e^2}{\varepsilon r} - 0.248E_{R_y}^* \qquad (2-1)$$

其中

$$\mu = \left[\frac{1}{m_{e^-}} + \frac{1}{m_{h^+}}\right]^{-1}$$

$$E_{R_y}^* = \frac{\mu e^4}{2\pi^2 h^2}$$

式中:$E(r)$ 为半导体纳米微粒的吸收带隙;

r 为半导体纳米微粒的半径;

μ 为微粒的折合质量;

m_e^- 和 m_h^+ 分别为电子和空穴的有效质量;

$E_{R_y}^*$ 为有效里德伯常数。

由纳米材料的体积效应,可知激子的振子强度为:

$$f = \frac{2m}{h^2}\Delta E\ |\mu|^2\ |U(0)|^2 \qquad (2-2)$$

式中 m 为电子的质量, ΔE 为跃迁能量, μ 为跃迁偶极矩。$|U(0)|^2$ 代表电子和空穴波函数的重叠程度。吸收系数是由单位体积的振子强度 f/V (V 为纳米晶体积)即样品中纳米微粒所占的比例决定的。对于强限制的微粒,即尺寸小于激子玻尔半径 a_B , $|U(0)|^2$ 随微粒尺寸减小而增大, f/V 与 $(a_B/r)^3$ 近似成正比。因此,微粒尺寸减小到小于 a_B 时,激子的束缚能增大,以至于室温下可见。CdSe 纳米晶体就属于强限制这种情况,所以在室温下就能够观察到激子的吸收与发光。

2.2.1 紫外可见吸收光谱

图 2-2 为 CdSe 纳米晶体在氯仿溶液中的紫外可见吸收光谱,从吸收光谱上可以看出,在吸收边有一明显的激子吸收峰,位于 516 nm(2.4 eV),表明样品的微粒尺寸分布比较窄。CdSe 纳米晶体中激子态最低能量状态通常是由导带中 $1s_{1/2}$ 态的电子和价带顶 $1s_{3/2}$ 态的空穴组成的,这一电子-空穴对的能量对应

于($1s_{1/2}-1s_{3/2}$)激子态跃迁的能量。从图 2-2 中还可以观察到高阶的激子吸收峰,这表明合成的纳米晶体具有较好的结晶质量。600 nm(2.0 eV)左右的吸收是来自表面态能级的吸收,由于缺陷较少,所以,吸收相对较弱。

CdSe 纳米晶体的粒径可以通过吸收光谱来获得,其依据是 CdSe 纳米晶体的尺寸与光学性质相关。由图 2-2 中第一激子吸收峰对应的跃迁能根据有效质量模型公式(2-1)估算,样品的微粒尺寸为 2.9 nm,比 CdSe 体材料的激子玻尔半径(5.0 nm)小,属于强限制区,所以表现出明显的量子限制效应。

CdSe 纳米晶体粒径与第一激子吸收峰之间的定量关系不仅可以通过理论公式计算得到,实验也能测定。不同的研究者进行了大量的工作,即合成出不同尺寸的纳米晶体,利用 TEM 等表征手段得到粒径,结合理论计算的结果进行修正,给出吸收光谱与纳米晶体粒径间关系的经验方程。综合不同国内外研究者的实验数据,在此,我们采用一个更简单的拟合方程(2-3)来估算 CdSe 纳米晶体的尺寸:

$$D = 22.1572 - 3.6398 \times \ln(715.0683 - \lambda) \tag{2-3}$$

其中,D 代表 CdSe 纳米晶体的粒径,λ 为第一激子吸收峰对应的波长位置,单位取纳米(nm)。利用公式(2-3),我们可以从紫外可见吸收光谱图 2-2 所得的第一激子吸收峰位置 516 nm,快捷地计算出 CdSe 纳米晶体的平均粒径为 2.9 nm。

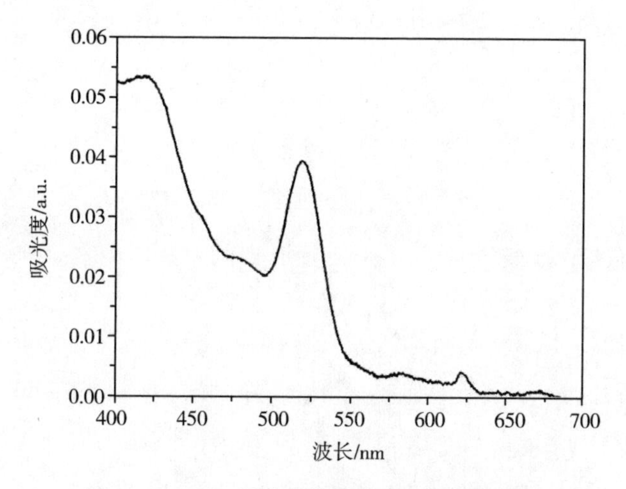

图 2-2 CdSe 纳米晶体的紫外可见吸收光谱

2.2.2 荧光激发与荧光发射光谱

为了选择一个合适的激发波长,我们对获得的 CdSe 纳米晶体进行了荧光激发和荧光发射光谱的研究,如图 2-3 所示。其激发光谱宽且连续分布,发射光谱窄且对称,而且没有长波拖尾现象。从荧光发射光谱可以看出,荧光发射峰位于 527 nm,与第一激子吸收峰(516 nm)相比较,斯托克斯位移达 11 nm。荧光峰的强度分布符合高斯分布特征,半峰宽仅为 26 nm,这足以说明我们合成的 CdSe 纳米晶体的粒径分布很窄,尺寸均一。激发光谱结构与吸收光谱相对应,而且峰形结构更加明显,对于 527 nm 的荧光发射来说,除了 516 nm 外,还存在 350 nm、425 nm、480 nm 几个比较明显的激发峰,这几个激发峰分别对应于高阶的激子吸收峰。

CdSe 纳米晶体的尺寸分布,一方面可以通过透射电子显微镜照片,对大量的纳米晶体粒径进行实际测量后获得,这种方法对仪器设备要求较高,另一方面可以通过荧光光谱来获得粗略信息。在此首先有以下两个假设:

(1) 不同尺寸的 CdSe 纳米晶体以相同的概率吸收对应波长的光子,也就是激发的概率相同;

(2) 不同尺寸的纳米晶体以相同概率发射出相应波长的光子。

经过上述假设,所得荧光光谱的强度便与粒径无关,而仅仅与粒子数有关。

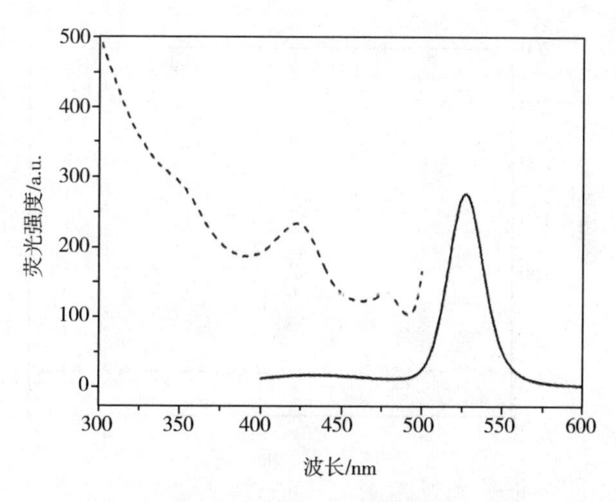

图 2－3　CdSe 纳米晶体的荧光发射光谱（实线）和激发光谱（虚线）

在利用荧光光谱计算 CdSe 纳米晶体的尺寸分布前，先利用粒径与荧光峰位置的关系式（2－4）将荧光光谱的横坐标变换为粒径，从而可以得到粒度分布的曲线。

荧光发射峰位置与粒径关联的关系式为：

$$D = (2.6786 \times 10^{-9})\lambda_e^4 - (4.9348 \times 10^{-6})\lambda_e^3 + (3.4222 \times 10^{-3})\lambda_e^2 - 1.0511\lambda_e + 121.74 \qquad (2-4)$$

其中，D 为 CdSe 纳米晶体的粒径，λ_e 为荧光发射峰对应的波长位置，单位为 nm。

然后利用高斯曲线方程拟合数据点，可以得到纳米晶体粒度分布的标准差。结果如图 2－4 所示。利用这种方法得到的 CdSe 纳米晶体直径为 2.7 nm，尺寸分布的相对标准差为 13.8%。

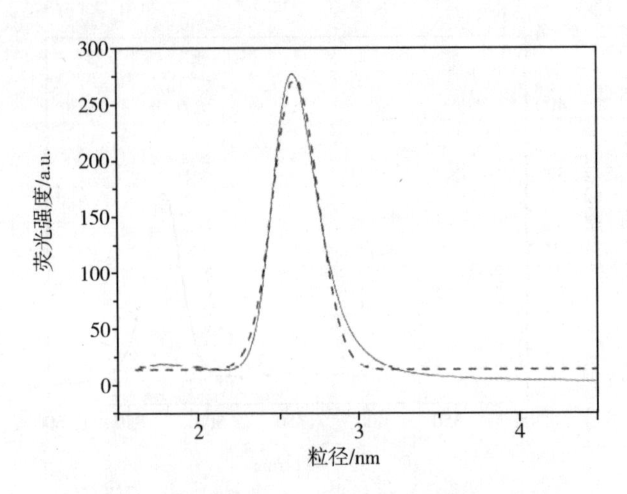

图 2-4 通过坐标变换获得的 CdSe 纳米晶体的粒度分布图（实线）和高斯拟合曲线（虚线）

图 2-5 显示了同一 CdSe 纳米晶体样品在不同波长入射光激发下的荧光光谱。改变激发波长来检测纳米晶体的荧光光谱时，可以看到荧光峰的位置和形状基本没有发生变化，只是相对强度有所不同。当激发波长分别为 350 nm、425 nm、480 nm 时，对应的激发光谱中的激发强度逐渐减弱。同时，纳米晶体的相应荧光发射光谱峰值也逐渐减弱，说明发射光谱确实为荧光光谱。最后，我们选定在后文中，除非特殊声明，荧光光谱均采用 350 nm 来激发。

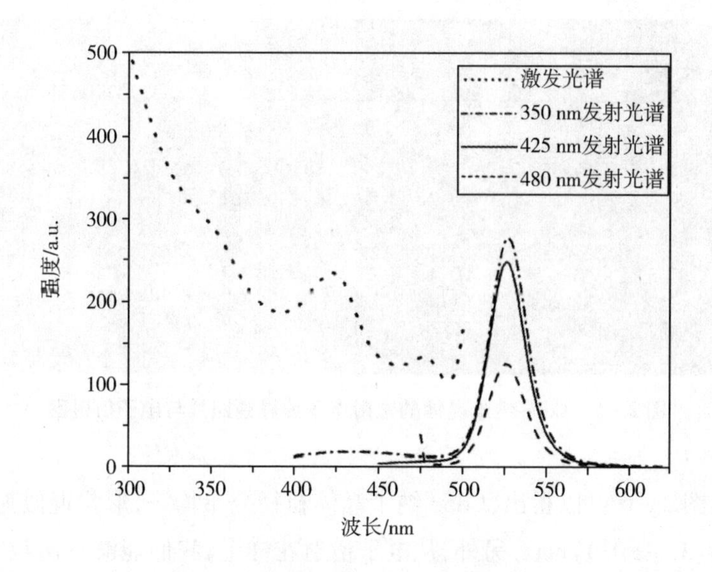

图 2－5　不同激发波长激发下的 CdSe 纳米晶体的激发光谱和发射光谱

通过使用罗丹明 6G(荧光量子产率为 95%)做参比,根据公式(2－5)测得 CdSe 纳米晶体的荧光量子产率为 30%。

$$Q_u = Q_s \frac{F_u A_s}{F_s A_u} \qquad (2-5)$$

式中 Q_u 和 Q_s 分别表示 CdSe 纳米晶体和罗丹明 6G 的荧光量子产率;A_s 和 A_u 分别表示 CdSe 纳米晶体和罗丹明 6G 在该激发波长下的吸光度;F_u 和 F_s 分别表示在以 CdSe 纳米晶体第一激子吸收峰波长激发时,CdSe 纳米晶体和罗丹明 6G 对应荧光发射光谱的积分面积。

2.2.3　形貌与结构

CdSe 有纤锌矿、闪锌矿以及岩盐结构三种。其中,岩盐结构是在高压下稳定的晶体结构。常压下存在的常为纤锌矿和闪锌矿两种,其中又以纤锌矿更加稳定。为了研究纳米晶体的结晶状况和尺寸分布,我们对该样品进行了透射电子显微镜的分析,图 2－6 显示了样品的透射电子显微镜照片与电子衍射图。

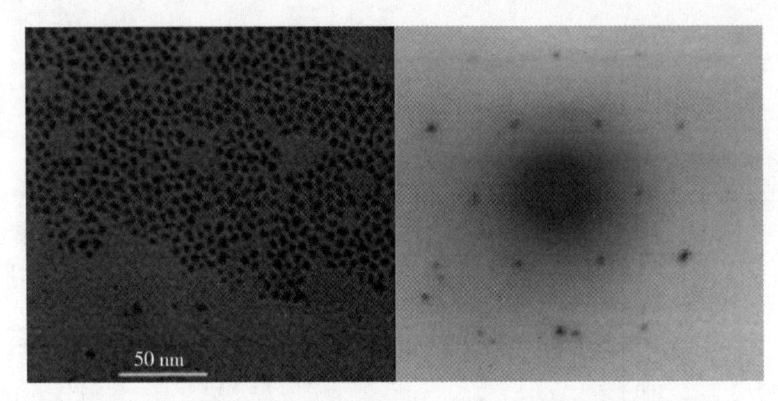

图 2－6　CdSe 纳米晶体的透射电子显微镜照片与电子衍射图

根据图 2－6 可以得出，CdSe 纳米晶体粒径分布均一，形状近似为圆形，平均尺寸为(3.3 ±0.4)nm。另外，从电子衍射花样上，我们能够看出粒子是以六方密堆积的方式排布的，这主要是因为 CdSe 本身具有六方晶系结构，电子的诱导作用使得晶体按照上述方式排列，形成六角纤锌矿结构。从电子衍射图中可以看到，衍射环上的点是规则分布的，证明 CdSe 纳米晶体是单晶结构。为了进一步与电镜结果进行对比，我们又对样品进行了 X 射线衍射(XRD)分析，图 2－7 给出了样品的 XRD 测试结果。

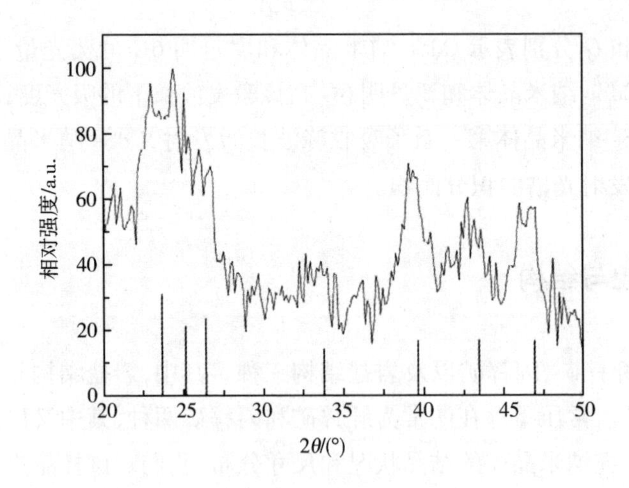

图 2－7　CdSe 纳米晶体的 X 射线衍射谱

根据 X 射线衍射标准卡片可知，CdSe 纳米晶体的结构是纤锌矿结构，对衍射峰分别进行高斯拟合，然后根据德拜－谢乐公式（2－6）计算纳米晶体的尺寸，取平均值得到 $d=(2.6\pm0.5)$ nm，比透射电镜的结果略小，标准偏差为 19.1%，偏大。这是因为样品的微粒尺寸太小，其晶格的不完整使 XRD 衍射峰展开得很宽，仅考虑微粒细化使 XRD 谱展宽是不够的，因此用德拜－谢乐公式估算的样品尺寸偏小。

$$d=\frac{0.89}{B\cos\theta} \tag{2-6}$$

式中 B 为衍射峰半高宽，单位取弧度（rad），θ 为布拉格衍射角，单位取弧度（rad），λ 为 X 射线波长，在我们的实验中 X 射线波长为 0.154 18 nm。

比较紫外可见吸收光谱、荧光光谱、XRD 和 TEM 四种测量纳米晶体尺寸的方法，因为微粒尺寸较小，XRD 明显展宽，实际上对应不同晶面的衍射峰有可能重叠在一起，表现为一个宽峰。所以，XRD 的结果只能粗略地估算微粒的尺寸，而且，XRD 测试需要较多的样品，当样品量较少时，无法进行测试。TEM 的结果应该更接近真实情况，但是，TEM 价格昂贵，操作过程复杂，电子束容易导致纳米晶体的团聚，形成松散的团聚体小球，而且单分散的数据也仅能代表观测区域或所取样品的部分情况，不能代表整个溶液的实际情况。荧光光谱中特征峰与尺寸的经验公式，是在等概率吸收与等概率发射的假设前提下获得的，肯定存在一定的偏差。所以，紫外可见吸收光谱因方便快捷、代表性强，在纳米晶体尺寸测量中最适宜推广。

2.2.4　X 射线光电子能谱

X 射线光电子能谱（XPS）是目前所有表面分析能谱中获得化学信息较多的一种，它除了能进行元素的定性分析外，还能定量或半定量地测定表面元素含量、元素所处的化学价态等。图 2－8 是 Cd3d 和 Se3d 的 X 射线光电子能谱。

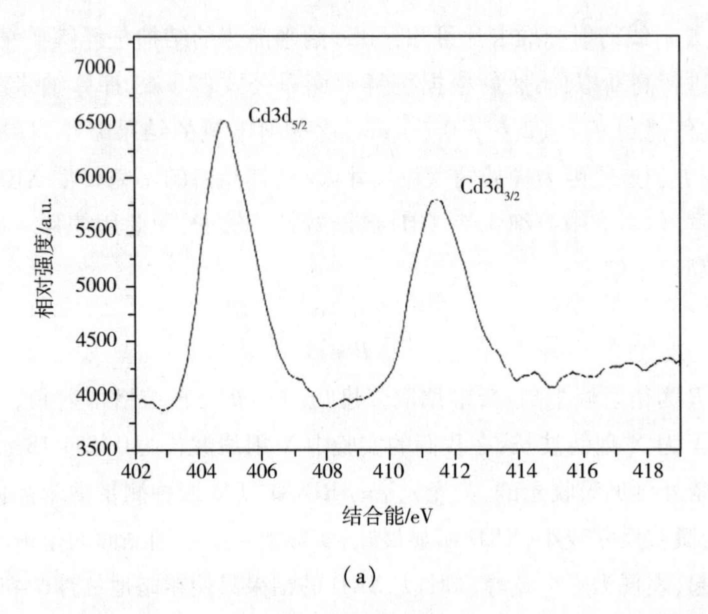

(a)

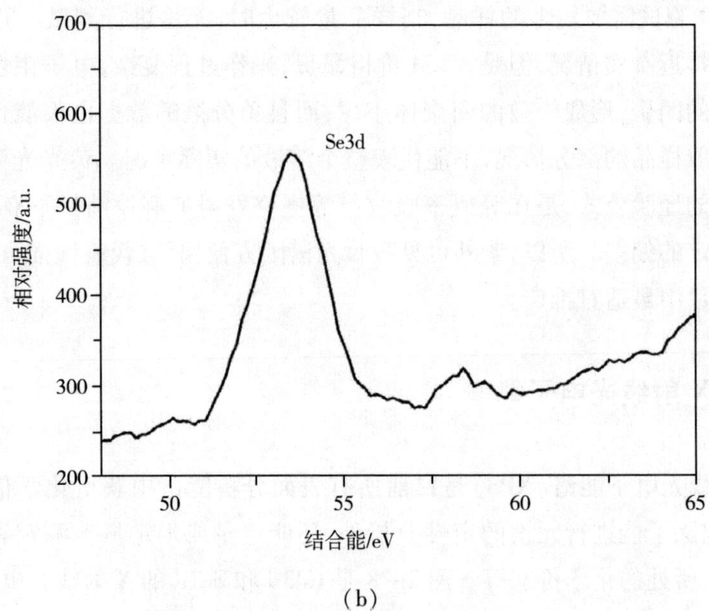

(b)

图 2-8　CdSe 纳米晶体的 X 射线光电子能谱

X 射线打到 CdSe 纳米晶体上以后，Cd 原子或 Se 原子中的某一轨道上的电子吸收了光子而被电离出来。反应式如下：

$$M + h\nu = M^{+*} + e^- \quad (2-7)$$

M代表Cd或Se原子，M^{+*}代表Cd或Se激发态离子，e^-为被电离出来的光电子。如果我们以E_M代表始态M的能量，$E_{M^+}{}^*$代表终态M^{+*}的能量，E_{kin}代表出射光电子的动能，根据能量守恒原理，可以得到：

$$E_{M^+}{}^* - E_M = h\nu - E_{kin} \quad (2-8)$$

原子电离前后的总能量差$E_{M^+}{}^* - E_M$即为该壳层电子的结合能E_b。上式可以改写成：

$$E_b = h\nu - E_{kin} \quad (2-9)$$

对自由原子来讲，结合能是指把电子从所在能级激发到无穷远处成为动能为零的真空自由电子所需要的能量。源自Cd或Se元素不同能级的光电子动能及其信号强度均不同，通过能谱仪的能量分析器可将不同动能的电子区分开来，并被电子探测器接受，最后可在$X-Y$记录仪上获得一条以光电子动能E_{kin}或电子结合能E_b为横坐标，信号强度为纵坐标的曲线，这便得到图2－8的光电子能谱。由于用X射线做激发光源，X射线的能量较大，它不仅能使结合能较小的价电子电离，而且能使结合能较大的内层电子电离。因此，得到的是Cd和Se两种元素对应于$Cd3d_{5/2}$、$Cd3d_{3/2}$和Se3d几个不同轨道电子电离的能谱峰。

光电子能谱测得的最基本的数据是束缚态电子的结合能。为了测量方便，定义CdSe纳米晶体的电子结合能为束缚能级与费米能级E_F之差。费米能级是0 K时固体能带中电子填充的最高能级，等于这个系统中电子的化学势。以真空自由电子能级E_V和以费米能级E_F为参考点定义的结合能E_b^V和E_b^F两者在数值上差一个功函数W_S（逃逸功）。

$$E_b^V = E_b^F + W_S \quad (2-10)$$

所以，CdSe纳米晶体的功函数W_S为真空自由电子能级E_V和费米能级E_F之差。当入射光$h\nu$作用于功函数为W_S的CdSe纳米晶体时，结合能为E_b^F的束缚电子被激发到样品表面，此时光电子动能为$E_{kin,S}$，根据能量守恒定律有以下关系：

$$h\nu = E_b^F + W_S + E_{kin,S} \quad (2-11)$$

$$E_b^F = h\nu - W_S - E_{kin,S} \quad (2-12)$$

要测定E_b^F，除测定样品的光电子动能$E_{kin,S}$外，还要确定样品的功函数W_S。实际测量中，将CdSe纳米晶体样品置于光谱仪的样品托上。由于样品与光谱仪的功函数不同,两者之间会产生一个接触电势差,这会导致刚离开样品表面的光电子加速或减速,因此到达能量分析器入口处时光电子的动能已不再是刚离开样品表面时的动能 $E_{kin,S}$ 了。如光谱仪的功函数为 W_{SP},实测的光电子动能为 E_{kin},则可以证明:

$$E_b^F = h\nu - W_{SP} - E_{kin} \tag{2-13}$$

其中,W_{SP} 对于同一台仪器来说基本上是个常数(≈ 4 eV),因此准确测定被激发电子的动能 E_{kin},在已知激发源的能量 $h\nu$ 和仪器功函数 W_{SP}之后,就能利用上式求得该电子在 CdSe 纳米晶体中的结合能。

我们利用 X 射线光电子能谱对所获得的 CdSe 纳米晶体进行了分析,图 2-8 给出了 Cd3d(a)和 Se3d(b)的能谱特征峰,其中,$Cd3d_{5/2}$、$Cd3d_{3/2}$ 和 Se3d 所对应的以费米能级 E_F 为参考点定义的结合能 E_b^F 分别为 405 eV、411.5 eV 和 53.5 eV,与 CdSe 中元素的化学价态吻合。根据经验公式计算,两种元素的含量之比为 Cd∶Se =1∶2.3。

2.2.5 双光子荧光光谱

为了得到不同颜色的发光,一般需要用近紫外光来激发不同尺寸的纳米晶体。纳米晶体在人体中应用时,紫外线长时间照射对人体组织有伤害,若能采用红外光,利用双光子激发荧光纳米晶体,就可以避免紫外光对人体的副作用。图 2-9 是利用波长为 800 nm 的飞秒激光激发的 CdSe 纳米晶体双光子荧光光谱。从该图中我们可以看到,CdSe 纳米晶体可以有效地吸收两个 800 nm 的光子,然后发射出可见光区的荧光,荧光峰与单光子激发时(图 2-3)一致。

双光子激发可以增加荧光成像的穿透深度。Rayleigh 研究了光的散射现象,得出:

$$I = \frac{24\pi^3 vV^2}{\lambda^4}\left(\frac{n_1^2 - n_2^2}{n_1^2 + 2n_2^2}\right)^2 I_0 \tag{2-14}$$

式中:I 、I_0 分别为散射光和入射光强度,λ 为入射光波长,v 为分散系统中单位体积的粒子数,V 为每个粒子的体积,n_1,n_2 分别为分散相和分散介质的折射率。这个公式称为 Rayleigh 公式,它适用于粒子不导电的分散系统。由 Rayleigh 公式可以看出:散射光的强度 I 与入射光波长的四次方成反比,因此入射光波长越短，散射效应越强。由于光散射系数反比于入射光波长的四次方，所以采用 800 nm 双光子激发时激发光的散射损失只是 400 nm 单光子过程的 1/16，探测深度明显增加。而且，CdSe 的双光子吸收截面很大，所以双光子激发对纳米晶体的实际应用有很重要的意义。

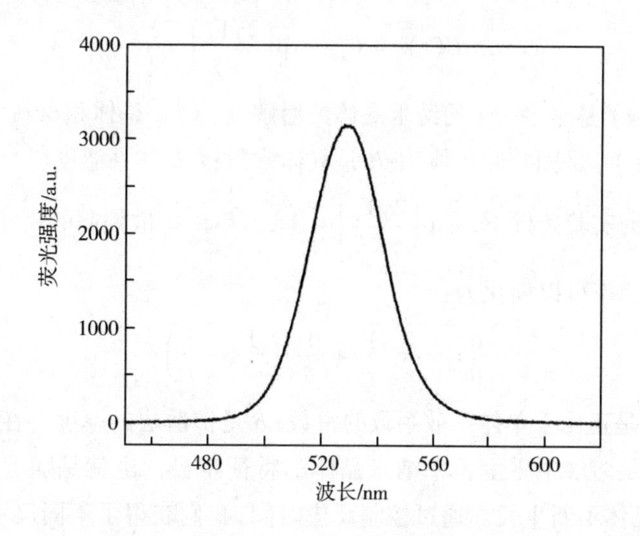

图 2-9　CdSe 纳米晶体的双光子荧光光谱

（激发光源为 800 nm 飞秒激光）

2.2.6　纳米晶体的尺寸控制

纳米晶体的形成过程一般可分为两个阶段：瞬间分散成核和奥斯特瓦尔德熟化过程。瞬间分散成核是通过将反应物快速注入到反应容器中，使反应前驱体的浓度迅速达到成核阈值后快速、均匀成核来实现的。瞬间分散成核一定程度上清除了溶液的过饱和状态，使溶液浓度迅速降低到成核阈值以下，此后，反应中便不再有新核产生。对于每个晶核来讲，生长环境是相似的，溶液中生成粒子的初始尺寸分布主要由成核和长大时间决定。如果这一过程相对于整个微粒的生长只是很小的一部分，那么相对于其他微粒来说尺寸较小的那部分纳米微粒，在经过一定时间后会变得与其他粒子具有相同的尺寸。在奥斯特瓦尔德熟化过程中，较小尺寸的微粒具有较高的表面能，会分解并重新沉积到较大的微粒上，这时溶液中微粒数量减少，而微粒的平均粒径增加，奥斯特瓦尔德熟化过程很好地锐化了纳米晶体的尺寸分布。

成核过程的动力学机制比较复杂,但是奥斯特瓦尔德熟化过程相对容易研究。假设合成体系中单体浓度是固定的,且扩散是生长速率的决定因素,那么由纳米晶体尺寸决定生长速率的机制可以概括为 Gbbis – Thompson 方程:

$$C(r) = C_{\text{bulk}}^{0} \exp\left[\frac{2\gamma V_m}{rRT}\right] \tag{2-15}$$

式中 $C(r)$ 是半径为 r 的纳米晶体的溶解度; C_{bulk}^{0} 是体相材料的溶解度; γ 是表面张力; V_m 是固相摩尔体积;R 是气体常数;T 是体系温度。

在我们的实验条件下, $\exp\left[\frac{2\gamma V_m}{rRT}\right] \ll 1$,所以由扩散控制的尺寸为 r 的纳米晶体的生长速率可以简化为:

$$\frac{\mathrm{d}r}{\mathrm{d}t} = K\left(\frac{1}{r} + \frac{1}{\delta}\right)\left(\frac{1}{r^*} - \frac{1}{r}\right) \tag{2-16}$$

这里 K 是正比于单体扩散系数的常数; δ 是扩散层的厚度。在固定浓度的条件下, r^* 是溶液中零生长率纳米晶体的特征半径。也就是随着反应时间的延长,纳米晶体不断生长。通过控制反应时间,我们获得了不同尺寸的 CdSe 纳米晶体。图 2 – 10 就是通过延长反应时间获得的不同粒径的 CdSe 纳米晶体的荧光光谱。

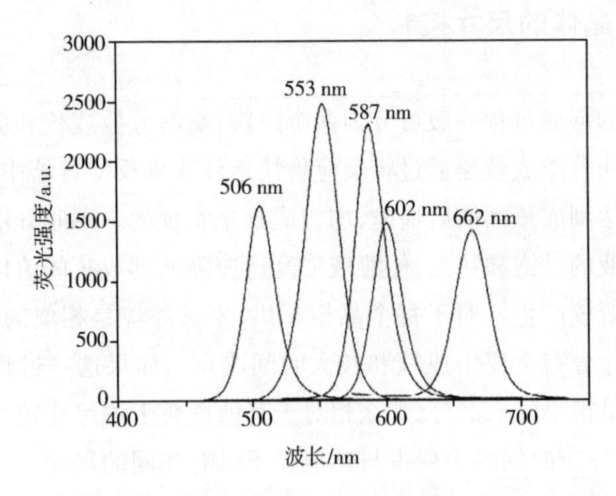

图 2 – 10　不同粒径的 CdSe 纳米晶体的荧光光谱

从图 2 - 10 中,我们可以清楚地观察到纳米晶体荧光峰的红移现象。根据纳米材料的量子尺寸效应,随着纳米晶体尺寸的增大,荧光发射峰向长波方向移动(即红移)。在整个合成过程中,通过吸收光谱监测,未发现新的吸收峰出现,说明没有新核产生。对 CdSe 纳米晶体的尺寸产生影响的因素很多,除反应时间外,还有初始前驱体中 Cd 与 Se 的比例、表面配体的种类、配体的多少、反应温度等。但是,利用反应时间来控制纳米晶体大小,从而获得不同的荧光发射波长和多种可分辨的颜色是最简便易行的一种方式。

2.3　聚苯胺对 CdSe 纳米晶体的荧光猝灭现象与物理机制

取不同量的聚苯胺分别与不同尺寸的 CdSe 纳米晶体混合,在磁力搅拌器上均匀搅拌,即得到 CdSe 纳米晶/PANI 复合体。这种溶液直接混合方法的关键问题是如何在保持荧光的前提下均匀分散纳米晶体。通常情况下,材料与聚合物混合后容易产生严重的相分离,导致聚集,破坏原有性能。但是,在实验中,我们发现纳米晶体与聚苯胺分散良好。我们认为,纳米晶体在聚合物中的相分离规律可以借鉴聚合物共混体系或嵌段聚合物的相分离行为。聚苯胺的聚合物链与 CdSe 纳米晶体表面的烷基链(HDA)刚柔性匹配,所以复合体不易发生相分离。

纳米晶体溶液加入聚苯胺后,纳米晶体的荧光强度会出现明显的下降,猝灭的物理机制有多种可能:

(1)形成新的辐射中心或无辐射中心。如果加入 PANI 后,CdSe 纳米晶体的荧光发射峰位置和半峰宽几乎无变化,而且也没有新的荧光峰出现,那么这种可能可以排除。

(2)激发竞争,导致激发密度下降。若采用小于 450 nm 的光激发,聚苯胺可以发射蓝光,而我们采用波长为 480 nm 的光作为激发光,所以只能激发 CdSe 纳米晶体的荧光,不会激发聚苯胺的发光,所以不会产生激发竞争,这种机制也可以排除。

(3)能量转移。处于激发态的分子将其激发态能量转移给其他分子,自身失活到基态,同时,接受能量的分子由基态跃迁到激发态,这一过程称为能量转移或能量传递。从 CdSe 纳米晶体向聚苯胺的能量转移有可能发生。

(4)电荷传递。光激发纳米晶体后,电荷在 CdSe 纳米晶体和聚苯胺之间传递,导致辐射复合过程中断。这种机制也不能排除。

依据能量转移给体、受体和环境的不同,能量转移机制包括辐射机制、共振机制和电子交换机制。辐射机制的能量转移不会改变给体的寿命,因为辐射机制的能量转移只是辐射跃迁的后续过程。在只有辐射机制的能量转移发生时,给体的辐射寿命仍只为分子内失活过程速率常数所决定。在我们的实验中,发现纳米晶体聚苯胺复合体系的荧光寿命有改变,所以可以排除辐射机制。电子交换机制能量转移的速率常数随着给体和受体间距离 R 的增加而呈指数减小。当 R 增加至 0. 1 nm 后,与其他失活过程相比,电子交换机制引起能量转移的速率将是可以忽略掉的,而 CdSe 纳米晶体和聚苯胺之间的距离远大于 0. 1 nm。所以,下面我们主要讨论共振机制对纳米晶体聚苯胺复合体系荧光性质的影响。

聚苯胺的主链上含有交替的苯环和氮原子,是一种特殊的空穴导电聚合物,其紫外可见吸收光谱如图 2 – 11 所示,在波长小于 600 nm 的区域存在吸收。从图 2 – 10 可知,我们已经合成出从绿色到红色的一系列 CdSe 纳米晶体,荧光发射峰覆盖从 506 nm 到 662 nm 的可见光谱区域。实验中荧光激发波长为 480 nm,所以只激发纳米晶体的荧光,不会激发聚苯胺的发光,将 CdSe 纳米晶体荧光光谱和聚苯胺吸收光谱共同列于图 2 – 11 中。可以清楚地看到,除峰值波长在 662 nm 的红光纳米晶体外,其余 CdSe 纳米晶体的发射光谱,均与聚苯胺吸收光谱的尾部相重叠,这符合荧光共振能量转移的基本规则(给体的发射光谱与受体的吸收光谱相重叠),即聚苯胺和 CdSe 纳米晶体之间可以发生能量转移,CdSe 纳米晶体作为给体,聚苯胺作为受体。当给体和受体之间的距离小于 Förster 半径时,荧光能量从给体向受体转移,这会导致给体荧光发射强度和激发寿命的减小,以及受体荧光发射强度的增加。

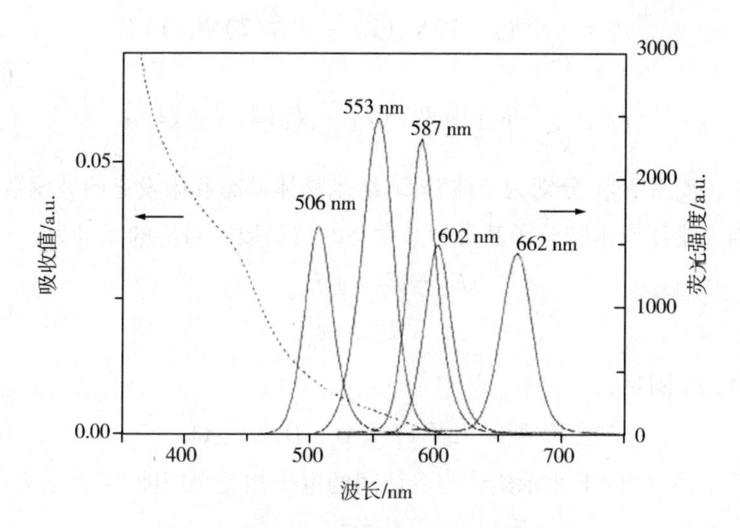

图2-11 聚苯胺的紫外可见吸收光谱(虚线)和不同尺寸纳米晶体荧光光谱(实线),溶剂为氯仿

共振能量转移的转移效率 Φ_{ET} 和给体的发射光谱与受体的吸收光谱的重叠程度、给体与受体之间的距离、给体与受体的跃迁偶极矩的相对取向等很多因素有关。其定义式如下:

$$\Phi_{ET} = \frac{k_{ET}}{k_D + k_{ET}} \tag{2-17}$$

k_D 为给体自身的跃迁速率, k_{ET} 为电子能量转移速率,下面对 k_{ET} 进行具体的计算。从最简单的双电子体系出发,根据无辐射能量转移过程的表达式,在给体D(CdSe)与受体A(聚苯胺)间相互作用很弱的条件下,设体系的总哈密顿量为:

$$H = H_0 + V \tag{2-18}$$

式中, H_0 是未受扰动的哈密顿量,并且:

$$\begin{aligned} H_0\Psi_I &= E_I\Psi_I \\ H_0\Psi_F &= E_F\Psi_F \end{aligned} \tag{2-19}$$

其中, Ψ_I 和 Ψ_F 分别为体系的始态和终态波函数。由于电子为费米子,因此波函数应为反对称的,于是可以得到方程的解为:

$$\Psi_{\mathrm{I}} = \frac{1}{\sqrt{2}}[\Psi_{\mathrm{D}^*}(1)\Psi_{\mathrm{A}}(2) - \Psi_{\mathrm{D}^*}(2)\Psi_{\mathrm{A}}(1)]$$
$$\Psi_{\mathrm{F}} = \frac{1}{\sqrt{2}}[\Psi_{\mathrm{D}}(1)\Psi_{\mathrm{A}^*}(2) - \Psi_{\mathrm{D}}(2)\Psi_{\mathrm{A}^*}(1)] \quad (2-20)$$

式中，Ψ_{D} 和 Ψ_{D^*} 分别为给体 CdSe 纳米晶体基态和激发态的波函数，Ψ_{A} 和 Ψ_{A^*} 分别为受体聚苯胺分子基态和激发态的波函数。对应的能量为：

$$E_{\mathrm{I}} = E_{\mathrm{D}^*} + E_{\mathrm{A}}$$
$$E_{\mathrm{F}} = E_{\mathrm{D}} + E_{\mathrm{A}^*} \quad (2-21)$$

其中，E_{I} 满足：

$$H_0\Psi_i = E_i\Psi_i(i = \mathrm{D}^*, \mathrm{D}, \mathrm{A}^*, \mathrm{A}) \quad (2-22)$$

式(2－18)中的 V 表示给体与受体间的电子相互作用能，可表示为：

$$V = \frac{\mathrm{e}^2}{\varepsilon R_{12}} \quad (2-23)$$

其中，R_{12} 为两个电子间的距离，ε 为介质的介电常数。正是由于这种相互作用导致体系与 Born－Oppenheimer 近似的偏离和无辐射跃迁的产生。

根据量子力学的微扰理论，跃迁概率与跃迁矩阵元 V_{ET} 的平方成正比。跃迁矩阵元表示为：

$$V_{\mathrm{ET}} = \langle\Psi_{\mathrm{I}}|V|\Psi_{\mathrm{F}}\rangle \quad (2-24)$$

$$V_{\mathrm{ET}} = V_{\mathrm{ET}}^{\mathrm{c}} + V_{\mathrm{ET}}^{\mathrm{e}} \quad (2-25)$$

忽略交换相互作用能 $V_{\mathrm{ET}}^{\mathrm{e}}$，只考虑库仑相互作用能 $V_{\mathrm{ET}}^{\mathrm{c}}$，即电荷分布 $Q_{\mathrm{I}}^{\mathrm{c}} = |\mathrm{e}|\Psi_{\mathrm{D}^*}(1)\Psi_{\mathrm{D}}(1)$ 和 $Q_{\mathrm{F}}^{\mathrm{c}} = |\mathrm{e}|\Psi_{\mathrm{A}}(2)\Psi_{\mathrm{A}^*}(2)$ 之间的静电相互作用：

$$V_{\mathrm{ET}}^{\mathrm{c}} = \langle\Psi_{\mathrm{D}^*}(1)\Psi_{\mathrm{A}}(2)|V|\Psi_{\mathrm{D}}(1)\Psi_{\mathrm{A}^*}(2)\rangle \quad (2-26)$$

波函数 Ψ 可以表示为电子波函数 φ 和核振动波函数 χ 的乘积：

$$\Psi = \varphi\chi \quad (2-27)$$

为计算跃迁矩阵元 $V_{\mathrm{ET}}^{\mathrm{c}}$，将 V 展成关于 D 和 A 间距离向量 $\boldsymbol{R}$ 的 Taylor 级数，若只考虑偶极－偶极相互作用，并在点偶极近似成立的条件下，我们可以得到：

$$V_{\mathrm{ET}}^{\mathrm{c}} = \frac{1}{\varepsilon R^3}\left[M_{\mathrm{D}}M_{\mathrm{A}} - \frac{3}{R^2}(\boldsymbol{R}\cdot\mathrm{M}_D)(\boldsymbol{R}\cdot\mathrm{M}_A)\right]\prod_{\mathrm{j}}\langle\chi_I^{\mathrm{j}}|\chi_F^{\mathrm{j}}\rangle \quad (2-28)$$

式中，$\langle\chi_{\mathrm{I}}|\chi_{\mathrm{F}}\rangle$ 为 Franck－Condon 因子，M_{D} 和 M_{A} 分别是 $\mathrm{D}\rightarrow\mathrm{D}^*$ 和 $\mathrm{A}\rightarrow$

A^* 的跃迁偶极矩：

$$M_D = \sqrt{2}\langle \varphi_D \mid eR_D \mid \varphi_{D^*} \rangle$$
$$M_A = \sqrt{2}\langle \varphi_A \mid eR_A \mid \varphi_{A^*} \rangle \qquad (2-29)$$

根据费米黄金规则，P_I 代表态密度，按能量守恒定律的要求引入狄拉克函数 δ，则电子能量转移的速率常数为：

$$k_{ET} = \frac{2\pi}{\hbar}\sum_I \sum_F P_I V_{ET}^2 \delta(E_I - E_F) \qquad (2-30)$$

将式(2－27)代入上式，可得到偶极－偶极电子能量转移速率：

$$k_{ET}^{d-d} = \frac{2\pi}{\hbar}\left[\frac{M_D M_A}{\varepsilon R^3}\Gamma(\theta_D, \theta_A)\right]^2 \cdot \sum_{\nu'} \sum_{\nu''} P_{I\nu'} \left\{\prod_j \langle \chi_{I\nu'_j} \mid \chi_{F\nu''_j} \rangle\right\}^2 \delta(E_{I\nu'} - E_{F\nu''}) \qquad (2-31)$$

式中，ν 是振动量子数，$\Gamma(\theta_D, \theta_A)$ 是取向因子

$$\Gamma = [2\cos\theta_D\cos\theta_A - \sin\theta_D\sin\theta_A\cos(\varphi_D - \varphi_A)] \qquad (2-32)$$

$P_{I\nu'}$ 为振动弛豫速率比能量转移速率快得多时，状态的玻尔兹曼分布。在各向同性的凝聚介质中，取向因子应对所有方向平均。再利用 A 的吸收系数和 D 的归一化发射光谱，偶极－偶极诱导的电子能量转移速率常数

$$k_{ET}^{d-d} = \frac{9\,000\ln(10)\Gamma^2\varphi_D}{128\pi^5 n^4 N_A \tau_D R^6}\int_0^\infty \frac{\overline{F_D}(\bar{\nu})\varepsilon_A(\bar{\nu})d\bar{\nu}}{\bar{\nu}^4} \qquad (2-33)$$

式中 φ_D 为给体的荧光量子产率，τ_D 为给体的寿命，$\overline{F_D}(\bar{\nu})$ 为归一化的给体荧光光谱，$\bar{\nu} = \omega/2\pi c$ 以 cm^{-1} 为单位。受体吸收光谱用克分子消光系数 $\varepsilon(\bar{\nu})$ 表示，单位是 L/(mol · cm)，N 是阿伏伽德罗常量。这样就可以根据式(2－17)对体系的能量转移效率 Φ_{ET} 进行理论计算了。

从给体到受体的能量转移会导致给体荧光强度下降，量子产率降低。实验中，能量转移效率 Φ_{ET} 可根据下式测定：

$$\Phi_{ET} = 1 - \frac{\Phi_D}{\Phi_D^0} \qquad (2-34)$$

其中 Φ_D^0 和 Φ_D 分别为不存在受体和存在受体时给体的量子产率。由于只需要确定相对量子产率，单一的观测波长即足以计算，因此观测波长可以选在没有受体荧光发射的位置。由于需要考虑受体对给体辐射波长的吸收而产生

的内滤效应，因此需要引入一些修正。于是，式(2－34)可以改写成激发波长 λ_D (480 nm)处的吸光度和给体荧光强度的表达式：

$$\Phi_T = 1 - \frac{A(\lambda_D)}{A_D(\lambda_D)} \frac{I_D(\lambda_D)}{I_D^0(\lambda_D)} \tag{2-35}$$

其中 $A_D(\lambda_D)$ 和 $A(\lambda_D)$ 分别为不存在受体和存在受体时波长 λ_D 处的吸光度，$I_D^0(\lambda_D)$ 和 $I_D(\lambda_D)$ 分别为不存在受体和存在受体时纳米晶体的荧光积分强度，激发波长为 λ_D。

为了进一步说明 CdSe 纳米晶体尺寸对 CdSe 纳米晶/PANI 复合体发光效率的影响，我们比较了 CdSe 纳米晶/PANI 复合体的能量转移效率与 CdSe 粒径之间的关系，如图 2－12 所示。该图以纳米晶体的荧光发射峰位置为横坐标，CdSe 纳米晶/PANI 复合体能量转移效率为纵坐标，其中，能量转移效率按照式(2－35)计算。可以看到在聚苯胺浓度一定的情况下，聚合体的能量转移效率随着 CdSe 纳米晶体尺寸的增大而逐渐降低。出现这一现象的原因是，随着纳米晶体尺寸的增大，荧光发射波长增加，聚苯胺吸收光谱和 CdSe 纳米晶体发射光谱之间的重叠减小，这就导致两者之间的能量转移效率下降。值得注意的是，对于发射峰在 662 nm 的红光纳米晶体来说，二者的荧光光谱和吸收光谱间完全不重合，不满足 Förster 共振能量转移条件，但是纳米晶体的荧光强度仍然出现 7% 左右的下降。

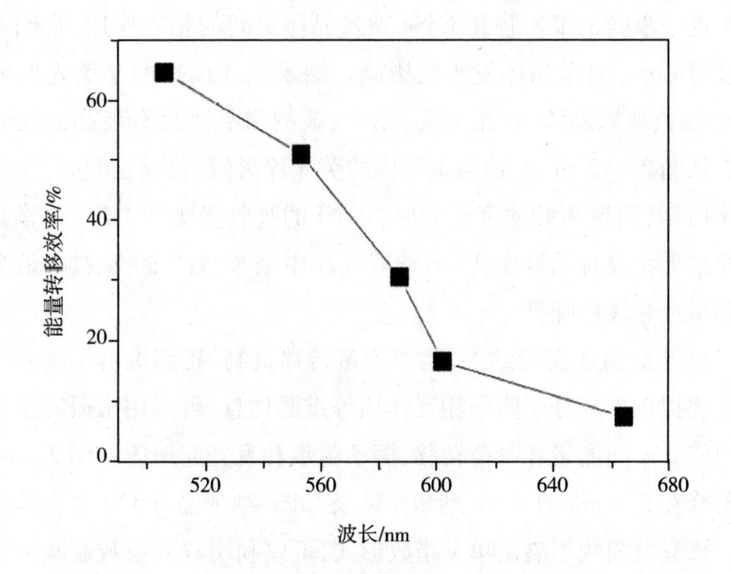

图 2－12　CdSe/PANI 复合体的能量
转移效率与纳米晶体尺寸的关系

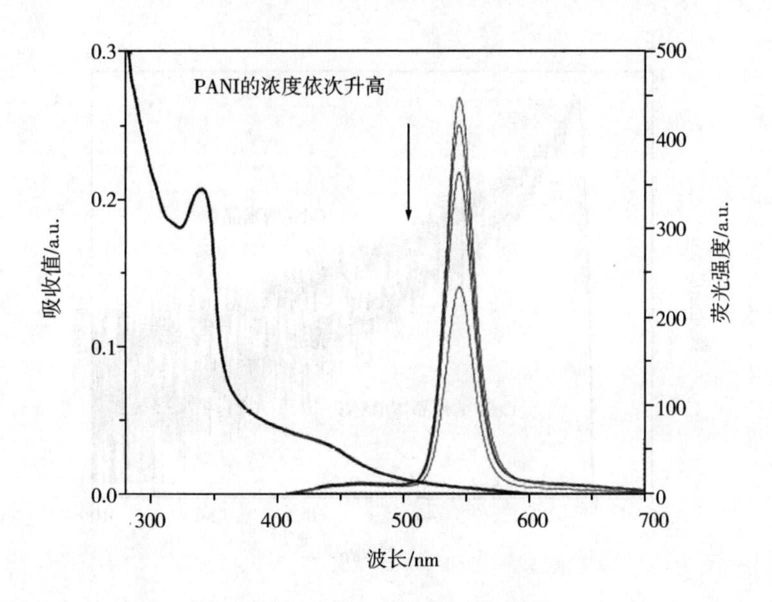

图 2－13　PANI 浓度不同时，
CdSe 纳米晶/PANI 复合体的吸收与荧光光谱

为了进一步确定聚苯胺和 CdSe 纳米晶体之间的相互作用,我们考察了聚苯胺浓度对 CdSe 纳米晶体发光的影响。纳米晶体选择的是荧光发射峰位于 553 nm 的绿色纳米晶体,这是因为:第一,该纳米晶体具有最高的荧光量子产率;第二,从图 2-12 可知,该纳米晶体的荧光淬灭效应比较明显。实验结果如图 2-13 所示,当聚苯胺浓度改变时,PANI 的吸收光谱和 CdSe 纳米晶体的荧光发射光谱形状没有明显变化,但随着样品中聚苯胺浓度的增加,纳米晶体发光强度却呈现非线性降低。

为了更好地描述实验结果,阐明能量转移机制,我们进行了荧光寿命的研究。它能够提供不同分子间的相互作用等重要信息,可以用来研究激发态发生的分子内或分子间能量和电荷转移、振动弛豫和发光起源等。图 2-14 显示了荧光发射峰在 553 nm 的 CdSe 纳米晶体及 CdSe 纳米晶/PANI 复合体的荧光衰减曲线。该衰减曲线不满足单 e 指数形式,可以利用双 e 指数衰减进行较好的拟合,拟合公式为:

$$I = A_1 e^{-t/\tau_1} + A_2 e^{-t/\tau_2} \quad (2-36)$$

表 2-1 是荧光寿命拟合的具体数值。τ_1 和 τ_2 是不同成分的荧光寿命。

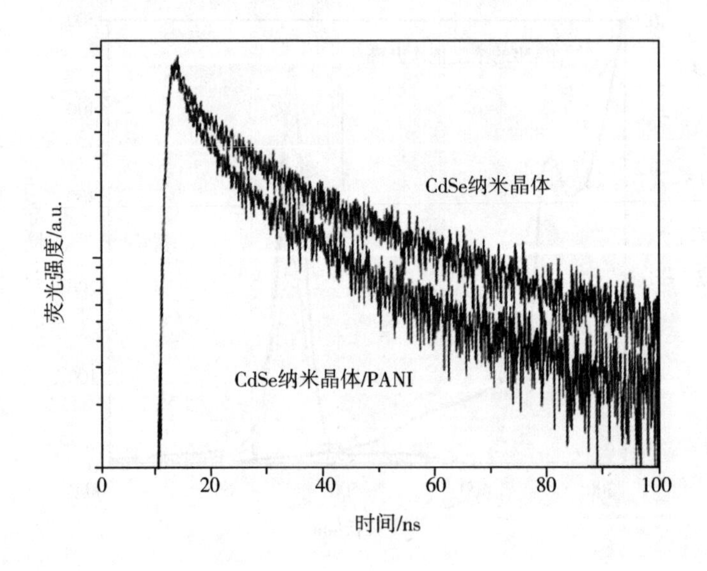

图 2-14 CdSe 纳米晶体和 CdSe 纳米晶/PANI 复合体的荧光衰减曲线

表 2 - 1　CdSe 纳米晶体和 CdSe 纳米晶/PANI 荧光寿命拟合数值

样品	A_1	τ_1/ns	A_2	τ_2/ns	$\langle\tau\rangle$
CdSe 纳米晶体	175.41	7.96	52.40	32.08	13.51
CdSe 纳米晶/PANI 复合体	317.07	5.47	30.58	29.68	7.60

CdSe 纳米晶体时间分辨发光动力学的非单 e 指数形式是存在表面态造成的。得到的 τ_1、τ_2 两个荧光成分分别为带边发射本征激子态快成分(2 ~ 5 ns)和与表面态有关的暗激子态慢成分(20 ~ 50 ns)。由于纳米晶体尺寸很小,只有几纳米,在其表面必然存在数目众多的缺陷和吸附杂质,所以表面电子的量子状态会形成分立的能级或很窄的能带,在能量禁阻的带隙中引入许多表面态能级。表面态的化学实质就是在某一方面具有活性的微观表面原子或原子团。表面态可以与纳米晶体表面一些较活泼的位置相关联,如表面上 Se 悬键或 Cd 悬键(来自未饱和的原子)。悬键是有高度电子亲和力的未占成键轨道,或者具有低电离势的已成键轨道。表面态可以是表面杂质,或者是表面吸附离子,只要吸附离子非常接近表面以至于可以与固体能带交换电子即可。表面态还可以与表面的各种缺陷相关联,比如晶体台阶上的那些位置或位错在表面露头处的那些位置。在晶体台阶上会存在这样一些位置,在它们上面的吸附物可以与几个晶格原子相互作用,所以总的相互作用很强。

从图 2 - 14 和表 2 - 1 中可以看到,CdSe 纳米晶/PANI 复合体的寿命明显比 CdSe 纳米晶体短,这也说明加入聚苯胺后出现了能量转移现象。$\langle\tau_D^0\rangle$ 和 $\langle\tau_D\rangle$ 分别代表不存在和存在受体时,给体的平均衰减时间,那么能量转移效率也可以通过下式来计算:

$$\Phi_T = 1 - \frac{\langle\tau_D\rangle}{\langle\tau_D^0\rangle} \quad (2-37)$$

其中平均衰减时间定义为:

$$\langle\tau\rangle = \frac{\sum_i A_i\tau_i}{\sum_i A_i} \quad (2-38)$$

根据给体荧光衰减寿命这种方法算出的能量转移效率为 44% ,与前面图利用给体稳态荧光减弱方法算得的结果 52% 基本一致。

聚苯胺有效地降低 CdSe 纳米晶体的发光强度,能量转移机制是主要原因,但还应该存在其他机制。这是因为,根据图 2-11,红光纳米晶体的荧光波长远大于 600 nm,峰值在 662 nm,聚苯胺在大于 600 nm 的区域几乎没有吸收,所以不满足能量转移的基本条件,但是由图 2-12 可知,红光纳米晶体与聚苯胺形成复合物后,仍然有 7% 左右的荧光强度的下降。

聚苯胺的聚合物链与 CdSe 纳米晶体表面的烷基链(HDA)刚柔性匹配,所以,在非极性溶剂中,两者容易形成激基复合物,产生电荷转移过程。激基复合物的结合能较高,为 20~80 kJ/mol,复合物的两部分都带有微量的电荷,因而具有较大的偶极矩,偶极矩的大小决定了电荷转移的程度。根据分子轨道理论,对激基复合物的波函数可做如下处理:

$$\psi = c_1\varphi_1(D^*A) + c_2\varphi_2(DA^*) + c_3\varphi_3(D^-A^+) + c_4\varphi_4(D^+A^-) + c_5\varphi_5(DA) \quad (2-39)$$

D、A 分别代表给体与受体,即 CdSe 纳米晶体和聚苯胺。假设 D、A 分别是严格的给体与受体,同时忽略它们之间基态时的相互作用,那么上式可以简化为:

$$\psi = c_1\varphi_1(D^*A) + c_2\varphi_2(DA^*) + c_3\varphi_3(D^-A^+) \quad (2-40)$$

可以看出,假如 c_3 远远大于 c_1、c_2,则发生电荷转移过程;若 c_3 远远小于 c_1、c_2,则只是形成激基复合物。

从自由能变化的角度来分析,两个基态组分间的双分子电荷转移过程,在气相中的自由能变化为

$$\Delta G = I_D - E_A \quad (2-41)$$

I_D 为给体 D 的电离势,E_A 为受体 A 的电子亲和势。I_D 和 E_A 可由实验数据或由量子化学方法求出。当分子处于激发态时,其电离势或电子亲和势将与基态时不同,若用 I_D^* 和 E_A^* 分别表示给体和受体的电子激发能,则有:

$$I_D^* = I_D - e_D^* \quad (2-42)$$

$$E_A^* = E_A + e_A^* \quad (2-43)$$

$$\Delta G = I_D - E_A - e_D^* \quad (2-44)$$

$$\Delta G' = I_D - E_A - e_A^* \quad (2-45)$$

就气相激发态电子转移而言,只要通过上式求出的 ΔG(或 $\Delta G'$)小于零,该过程就可以自发地进行。可以把同样的思路扩展到溶液中去,只是还应加上

两个带电物体靠近时所产生的库仑稳定化能以及自由离子的溶剂化能。聚苯胺与 CdSe 纳米晶体的复合体系属于激基复合物,激基复合物的稳定能来自 D 的 HOMO 和 A 的 LUMO 的重叠,用 ΔE_{EX} 表示。自由能的变化可由下式给出:

$$\Delta G_{EX} = I_{\mathrm{D}} - E_{\mathrm{A}} - e_{\mathrm{D}}^{*} - \left(\frac{D-1}{2D+1}\right)\frac{\mu^{2}}{\rho^{3}} - \Delta E_{EX} - \frac{e^{2}}{d_{EX}} \qquad (2-46)$$

式中,μ 是激基复合物的偶极矩,ρ 是激基复合物的有效半径,d_{EX} 是复合物中 D^{*} 与 A 的距离,$\left(\frac{D-1}{2D+1}\right)\frac{\mu^{2}}{\rho^{3}}$ 是复合物的溶剂化能,$\frac{e^{2}}{d_{EX}}$ 为库仑稳定化能。

对于聚苯胺与 CdSe 纳米晶体的复合体系,在式(2－40)中,满足 c_3 远大于 c_1 、c_2 的条件,并且 $\Delta G_{EX} < 0$,所以可以实现有效的电荷转移。即图 2－12 中,7% 左右的荧光强度下降是作为空穴型导电聚合物的聚苯胺直接截取 CdSe 纳米晶体的电荷运载,从而使 CdSe 纳米晶体的辐射复合过程中断造成的。这一过程如图(2－15)和式(2－47)、(2－48)所示。

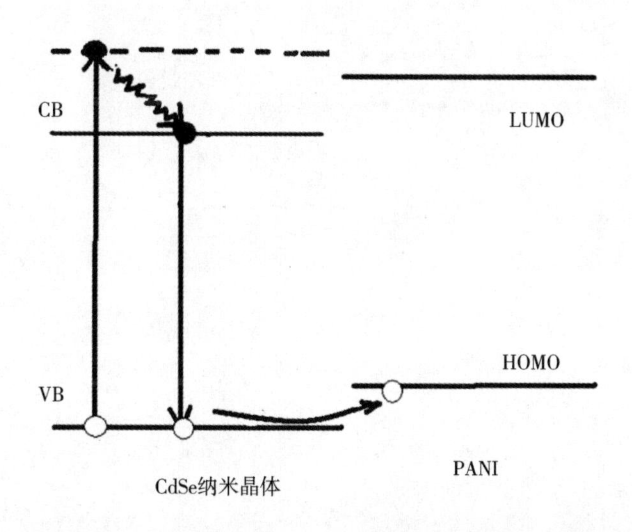

图 2－15　CdSe 纳米晶/PAni 复合体的能级结构示意图

式(2－39)代表 CdSe 纳米晶体吸收光子能量 $h\nu$ 后,价带电子受到激发,进入激发态,同时在价带中产生空穴,经过快速的振动弛豫,高激发态的电子释放声子弛豫到导带底部,辐射跃迁回价带,发出荧光 $h\nu'$ 。当加入聚苯胺后,如式(2－40)所示,由于聚苯胺是良好的空穴型导电聚合物,所以占据了 CdSe 纳米晶体的空穴位置,导致辐射复合过程中断,从而引起荧光强度的下降。所以,聚苯胺对 CdSe 纳米晶体的荧光淬灭效应是 Förster 共振能量转移和电荷转移两种机制共同作用的结果。

$$CdSe + h\nu \rightarrow CdSe(h^{+} + e^{-}) \rightarrow CdSe + h\nu' \tag{2-47}$$

$$CdSe(h^{+}) + PANI \rightarrow CdSe + PANI^{+} \tag{2-48}$$

第3章　CdSe和CdTe纳米晶体在金属表面的荧光增强现象

随着科技的发展和人们研究的不断深入,金属纳米材料特殊的光学、电学以及化学性质越来越多地被人们发现,并广泛应用于光电元器件的研制、生物医学、太阳能转化等方面。例如,由于金纳米微粒膜具有显著的非线性光学效应和皮秒级的激光响应速度,基于金纳米结构的复合物已经成为快速光开关研究的重要组成部分,另外由于其特殊的光谱特性,在光信息处理、激光防护等非线性光学器件方面也有重要用途。由于金属纳米材料的表面等离子共振光谱以及介电性质,其附近的光电信号被显著地放大,因而被广泛应用在DNA分析检测、传感器、免疫测定、生物医学成像和示踪、单分子探测等分析化学领域。在生物或化学体系中,微弱荧光信号的检测一直是一项挑战,很多时候,背景噪声会干扰人们对于有价值信号的测量。所以,在CdTe/银岛薄膜和Au/CdS核壳纳米晶体等体系中,科学家发现某些金属具有荧光增强效应,这就为提高荧光信号的检测极限开辟了新的道路。利用这种办法,甚至可以检测到脱氧核糖核酸分子的本征荧光发射,这在以前是根本无法实现的。但是,对于荧光增强的物理机制,研究还不够深入。

上一章虽然得到了高质量的CdSe纳米晶体,然而其合成过程是在有机溶剂中进行的,即在无水、无氧的条件下,将反应前体注入高沸点表面活性剂中,通过调节反应温度和时间控制纳米晶体的成核与生长过程。这种方法制备条件比较苛刻,试剂成本高,而且所用的有机试剂如三辛基膦、三辛基氧化膦毒性比较大,价格比较昂贵,给推广应用带来了一定的困难。因此,在水溶液中合成纳米晶体的方法逐渐引起人们的重视。目前,利用巯基乙酸、巯基丙酸或巯乙胺作为表面配体,已经合成了 CdS、CdSe 和 CdTe 纳米晶体。但是,在水溶液中制备纳米晶体,需要较长的反应时间,结晶质量不是很好,半峰宽比较宽,而且 CdSe 纳米晶体的荧光量子产率也不是很高,所以,还有很大的改进空间。

本章我们利用水相合成的方法,制备 CdSe 和 CdTe 纳米晶体,研究其在金属表面的荧光性质,同时根据能带理论、表面等离子体效应等解释荧光增强和荧光寿命缩短等现象的物理机制。

3.1 CdSe 纳米晶体在金膜表面的荧光增强现象

3.1.1 CdSe 纳米晶体薄膜样品的制备

3.1.1.1 仪器与试剂

六水合高氯酸镉[$Cd(ClO_4)_2 \cdot 6H_2O$]、巯基乙酸(mercaptoacetic acid, MAA,99%)、Se 粉(99.99%)、聚乙烯醇(polyvinyl alcohol, PVA)、硼氢化钠、氢氧化钠。实验用水是电阻率大于 18 MΩ·cm 的高纯水。

透射电子显微镜型号为 JEOL-3010,样片滴在 250 目的铜网上,加速电压为 200 kV。原子力显微镜的型号为 XE-Bio。采用 UV-3101 型紫外可见分光光度计进行吸收光谱测试,测量时,采用 1 cm 厚石英比色皿,双光路平行测试。荧光光谱所用仪器为 F-4500 型荧光仪,光源为 150 W 的氙灯。以罗丹明 6G 的乙醇溶液为参比,对纳米晶体的荧光量子产率进行测定。荧光寿命光谱仪型号为 FL 920 (Edinburgh instrument),激发源为 nF 900 纳秒闪光灯,仪器响应时间约为 1 ns。

3.1.1.2 CdSe 纳米晶体的制备

将 200 mL 含有 365 μL (5.25 mmol) 巯基乙酸作为稳定剂的 897 mg (2.14 mmol) $Cd(ClO_4)_2 \cdot 6H_2O$ 溶液用 1 mol/L 的 NaOH 调 pH 至 11.2。用高纯氮气将该溶液在密闭系统中脱氧 30 min。然后在剧烈搅拌的情况下,向该溶

液中加入新制备的无氧NaHSe溶液(通过Se粉与硼氢化钠反应制备),回流,间隔不同时间取样。所得溶液经沉化、离心、干燥可以得到CdSe纳米晶体样品,在需要使用时用水重新溶解即可。以固体形式保存,样品更加稳定,保存时间更长,而且纳米晶体尺寸不会缓慢增长。

3.1.1.3 CdSe纳米晶体薄膜样品的制备

将CdSe纳米晶体溶解于聚乙烯醇(PVA)中,然后按照相同的实验条件,分别在金岛薄膜(Au island films,AIF)和玻璃(glass)表面旋涂CdSe纳米晶体。

3.1.2 光谱表征与分析

图3-1是CdSe纳米晶体的透射电子显微镜照片。金岛薄膜采用真空镀膜机,利用热蒸镀的方法获得。图3-2是金岛薄膜表面的原子力显微镜照片。从两张照片可知,CdSe纳米晶体的尺寸约为4 nm,金纳米微粒的尺寸约为30 nm,CdSe纳米晶体和金纳米微粒的尺寸不十分均一。这是因为水相制备纳米晶体的温度较低,为100 ℃,而有机合成的温度接近300 ℃,所以水相合成的纳米材料的尺寸分布、结晶质量不如有机相合成的样品好。通过水热合成、微波、超声辅助的方法可以部分改善水相纳米晶体的质量。

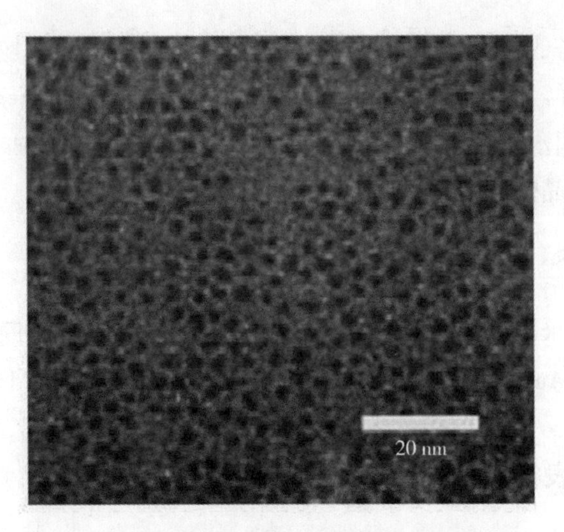

图 3-1　CdSe 纳米晶体的透射电子显微镜照片

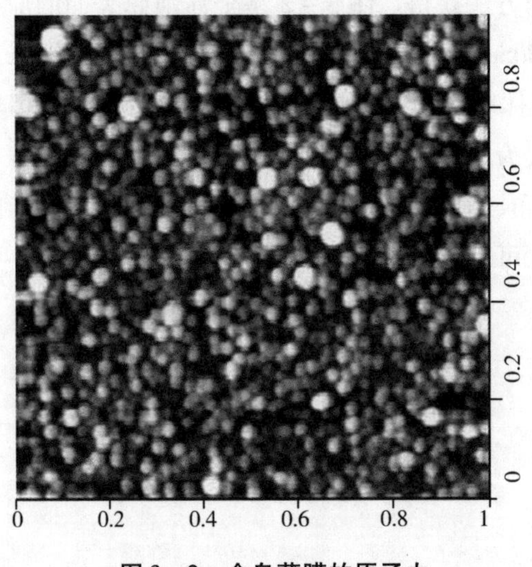

图 3-2　金岛薄膜的原子力显微镜照片(单位:μm)

CdSe 纳米晶体在玻璃和金膜表面的荧光发射光谱如图 3-3 所示。CdSe 纳米晶体荧光峰的半高宽达到 58 nm,与上一章油相合成的纳米晶体相比,变宽 1 倍多,说明大小粒子兼而有之,尺寸分布不够均匀,这与透射电子显微镜照片的结果一致。CdSe 纳米晶体在金岛薄膜表面的荧光强度与在玻璃表面的情况相比，增强了 4 倍左右。而且，将 CdSe 纳米晶体在两种不同表面的荧光光谱进行归一化处理后，可以发现，光谱的形状几乎完全重合，这一结果展现在图 3－4 中。这表明，金岛薄膜对 CdSe 纳米晶体的荧光增强效应不具有尺寸选择性，即对不同尺寸的纳米晶体是按同样的比率增强的。

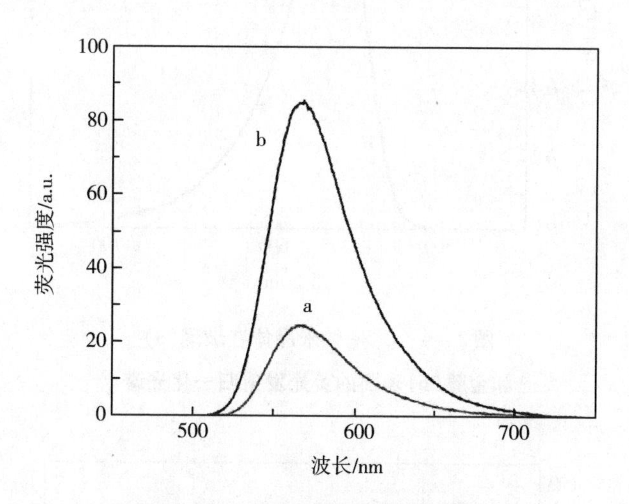

图 3－3　CdSe 纳米晶体在玻璃(a)和金膜(b)表面的荧光发射光谱

图 3－5 显示了 CdSe 纳米晶体在玻璃和金膜表面的荧光衰减曲线。对其进行多 e 指数衰减拟合，拟合公式为：

$$I(t) = \sum A_i e^{-t/\tau_i} \qquad (3-1)$$

平均衰减时间 $\langle\tau\rangle$ 按照式(3－2)计算：

$$\langle\tau\rangle = \frac{\sum_i A_i\tau_i}{\sum_i A_i} \qquad (3-2)$$

我们知道，特征发光寿命 τ_i 是最重要的寿命参数，表示从开始衰减到荧光变为初始值的37%所需要的时间，不同的衰减过程 τ_i 也会取不同的值。指数项系数 A_i 同时受到仪器特性和样品特性的双重影响，但仍然是有价值的参数。A_i 可以是正值，也可以为负值。例如，在多指数衰减体系中，通过相关处理，可以得到每个发光部分所发荧光对整个体系发光强度的贡献比例。

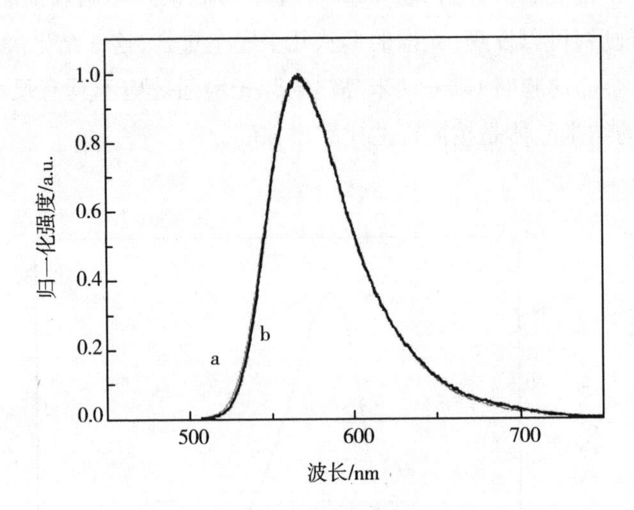

图 3-4 CdSe 纳米晶体在玻璃(a)和金膜(b)表面的荧光发射归一化光谱

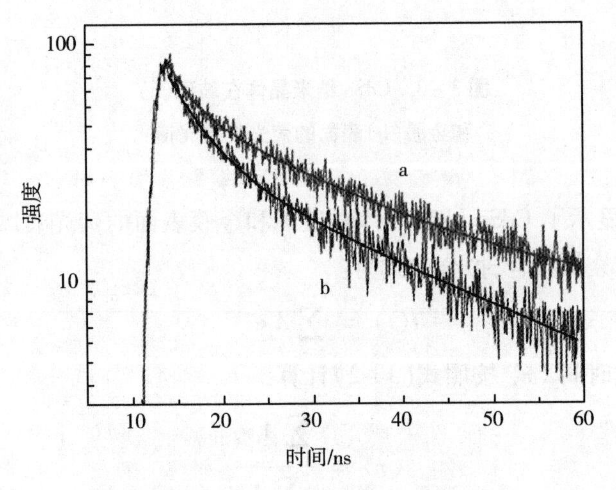

图 3-5 CdSe 纳米晶体在玻璃(a)和金膜(b)表面的荧光衰减曲线

表3-1 列出了荧光寿命双 e 指数衰减拟合的具体数值。从图 3-5 和表 3-1中可以看到,CdSe 纳米晶体在金岛薄膜表面的平均荧光寿命比在玻璃表面的荧光寿命缩短接近一半。CdSe 纳米晶体在金属表面的荧光增强效应该与多

个因素有关。

(1)与表面增强拉曼的原理类似,金属表面附近的局域场会引起激发光增强,从而导致较强的激发密度和激发速率,这样可以提高 CdSe 纳米晶体的荧光强度,但不会改变纳米晶体的荧光寿命。

(2)强局域场可以提高纳米晶体固有的辐射速率,导致纳米晶体的荧光寿命发生改变。

(3)根据 CdSe 纳米晶体和金膜的能级结构示意图(图 3-6),可以从能级理论来理解荧光增强的机制。等离子体波将金中的电子激发到激发态,由于 CdSe 纳米晶体的导带位置较低,所以金的激发态电子会隧穿注入 CdSe 纳米晶体的导带,与价带空穴复合发出荧光,从而提高荧光强度。这一模型也能够解释 CdTe/银岛薄膜和 Au/CdS 核壳纳米晶体等其他体系中的荧光增强现象。

表 3-1　CdSe 纳米晶体在玻璃和金岛薄膜表面的荧光寿命拟合数值

样品	A_1	τ_1/ns	A_2	τ_2/ns	$\langle\tau\rangle$
玻璃表面	480.44	5.25	63.98	29.18	8.06
金岛薄膜表面	1679.79	3.62	72.40	19.31	4.27

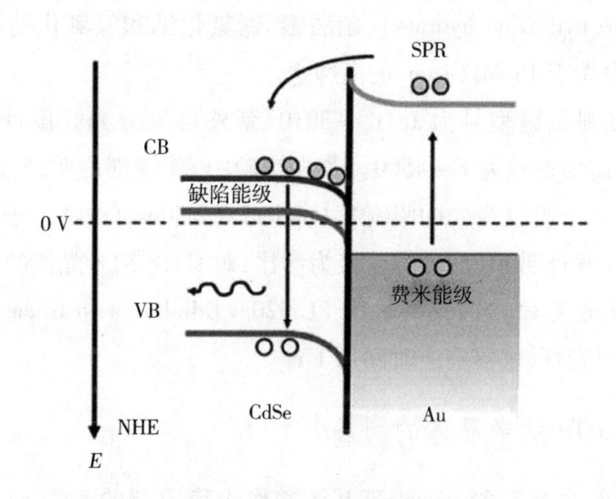

图 3-6　CdSe 纳米晶体和金的能级结构示意图

3.2 CdTe纳米晶体在银纳米粒子表面的荧光增强现象

在过去的十几年中,金属纳米粒子和荧光纳米晶体(如CdSe、CdTe和CdS)由于具有与尺寸相关的新奇光电性质,在基础研究和技术应用领域均引起了人们的广泛关注。尤其将金属纳米粒子与无机纳米晶体相结合,制备多功能的纳米复合材料更是研究的热点。在上一节,我们已经考察了CdSe纳米晶体在金岛薄膜表面的荧光增强现象。从应用的角度来看,其中涉及镀膜、旋涂等过程,比较烦琐。本节我们讨论CdTe纳米晶体在银溶胶中的荧光增强效应,实验过程简单,适于实际应用推广。

3.2.1 CdTe纳米晶体与银纳米粒子复合体的制备

3.2.1.1 仪器与试剂

六水合高氯酸镉[$Cd(ClO_4)_2 \cdot 6H_2O$]、巯基丙酸(3 - mercaptopropionic acid, MPA, 99%)、Te粉(99.99%)、聚乙烯吡咯烷酮(poly vinyl pyrrolidone, PVP)、水合肼(hydrazine hydrate)、硝酸银、硼氢化钠和氢氧化钠。实验中所用的水是电阻率大于18 MΩ·cm的高纯水。

透射电子显微镜型号为JEOL - 3010,紫外可见分光光度计型号为UV - 3101,荧光光谱仪型号为F - 4500。荧光实验中,除特别说明外,激发波长定为400 nm,第一激子吸收峰处的吸光度(optical densities, ODs)小于0.05,避免再吸收效应。以罗丹明6G的乙醇溶液为参比,对CdTe纳米晶体的荧光量子产率进行测定。荧光寿命光谱仪型号为FL 920 (Edinburgh instrument),激发源为nF 900纳秒闪光灯,仪器响应时间为1 ns。

3.2.1.2 CdTe纳米晶体的制备

将200 mL含有5.25 mmol巯基丙酸作为稳定剂的897 mg (2.14 mmol) $Cd(ClO_4)_2 \cdot 6H_2O$溶液用1 mol/L的NaOH调pH至11.2。用氩气将该溶液在密闭系统中脱氧30 min。然后在剧烈搅拌的情况下,向该溶液中加入新制备的无氧 NaHTe 溶液(通过 Te 粉与硼氢化钠反应制备),加热回流,间隔不同时间取样,即可获得不同尺寸的纳米晶体。所得溶液经沉化、离心、再溶解就可以得到 CdTe 纳米晶体测试样品。以罗丹明 6G 为参比,测得 CdTe 纳米晶体的荧光量子产率为 8%。

3.2.1.3　银溶胶的制备

以表面活性剂聚乙烯吡咯烷酮作为表面配体,采用水合肼还原 $AgNO_3$ 溶液,制备银纳米粒子。其中 PVP 分子可以通过 Ag—O 键有效地吸附在银纳米粒子表面。

3.2.1.4　CdTe 纳米晶体与银纳米粒子复合体的制备

量取 5 份 CdTe 纳米晶体溶液(5×10^{-4} mol/L),体积均为 200 μL,向其中分别加入 5 μL、25 μL、45 μL、75 μL、100 μL 的银溶胶(1×10^{-4} mol/L),将混合体系温和搅拌 2 h。然后将所有混合液用去离子水稀释为 3 mL,这样就制得了 CdTe 纳米晶体与银纳米粒子复合体。另外,量取 200 μL 的 CdTe 纳米晶体溶液(5×10^{-4} mol/L),同样稀释为 3 mL,作为参比。

3.2.2　CdTe 纳米晶体与银纳米粒子复合体的性质表征

图 3－7(a)是 CdTe 纳米晶体的透射电子显微镜照片,可以看出,纳米晶体的形状接近球形,直径约为 3 nm。从图 3－7(b)所示的 CdTe 纳米晶体与银纳米粒子复合体的透射电子显微镜照片可知,银纳米粒子直径约为 40 nm,表面吸附很多的 CdTe 纳米晶体。根据图 3－7(b)右上角的电子衍射花样,与银单晶数据对比可知,我们获得的银纳米粒子是多晶结构的。

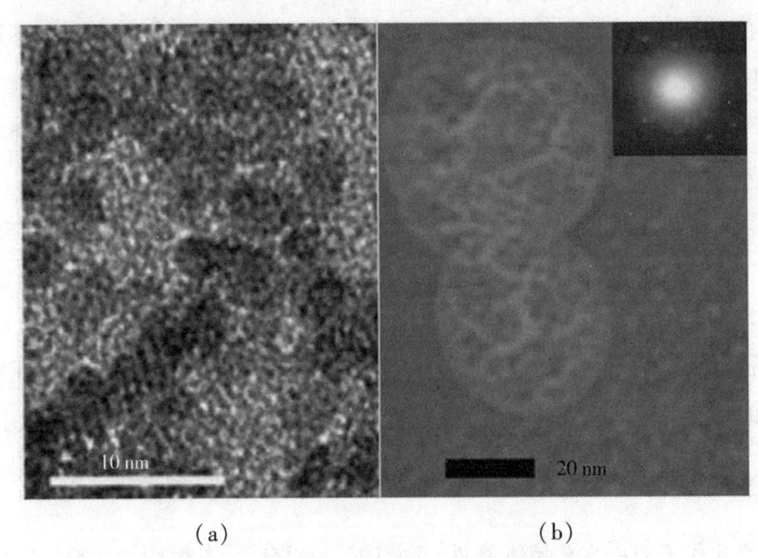

(a) (b)

图 3－7 CdTe 纳米晶体与 CdTe 纳米晶体－银纳米粒子复合体的透射电子显微镜照片

CdTe 纳米晶体吸附于银纳米粒子表面的机制如图 3－8 所示，与 PVP 分子通过 Ag—O 键吸附于银纳米粒子表面类似，PVP 分子也可以通过 Cd—O 键与 CdTe 纳米晶体发生相互作用，于是 CdTe 纳米晶体自组装在 PVP 包覆的银纳米粒子表面。

图 3－9 是 CdTe 纳米晶体和 CdTe 纳米晶体－银纳米粒子复合体的吸收光谱，复合体中银纳米粒子加入量依次为(b) 5 μL、(c) 25 μL、(d) 45 μL、(e) 75 μL、(f) 100 μL。(a)～(f)所有样品均有一比较明显的第一激子吸收峰，位于 510 nm 附近，表明纳米晶体的尺寸分布较为均匀。复合体吸收峰值与 CdTe 纳米晶体相比，略微向长波方向移动。这种红移现象在 CdTe 纳米晶体和 CdTe 纳米晶体－银纳米粒子复合体(b～f)的荧光光谱(图 3－10)中更加明显。从荧光光谱中可以清楚地看到，银溶胶的逐渐滴入，导致 CdTe 纳米晶体的荧光强度随之增加，当加入 45 μL 时，增强达到最大值，是 CdTe 纳米晶体原溶液的 2.5 倍左右，银纳米粒子继续增加，增强效果将逐步下降。

CdTe 纳米晶体银纳米粒子复合体的荧光量子产率与银溶胶注入量之间的关系如图 3－11 所示。从原始的 8%，最多可以提高至 15%，增强约 1 倍。随银纳米粒子注入量的增加，荧光量子产率先迅速增加，然后缓慢下降，与图 3－10

荧光光谱强度的变化规律相吻合，只是增强幅度略小，这可能与表面态效应有关，于是我们进行了荧光动力学的研究。

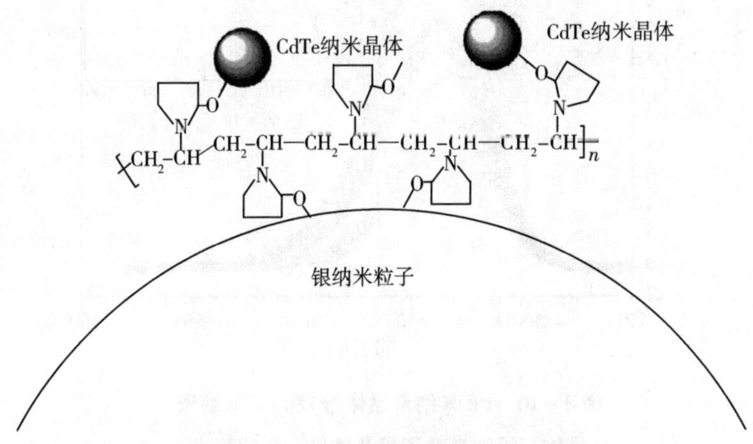

图3-8 CdTe纳米晶体在PVP包覆的银纳米粒子表面自组装的结构示意图

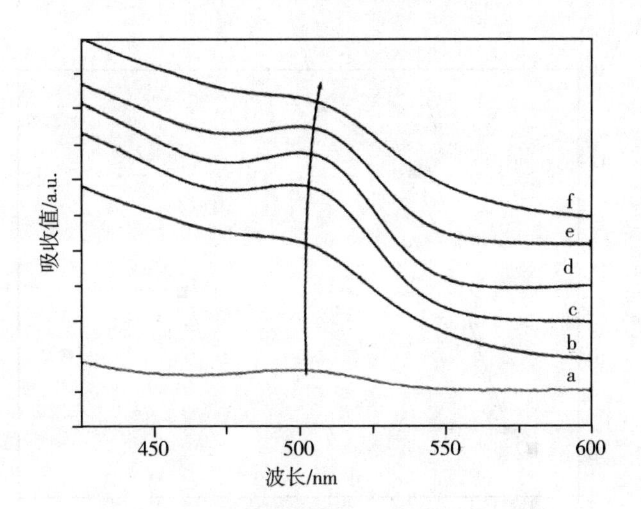

图3-9 CdTe纳米晶体(a)和CdTe纳米晶体-银纳米粒子复合体(b~f)的吸收光谱，银纳米粒子加入量分别为(b) 5 μL、(c) 25 μL、(d) 45 μL、(e) 75 μL、(f) 100 μL

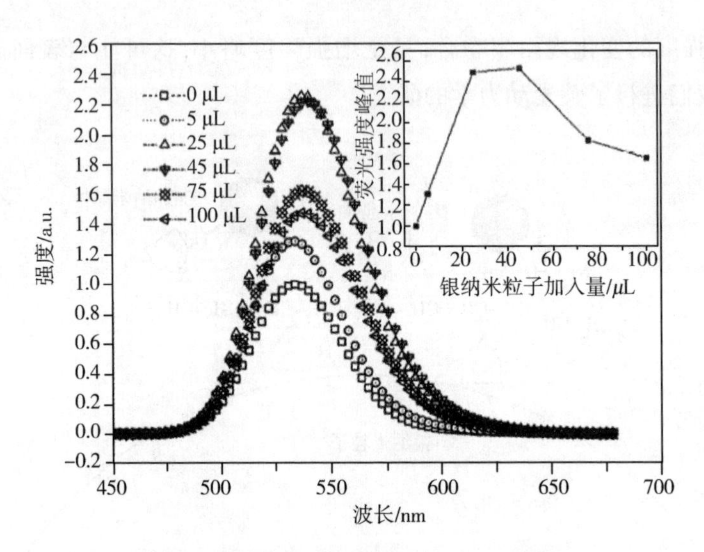

图 3－10　CdTe 纳米晶体(a)和 CdTe 纳米晶体－银纳米粒子复合体(b～f)的荧光光谱,激发波长为 400 nm,内插图是荧光强度峰值随银纳米粒子加入量变化的曲线

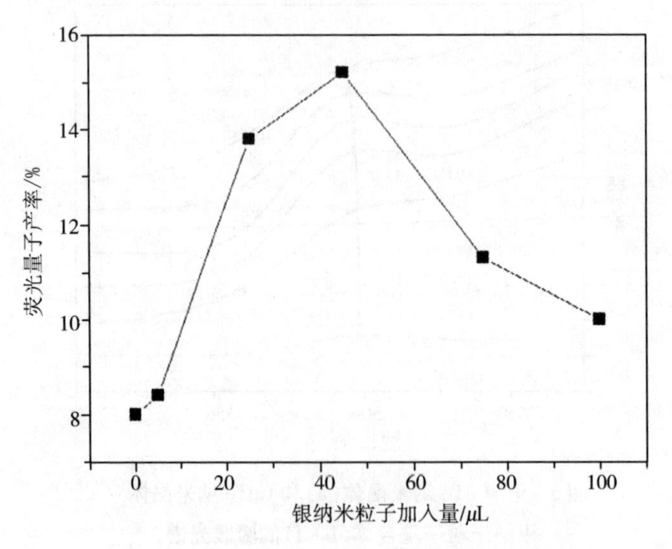

图 3－11　CdTe 纳米晶体－银纳米粒子复合体荧光量子产率与银纳米粒子加入量的关系

对于 CdTe 纳米晶体的时间分辨荧光光谱研究很多,但是报道的荧光寿命却大相径庭,从几百皮秒到几百纳秒均有。荧光寿命的大幅度变化表明它与纳米晶体的表面状态是密切相关的。图 3 - 12 是 CdTe 纳米晶体和 CdTe 纳米晶体 - 银纳米粒子复合体的荧光衰减曲线,可以看出两者均不是单 e 指数衰减过程。用双 e 指数衰减公式可以很好地拟合两条曲线,拟合公式为:

$$I = B_1 e^{-t/\tau_1} + B_2 e^{-t/\tau_2} \tag{3-3}$$

式中 τ_1 和 τ_2 代表时间常数,B_1 和 B_2 代表相应的比例系数。平均寿命 τ 的计算公式为:

$$\tau = \frac{\sum_i B_i \tau_i^{\ 2}}{\sum_i B_i \tau_i} \tag{3-4}$$

比例系数的权重计算公式为:

$$B_i = \frac{B_i \tau_i}{\sum_i B_i \tau_i} \tag{3-5}$$

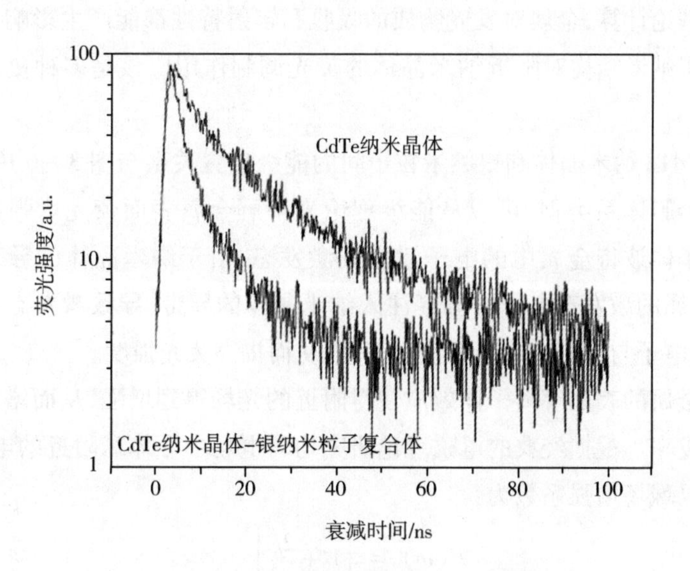

图 3 - 12　CdTe 纳米晶体和 CdTe 纳米晶体 - 银纳米粒子复合体的荧光衰减曲线,激发波长为 350 nm,复合体中银纳米粒子的注入量为 45 μL

表3－2给出了时间常数τ_1、τ_2，比例系数权重B_1、B_2和平均寿命τ具体的拟合数值。荧光衰减的快成分来自本征的激子复合，慢成分来自与表面状态有关的其他发射。CdTe纳米晶体自组装到银纳米粒子表面后，平均荧光寿命从22.7 ns迅速缩短为9.4 ns，同时，快成分所占的比重从24%大幅增加至46%。

表3－2 CdTe纳米晶体和CdTe纳米晶体－银纳米粒子复合体的荧光衰减曲线拟合数值，时间常数τ_1、τ_2，比例系数权重B_1、B_2和平均寿命τ

样品	B_1/%	τ_1/ns	B_2/%	τ_2/ns	τ/ns
CdTe纳米晶体	24	3.4	76	23.6	22.7
CdTe纳米晶体－银纳米粒子复合体	46	2.2	54	10.7	9.4

3.2.3 荧光增强机制

根据理论计算，金属对发光物质的吸收和辐射特性都能产生影响，所以，我们认为金属纳米结构对附近纳米晶体的荧光调制作用应该是多种机制共同作用的结果。

（1）CdTe纳米晶体和银纳米粒子间的能级位置关系与图3－6中CdSe纳米晶体与金膜体系类似，可以从能级理论来理解金属表面荧光增强的物理机制。等离子体波将金属中的电子激发到激发态，由于纳米晶体的导带位置较低，所以金属的激发态电子会隧穿注入纳米晶体的导带，导致激发态电子密度增加，导带电子与价带空穴复合发出荧光，从而提高荧光强度。

（2）金属的表面等离子体效应使得附近的光场得到增强，从而增加了纳米晶体的激发率。根据经典的电磁理论研究均匀电场中导体球附近的电势分布，可以得到局域场增强系数为：

$$P(\omega) = \left|1 + \frac{2\beta}{d^3}\right|^2 \tag{3-6}$$

其中

$$\beta = \frac{\varepsilon_m - \varepsilon_0}{\varepsilon_m + 2\varepsilon_0}R^3$$

式(3－6)表明在距离半径为 R 的金属纳米颗粒 d 处的电场增强系数与金属及周围介质的相对电容率有关。大量金属纳米颗粒的集体效应导致多个增强场的叠加,造成了激发光的电场增强,于是纳米晶体的激发率增加。

(3) 纳米晶体的稳态荧光包含本征激子态和诱捕态(暗激子态)成分,两种态的荧光峰接近,但诱捕态相对能量较低,波长较长。金、银纳米粒子表面的等离子体能够产生高度局域化的电磁场,这会改变纳米晶体的表面态性质,提高诱捕态电子发生自旋允许跃迁的概率,从而导致荧光增强。诱捕态荧光发射的增强,就自然导致了图 3－10 中 CdTe 纳米晶体荧光峰的红移。

(4) 当具有较大散射截面的金属纳米结构的等离子体共振峰与纳米晶体的发射光谱匹配时,激子等离子体的强耦合作用会将发射光散射到远场,从而增强远场的辐射强度。根据 Mie 理论,可以推导出金属纳米结构的消光光谱中吸收和散射部分的表达式:

$$C_E = C_A + C_S = k_0 I_m(\alpha) + \frac{k_0^4}{6\pi}|\alpha|^2 \tag{3-7}$$

其中,$k_0 = \dfrac{2\pi n_0}{\lambda_0}$;$\alpha = 4\pi r^3 \dfrac{\varepsilon_m - \varepsilon_0}{\varepsilon_m + 2\varepsilon_0}$。

从式(3－7)中可以看出,吸收部分与半径的三次方成正比,而散射部分与半径的六次方成正比。随着纳米颗粒半径增大,散射在消光光谱中所占比重加大,也就是纳米颗粒的散射截面增大。当发射峰与金属等离子体共振峰匹配时,激子和等离子体发生强耦合,能量快速地从发光物质传递到金属等离子体模上,而后被散射到远场,造成远场辐射的增强。

(5) 上述因素提高了纳米晶体的激发速率和激发态电子态密度,但是不会带来纳米晶体荧光寿命的变化。所以,CdTe 纳米晶体自组装到银纳米粒子表面后的荧光增强至少还和自身跃迁速率的提高有关,这一因素会改变纳米晶体的荧光量子产率和荧光寿命。根据格林函数的方法,研究金属纳米结构附近的发光物质辐射和无辐射速率与两者距离的关系,可以得到金属会对辐射速率产生影响的结论,并且这种影响与两者间距的三次方成反比。从图 3－8 可以看出,银纳米粒子表面的 PVP 分子可以通过 Cd—O 键的作用吸附 CdTe 纳米晶体。这样,纳米晶体的表面缺陷 Cd 悬挂键就会减少,从而减小了表面态密度,荧光衰减中的慢成分相对权重就会下降,因此荧光寿命缩短。

此外，CdTe 纳米晶体表面受到 PVP 分子的钝化作用，与核壳结构纳米晶体降低表面无辐射中心的原理类似，PVP 分子的钝化作用也会提高 CdTe 纳米晶体荧光量子产率和导致荧光峰的红移。

就像图 3 - 10 中显示的，荧光增强的效果与银的注入量是密切相关的，当注入量超过 45 μL 时，继续加入银纳米粒子会使增强的效果变得不明显，甚至发生淬灭现象，这与两个因素有关。第一，过量的银离子对纳米晶体的荧光有淬灭作用，过多的银纳米粒子会引入未反应的银离子，导致淬灭。第二，吸收竞争，因为只有银表面附近才会产生金属荧光增强效应，过量的银纳米粒子对激发能量的吸收和散射减少了纳米晶体的吸收，反而使纳米晶体的激发密度下降，导致荧光强度下降。纳米晶体的荧光具有很高的环境敏感性，受温度、配体、浓度、激发等很多条件的影响，银纳米粒子的浓度也同样是一个重要的影响因素。这种敏感性使荧光纳米晶体在环境传感器领域有潜在的应用。

第4章 CdTe/CdS核壳纳米晶体的普通荧光与上转换荧光

4.1 CdTe/CdS核壳纳米晶体的结构与荧光性质

4.1.1 引言

人们对CdSe纳米材料研究得比较多。与CdSe纳米晶体相比,CdTe纳米晶体具有更大的激子玻尔半径(7.3 nm)和更窄的带隙宽度(1.44 eV),在相同的微粒尺寸下,CdTe纳米晶体具有更强的量子限域效应。如果两种材料发射同一波长的荧光,那么CdTe纳米晶体需要具有更小的尺寸,这对于合成来说有一定的挑战。所以CdTe纳米晶体与CdSe纳米晶体相比,发光特性报道较少。CdSe、CdTe等纳米晶体由于表面存在大量的缺陷和不饱和悬键,所以荧光效率较低。但是,如果在纳米晶体外包覆上一层宽带隙的无机材料,则可以有效地减少表面缺陷,提高荧光效率。目前虽已合成CdTe/CdS等核壳纳米晶体,但CdS壳层厚度对CdTe发光性质的影响未见深入报导。核壳纳米晶体分为Ⅰ型和Ⅱ型两种结构,根据能级位置,电子与空穴均被限制在核区的称为Ⅰ型结构,如CdSe/CdS、CdSe/ZnS核壳纳米晶体,而电子和空穴分别被限制在核区和壳区的称为Ⅱ型结构,如CdTe/CdSe核壳纳米晶体。下面,我们研究具有不同壳层厚度的 CdTe/CdS 核壳纳米晶体的荧光性质，探求核壳纳米晶体结构与荧光性质之间的关系。

4.1.2 CdTe/CdSe 核壳纳米晶体的合成

4.1.2.1 试剂与仪器

六水合高氯酸镉[$Cd(ClO_4)_2 \cdot 6H_2O$]、巯基丙酸(3 - mercaptopropionic acid, MPA , 99%)、Te 粉(99.99%)、硼氢化钠($NaBH_4$)和氢氧化钠(NaOH)。实验中所用的水是电阻率大于 18 MΩ · cm 的高纯水。

透射电子显微镜型号为 JEOL - 3010，紫外可见分光光度计型号为 UV - 3101，荧光光谱仪型号为 F - 4500。以罗丹明 6G 的乙醇溶液为参比，对 CdTe 纳米晶体的荧光量子产率进行测定。荧光寿命光谱仪型号为 FL 920，激发源为 nF 900 纳秒闪光灯，仪器响应时间约为 1 ns。

4.1.2.2 样品制备

根据文献，目前 CdSe 纳米晶体主要在油相中制备，而 CdTe 纳米晶体主要是在水相中合成，以三颈瓶作为反应容器，整个装置在流动的氮气(或氩气)保护下。如图 4 - 1 所示，典型的合成路线是 $Cd(ClO_4)_2 \cdot 6H_2O$ 溶解在水中，并放入一个大三颈瓶中，巯基配体加入上述溶液中，接下来用 NaOH 溶液来调节 pH 达到恰当的值(取决于配体的类型)。在溶液中通入大约30 min的氮气，在搅拌的情况下，用注射器将稀硫酸缓慢滴入小三颈瓶中，稀硫酸与瓶底的 Al_2Te_3 反应，H_2Te 气体随 N_2 进入反应器中，得到反应前驱液。然后对其进行加热回流，通过控制反应时间，不同尺寸的 CdTe 纳米晶体可以在不同的生长阶段获得。

由于 H_2Te 有剧毒，因此我们使用 NaHTe 作为 Te 源合成 CdTe 纳米晶体。NaHTe 由 Te 粉与 $NaBH_4$ 在水中反应制得，反应方程式为：

$$Te + NaBH_4 + 3H_2O = NaHTe + B(OH)_3 + 3H_2 \quad (4-1)$$

由于是非均相反应，因此需要的时间较长，而且需要在较低的温度下进行，我们采用冰水浴的方法反应 12 h。由于 NaHTe 极易被氧化，因此需要密封以隔绝空气，最好现制现用。

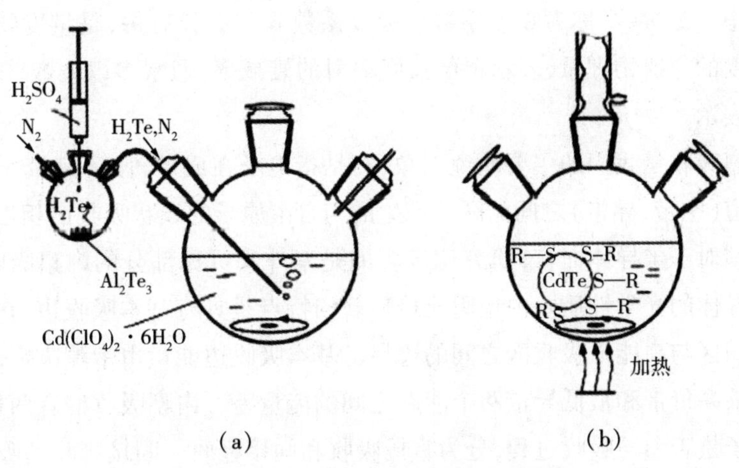

图 4-1　水相合成纳米晶体的实验装置

称取 224 mg $Cd(ClO_4)_2 \cdot 6H_2O$ 溶于 50 mL 水中，加入 90 μL 巯基丙酸作为稳定剂，用 1 mol/L 的 NaOH 调溶液的 pH 至 11.2。通入高纯氩气将该溶液在密闭系统中脱氧 1 h。然后在剧烈搅拌的情况下，向该溶液中加入新制备的无氧 NaHTe 溶液，加热回流，间隔不同时间取样，就可以得到不同尺寸的 CdTe 纳米晶体。取按上述方法制备的直径 2.6 nm 的 CdTe 纳米晶体(0.1 mmol/L)，用高纯氩气将该溶液在密闭系统中脱氧 1 h。将溶液的温度升高到 50 ℃，以每分钟 0.1 mL 的速度缓慢滴入 Na_2S 溶液和 $Cd(ClO_4)_2 \cdot 6H_2O$ 溶液（摩尔比为 1:1），控制滴入前驱液的量（按滴入的 70% 可以完全反应计算），即可得到不同壳厚的 CdTe/CdS 核壳纳米晶体。为了得到尺寸均匀的核壳纳米晶体，需要注意的两点是：第一，剧烈搅拌，使反应体系中前驱液的分布均匀；第二，Na_2S 溶液和 $Cd(ClO_4)_2 \cdot 6H_2O$ 溶液的加入速度一定要缓慢，避免形成 CdS 晶核。

4.1.3　吸收和荧光性质

电磁波通过晶体时，晶体会吸收能量而引起电磁波的衰减。如果 I_0 是一条单色平行光束在入射面上的强度，I 是该光束通过厚度为 d 的介质衰减后的强度，根据朗伯定律，则光强度的变化可以用下式表示：

$$I = I_0(1 - R)\exp(-ad) \tag{4-2}$$

式中 a 是常数,称为吸收系数。吸收系数 a 与波长有关,是量度物质对光吸收程度的重要物理量,表示单位长度辐射的衰减率,通常多以波数(cm^{-1})为单位来表示。

内禀吸收是我们的主要研究对象,它是指电子在成键轨道(满带、价带)和反键轨道(空带、导带)之间的跃迁产生的与自由原子的线状吸收谱相当的晶体吸收谱。对于半导体而言,研究比较多的是紫外和可见部分的内禀吸收,它决定着半导体的光学性质。内禀吸收最显著的特点是具有基本吸收边,它标志着低能透明区与高能强吸收区之间的边界。基本吸收边能量由带隙决定,也就是晶体的最高价带和最低导带两个能态之间的能量差。内禀吸收谱有两种类型,根据声子是否参与吸收过程,分为直接吸收和间接吸收。间接吸收的吸收系数要比直接吸收小得多,在硅、锗、磷化镓等重要半导体材料中,间接吸收是重要的,在这些晶体中,最低导电态和最高价态的电子动量不同,在吸收过程中,为了保持动量守恒,需要有声子的参与。我们研究的 CdSe 纳米晶体、CdTe 纳米晶体以及 GaAs、ZnO 等,导带底和价带顶的波矢相同,基本吸收边属于直接吸收类型。对于这种类型的材料,基本吸收边可以通过下式来确定:

$$(a\hbar\omega)^2 \propto (\hbar\omega - E_g) \tag{4-3}$$

式中 E_g 为带隙宽度, a 为吸收系数, $\hbar\omega$ 是光子能量。由吸收光谱作图,可以得到线性吸收边。将线性吸收边反向延长,由在能量轴上的截距就可以得到带隙。用这种方法确定的带隙叫作光学带隙。

不论是间接跃迁还是直接跃迁,电子被激发后就会在价带中产生空穴,由于库仑相互作用,电子和空穴有强烈的结合在一起的倾向,形成称为激子的类氢态。激子对吸收边附近的吸收谱形状有很大的影响。激子的光吸收,就对应着在光的作用下电子从基态到激子激发态的跃迁。根据动量守恒定律和能量守恒定律可以得到:

$$\hbar\omega = E_g - \frac{R}{n^2} \qquad (n=1, 2, 3, \cdots) \tag{4-4}$$

R 是有效里德伯常数。从式(4-4)可以看出,激子吸收对应于一系列分立的谱线。此外需要注意的是,当光子能量大于带宽时,激子态对吸收也有贡献,激子效应会使吸收过程有强烈的增强。对于大部分半导体材料而言,激子束缚能非常小,室温下激子就热离化掉了,因此只有在低温下才能观察到激子效应。但是,纳米晶体中电子和空穴受到强限制,激子束缚能较大,在室温吸收和荧光中就可以观察到激子效应。而且,可以利用吸收光谱中第一激子吸收峰是否明显,衡量纳米晶体结晶程度的好坏。

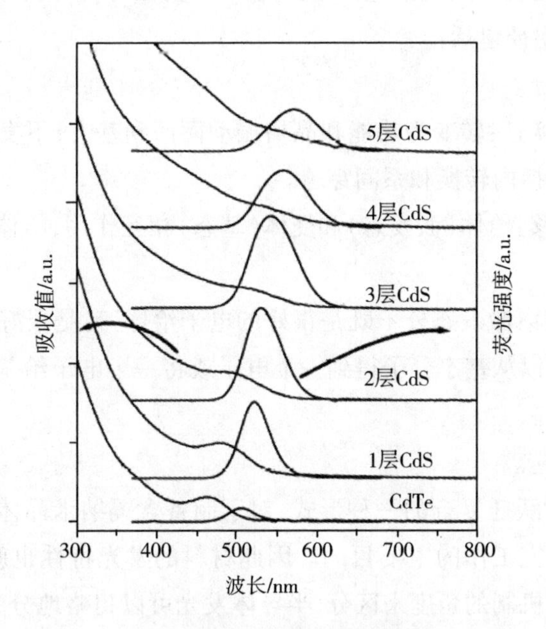

图 4-2　CdTe 裸核和 CdS 壳层厚度为 1~5 层 CdTe/CdS 核壳纳米晶体的吸收光谱和荧光光谱

图 4-2 是 CdTe 裸核和 CdS 壳层厚度分别为 1~5 层 CdTe/CdS 核壳纳米晶体的紫外可见吸收光谱和荧光光谱。从吸收光谱可以看出,激子吸收峰为一肩峰,比较弱,这说明与油相合成相比,水相合成得到的纳米晶体尺寸分布较宽。可根据经验公式(4-5)推断纳米晶体的平均尺寸:

$$D = (9.8127 \times 10^{-7})\lambda^3 - (1.7147 \times 10^{-3})\lambda^2 + 1.0064\lambda - 194.84 \tag{4-5}$$

其中,D 为 CdTe 纳米晶体的粒径,λ 为第一激子吸收峰对应的波长位置,单位为 nm。由于上述激子吸收峰很弱,所以对应波长不易判断,粗略估计纳米晶体粒径为 2.1 nm,具体尺寸需要利用 TEM 来测定。

每生长1单层的原子即壳厚增加1层，根据体材料CdS的晶格常数，一般定义0.35 nm为1层壳厚。随着CdS壳层厚度的增加，CdTe第一激子吸收峰和荧光峰逐渐红移，厚度达到4层后，吸收峰变得不明显，这是界面结构逐渐由Ⅰ型向Ⅱ型过渡的标志。

晶体吸收电磁辐射后会产生大量的电子－空位对，在没有陷阱时它们将很快复合，可能的途径包括：

(1)辐射跃迁。

(2)无辐射跃迁：转变为热能和晶格振动而回到基态，不发射光子，也称为淬灭。此过程包括内转换和系间穿越。

(3)能量转移：给体(激发态)和受体(基态)相互作用，给体回到基态，而受体变成激发态。

(4)电子转移：激发态分子既是很好的电子给体，又是很好的电子受体，这样激发态分子可以从基态分子得到一个电子或将一个电子给基态分子，从而生成离子自由基对。

(5)化学反应。

发光是辐射跃迁复合的一种形式，对于制备含镉纳米晶体来说，追求优良的发光特性是研究工作的主要目的。因此材料的发光特性也就成了重要的研究内容。从物理机制的角度来区分，半导体发光可以粗略地分为本征发光和非本征发光两大类。前者很自然地包括带－带辐射跃迁，不过从物理内涵而言，带－带复合发光不是主要的，其实际应用也很有限。自由激子复合发光也包括在本征发光的一类中。非本征发光则更值得关注。缺陷或杂质原子在半导体中形成局域态，这些局域的非本征的能态成为发光中心而起作用。根据发射光与激发光的时间间隔，发光可以分为荧光和磷光。一般将第一电子激发单重态与基态单重态之间跃迁产生的发射现象称为荧光，而将最低电子激发三重态与基态单重态之间跃迁产生的发射现象称为磷光，只有少量的物质能够发射较强的磷光。我们所讨论的CdSe和CdTe纳米晶体属于荧光发射物质。根据激励方式不同，可以分为光致发光、电致发光和阴极射线发光。光致发光可以提供有关材料的结构、成分及环境原子排列的信息，是一种非破坏性的、灵敏度高的分析方法，激光的应用更使这类分析方法深入到微区、选择激发及瞬态过程的领域，并进一步作为重要的研究手段应用到物理学、材料科学、化学及分子生物学等领域，逐步出现新的边缘学科。就了解材料发光特性而言，光致发光光谱的测试以其简单、可靠等优点而得到广泛的应用，所以我们采用光致发光的办法来获得纳米晶体的荧光光谱。

对于半导体材料，辐射复合的过程比较复杂。在半导体物理中，我们知道有多种不同的复合过程会发射光子：

(1) 自由载流子复合

导带受激电子向价带空穴回归，同时放出光子。这种电子－空穴辐射复合图像，具有扩展态（导带）－扩展态（价带）的性质。

(2) 自由激子复合

受激发的电子与空穴间通过库仑作用形成的类似氢原子的结构被称为激子，它是晶体中原子的中性激发态，激子复合也就是原子从中性激发态向基态的跃迁。自由激子指的是可以在晶体中自由运动的激子，但是这种运动不传输电荷。由于自由激子能发生质心运动，所以是一种半局域态，于是其发光具有半局域态－扩展态的性质，尽管从发光光子能量上看，与带－带辐射通常只有数毫电子伏之差。除单纯的自由激子发光外，还有激子极化激元的发光，激子与声子耦合发光，而且当激子密度很高时，激子就会发生玻色－爱因斯坦凝聚，形成电子－空穴液滴的发光。

(3) 束缚激子复合

指被施主、受主或其他缺陷中心束缚住的激子发生的辐射复合，由于与缺陷有关，所以随杂质或缺陷浓度的增加，束缚激子的发光强度会增强。

(4) 浅杂质能级与本征带间的载流子复合

即导带电子通过浅施主能级与价带空穴复合，或价带空穴通过浅受主能级与导带电子复合。

(5)施主－受主对的复合

指被施主－受主杂质束缚着的电子－空穴对的复合，也被称为D－A对的复合。其辐射光子的能量为：

$$h\nu = E_g - \Delta E_D - \Delta E_A + \frac{q^2}{4\pi\varepsilon r} \tag{4-6}$$

式中r是样品中施主－受主对的距离。

(6) 电子－空穴对通过深能级的复合

导带底电子和价带顶空穴通过深能级复合，这种过程辐射复合的概率很小。

在上述辐射复合机制中，前两种属于本征机制，后面几种则属于非本征机制。由此可以看出，半导体材料的发光过程与材料结构和组分密切相关，是多种复杂物理过程的综合反映，因而利用荧光光谱可以获得材料的丰富信息。

半导体纳米晶体的发光原理与体材料并不相同。如图 4－3 所示，当一束适当波长的激发光辐照到纳米晶体样品上时，基态电子吸收光子能量受到激发，向更高能态跃迁，即由价带激发到导带中，于是在导带出现电子，而在价带形成空穴，由于库仑相互作用，电子和空穴重新束缚在一起形成类氢态的激子。与此同时，根据能量最低原理，高能态的激子或非平衡载流子会向低能态的能级弛豫，所以势垒和浸润层中的大部分非平衡载流子会以非辐射的形式弛豫到纳米晶体分立能级的基态或者低激发态，同时也会有一部分激子可以直接激发产生于纳米晶体的分立能级上。限制在纳米晶体分立能级上的激子辐射复合就会发出光子。在激发面积一定的条件下，激发光功率（ P_{exc} ）直接决定了激子的产生速率，二者之间的函数关系为：

$$P_{exc} \propto \frac{1}{A}\frac{dn}{dt} \tag{4-7}$$

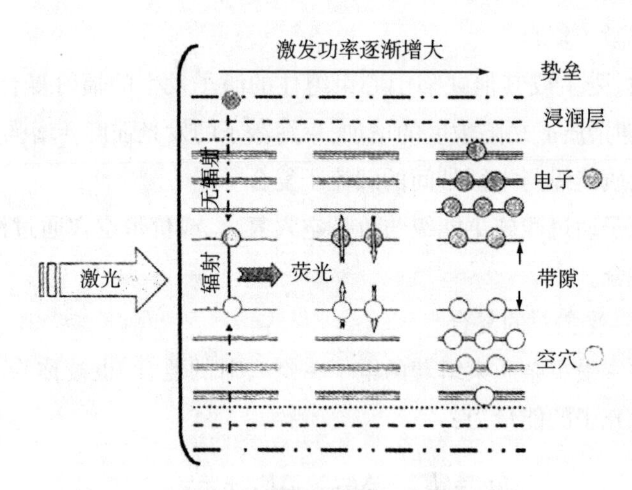

图 4－3　利用光致发光光谱研究纳米晶体分立能级结构的示意图

因此可以分两种情况来进行讨论：

(1) 当激发光功率比较小时，产生的激子数很小，在激子寿命的时间范围内每一个纳米晶体中最多只有一个激子存在。由于弛豫速率比复合速率快很多(最典型的是体材料和量子阱)，所以几乎所有的激子在复合之前都先弛豫到最低能态，表现在荧光光谱上就是只有一个基态激子发光峰。

(2) 当激发光功率足够大时，由于弛豫、扩散、复合等动态过程的存在，产生的激子数会达到一个准平衡态，而且每一个纳米晶体中都会包括若干受限激子。在这种情况下，根据纳米晶体能态的隐藏对称性规则，激子在纳米晶体分立能级结构中的填充规则与泡利不相容原理类似。因而，一些粒子会占据纳米晶体的基态，而另外一些粒子只能分布于高能态，表现在光谱上就是不但可以看到基态激子荧光峰，同时来自纳米晶体高能态的激子发光峰也会出现在荧光光谱中，而且峰位正对应于纳米晶体中激子所处的能量状态。

根据上述讨论，当激发光辐照在纳米晶体上后，能量以发光的形式弛豫或以晶格振动的形式淬灭，其中辐射发光所占的比例可以通过荧光量子产率这一概念表征。根据光物理与光化学的理论，物质分子吸收激发光能量后，从基态跃迁至单重态激发态的振动能级，这一跃迁过程经历的时间一般为飞秒(10^{-15}s)量级，根据 Kasha 规则，因为高能级激发态常常发生振动能级的交叠，所以被激发到较高激发态的分子会很快经过振动弛豫无辐射跃迁回到最低激发态，这个过程的时间尺度一般为皮秒(10^{-12} s)量级。而处于最低激发态的物质分子可以通过下面几种弛豫途径发生失活，包括通过系间穿越弛豫至三重态第一激发态，通过内转换弛豫至基态，以及通过荧光发射跃迁回基态。因此，荧光量子产率(或称为量子效率，荧光发射速率常数与光吸收速率常数之比)可以表示为

$$\varphi_{\mathrm{f}} = k_{\mathrm{f}}/(k_{\mathrm{f}} + k_{\mathrm{ic}} + k_{\mathrm{st}}) \tag{4-8}$$

式中，φ_{f} 为荧光量子产率，k_{f} 为荧光发射的速率常数，k_{ic} 为内转换的速率常数，k_{st} 为系间穿越的速率常数。而荧光寿命与荧光量子产率之间的关系可以表示为：

$$\tau_{\mathrm{f}} = \tau_{\mathrm{f}}^{0}\varphi_{\mathrm{f}} \tag{4-9}$$

式中，τ_{f}^{0} 代表在没有无辐射衰变过程存在的情况下，荧光分子的寿命，称为荧光自然辐射寿命，可以表示为：

$$\tau_f^0 = 1/k_f \tag{4-10}$$

由式(4－8)、(4－9)和(4－10)可以计算出,物质分子受激发后的实际荧光寿命为:

$$\tau_f = 1/(k_f + k_{ic} + k_{st}) \tag{4-11}$$

荧光量子产率实际可以表示为:

$$\varphi_f = k_f/(k_f + \sum k) \tag{4-12}$$

即荧光量子产率的数值取决于荧光发射过程与无辐射跃迁过程的竞争结果。如果无辐射跃迁的速率远小于辐射跃迁的速率,则量子产率的数值接近1,也就是说,荧光量子产率越高,物质发射的荧光越强。值得注意的是,我们所定义的量子产率是指内部量子效率,也就是每一对电子－空穴复合所能产生的光子数,它与半导体的另一个发光效率——外部量子效率有所不同。以带－带发光为例,很多时候内量子效率可能不低,但是由于发射光子的能量至少与 E_g 相差不多,位于禁带中的能态都有可能强烈吸收这些光子,所以实际发射到外部的光子数会大大减少。这种现象称为自吸收。在研究材料的发光效率时,需要对自吸收效应进行校正。在我们的实验中,相关测量均保证样品在极低的浓度下进行,可以忽略自吸收的影响。

有很多测量荧光量子产率的方法,我们使用以荧光量子产率为95%的罗丹明6G作为参比来测定。测量CdTe纳米晶体和罗丹明6G两者的稀溶液在同样激发条件下所得的荧光积分强度和对该激发波长入射光的吸光度值。根据测量结果可按下式计算CdTe纳米晶体的荧光量子产率:

$$\varphi_u = \varphi_s \frac{F_u}{F_s}\frac{A_s}{A_u} \tag{4-13}$$

上式中,φ_s、F_s 和 A_s 分别表示罗丹明6G的荧光量子产率、积分荧光强度和吸光度,而 φ_u、F_u 和 A_u 分别表示CdTe纳米晶体的荧光量子产率、积分荧光强度和吸光度。

CdTe纳米晶体荧光量子产率和荧光峰半高宽随壳层厚度的变化关系如图4－4所示。壳层较薄时,CdTe纳米晶体表面的缺陷和悬键被CdS饱和,减少了淬灭中心,因而提高了荧光量子产率。当壳层厚度超过3层后,荧光量子产率反而下降。I型核壳结构的纳米晶体也有类似现象,一般认为是壳层厚度过大,界面应力释放形成新的缺陷导致的结果。但 I 型纳米晶体荧光峰宽度不受壳层厚度影响,CdTe/CdS 核壳纳米晶体荧光峰的宽度却随壳层厚度的增加而一直在加宽,与普通 I 型纳米晶体不同。

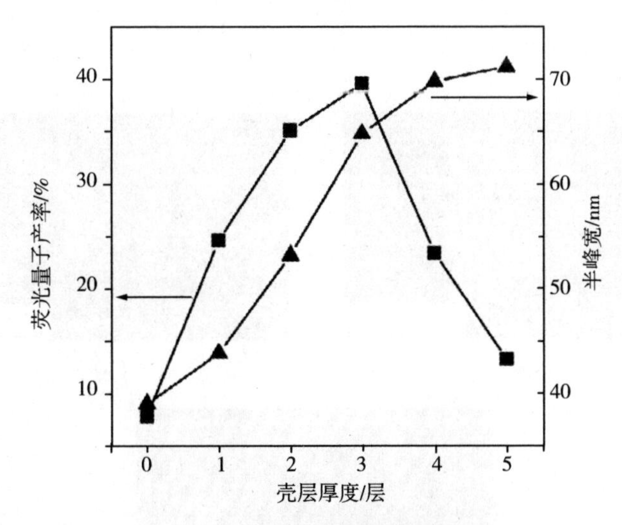

图 4－4　CdTe 纳米晶体荧光量子产率和半峰宽随壳层厚度的变化关系

4.1.4　形貌与晶体结构

4.1.4.1　透射电子显微镜照片

电子显微镜是人们观察认识微观世界的有力工具,从成像原理和适用范围来划分,电子显微镜主要有透射电子显微镜(TEM)、扫描电子显微镜(SEM)和场电子显微镜(FEM)等。它们都能直接测量大分子、纳米微粒的大小和形状,但 SEM 的分辨率不足以分辨出表面原子,FEM 只能探测在半径小于 100 nm 的针尖上的原子结构和二维几何性质,并且制样技术复杂,可用来研究的样品十分有限,所以,对于纳米晶体的研究以 TEM 应用最为广泛。

图 4－5 是 CdTe 裸核纳米晶体的 TEM(a)和包覆 3 层 CdS 的 CdTe/CdS 核

壳纳米晶体的 TEM(b)及 HRTEM(c)。CdTe 纳米晶体包覆前后均大致为尺寸均一的球形,而且包覆前的平均直径为 2.6 nm,包覆 3 层 CdS 后增大为 4.7 nm。在图 4-5(c)中,具有明显的晶格条纹,且在核壳界面处没有发现位错,这表明由于两种材料具有较高的晶格匹配率,所以 CdS 沿着 CdTe 的晶面外延生长。

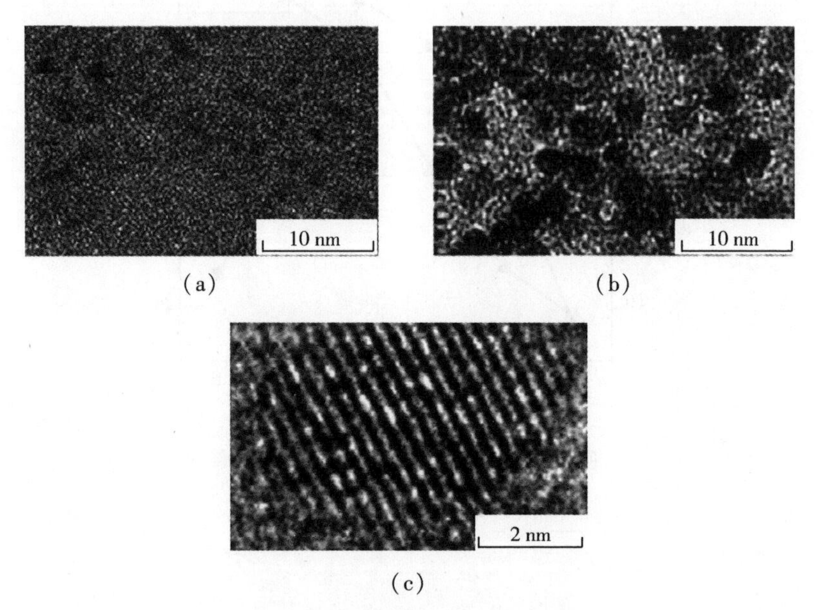

(a) (b)

(c)

图 4-5 CdTe 裸核纳米晶体的 TEM(a)和包覆 3 层 CdS 的 CdTe/CdS 核壳纳米晶体的 TEM(b)及 HRTEM(c)

4.1.4.2 X 射线衍射谱

X 射线衍射是一种比较常见和重要的测定晶体结构的方法。温度 $T \neq 0$ K 时,晶体中各个原子围绕其平衡位置做小的热振动,导致对 X 射线的非弹性散射。但与 X 射线的能量 10^4 eV 相比,这种变化可以忽略不计。这就相当于假定晶体中所有的原子固定不动,只考虑晶体几何结构的影响,晶体对 X 射线的散射是弹性的或准弹性的。正是在这种假设下,运用波的衍射条件可以得到布拉格公式(4-14):

$$n\lambda = 2d\sin\theta \tag{4-14}$$

式中，λ 是入射 X 射线的波长，d 是晶面族的面间距，θ 是布拉格衍射角，n 是一个表示衍射级数的整数。只有当满足式(4－14)时，也就是当光程差为波长的整数倍时，衍射才能增强，而在其他方向减弱或相互抵消。

X 射线衍射峰的半高宽是一个重要的数据。它的大小与多种因素有关，排除仪器和测试条件的影响，晶粒尺寸是一个很重要的因素。因此可以反过来根据衍射峰的半高宽来估算晶粒尺寸的大小。一般情况下，晶粒尺寸在 100 nm 以上变化时，不会使 X 射线衍射峰展宽，但在 100 nm 以下变化时，X 射线衍射峰的半高宽将随着晶粒尺寸的减小而展宽。对某一确定取向晶粒的衍射峰，若实验样品的半高宽为 B_m，平均晶粒尺度大于 100 nm 的标准样品的半高宽为 B_s（由仪器和热效应引起的展宽），则当应变展宽可以忽略不计时，小晶粒对衍射峰的展宽度 B 可由下式给出：

$$B = \sqrt{B_m^2 - B_s^2} \tag{4-15}$$

这样，平均晶粒尺寸 d 就可由 B 值按下式求出：

$$B = \frac{0.89\lambda}{B\cos\theta} \tag{4-16}$$

式中 B 的单位为弧度，λ 为 X 射线波长，θ 为布拉格衍射角。

图 4－6 是 CdTe 裸核和包覆 3 层、5 层 CdS 的 CdTe/CdS 核壳纳米晶体的 X 射线衍射图谱。XRD 实验表明，CdTe 裸核纳米晶体的衍射峰与其体材料立方相结构的衍射峰一致（三个主要衍射峰对应的晶面指数分别为[111]、[220]和[311]），表明水相合成的 CdTe 为闪锌矿结构。随着 CdS 壳层厚度的增加，衍射峰逐渐向大角度方向移动，但是没有发现明显的 CdS 衍射峰，这是由于 CdTe 与 CdS 的衍射峰距离较近，二者产生叠加。当然，如果形成的不是核壳结构而是 CdS_xTe_{1-x} 合金结构，XRD 图也是如此。但是 CdS_xTe_{1-x} 固溶体纳米晶体的带隙较大，它的发光峰与 CdTe 裸核纳米晶体相比会发生蓝移，而我们的样品有很大的红移，所以排除了形成固溶体的可能性，确定形成的是 CdTe/CdS 核壳结构。根据式(4－16)计算得到 CdTe 裸核的尺寸为 2.2 nm，与 TEM 的结果相比较为接近。

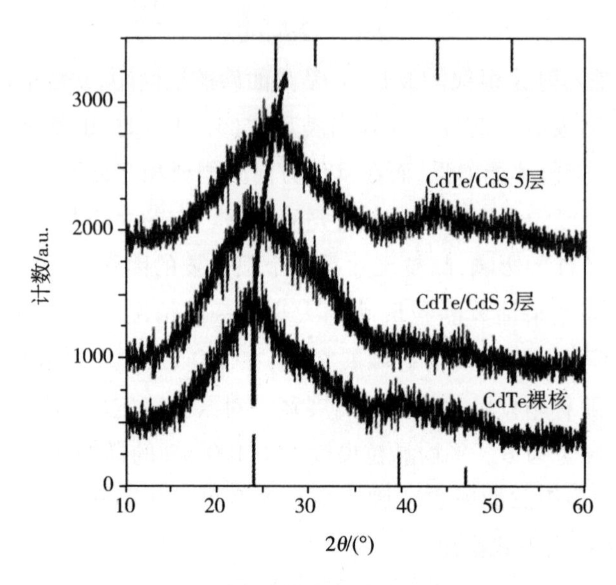

图 4-6 CdTe 裸核和包覆 3 层、5 层 CdS 的 CdTe/CdS 核壳纳米晶体的 X 射线衍射图谱

4.1.5 荧光寿命与光谱变化机制

由图 4-2 可知,随着 CdS 壳厚的增加,纳米晶体荧光峰位置出现了明显的红移,例如壳厚为 1 层时荧光峰在 522 nm,壳厚为 5 层时荧光峰在 571 nm,红移近50 nm,如此大的红移现象在其他核壳结构中是没有发现过的。对于核壳纳米晶体,荧光峰的轻微红移与电子波函数扩展进入壳层有关,而且红移的大小与壳层材料密切相关。体材料 CdTe 的导带能级与 CdS 的导带能级仅相差 0.1 eV 左右,所以,CdS 壳层很薄时,带隙较宽,导带位置较高,纳米晶体属于 I 型结构。随着壳厚增加,CdS 带隙变窄,其导带位置下降,纳米晶体逐渐过渡到 Ⅱ 型结构。对于 Ⅱ 型 CdTe/CdS 核壳纳米晶体,不仅有 CdTe 核区导带电子与价带空穴间的直接复合,还有 CdS 壳层导带电子与 CdTe 核价带空穴界面处的间接复合,这会导致发光峰的展宽、明显红移和荧光寿命的增加。然而,由于 CdTe 和 CdS 导带能级位置差别很小,所以在稳态荧光光谱中很难区分这两种发光成分。于是,我们进行了时间分辨荧光的研究。

当材料体系内存在能量转移、生成活泼中间体或相互作用等过程时，其荧光信号将随时间而变化。普通的荧光光谱只能给出纳米晶体的能级结构、发光效率等稳态信息，如果我们还想知道激子在纳米晶体中从产生、扩散、弛豫到复合、湮灭等的动态过程，就必须借助新的手段，时间分辨荧光光谱正是研究瞬态过程的利器。短脉冲激发后，测量不同延迟时间后的荧光，就得到时间分辨荧光光谱图。获得时间分辨荧光光谱的技术方法有好多种，常用的有条纹相机法、泵浦探测法以及时间关联单光子计数法等。

实验中测量荧光寿命，按激发光源的不同，所用的方法也不一样。如果激发光源是连续激光，可用相移法进行测量。如采用脉冲光激发，则可用取样法或光子计数法。我们采用脉冲光激发，取样法测量。

考虑最简单的情况，如果荧光发射是一个单光子过程，则可以推出如下的表达式：

$$I_f(t) = I_f(0)\mathrm{e}^{-t/\tau_f} \tag{4-17}$$

式中，$I_f(t)$ 是荧光强度随时间变化的函数；

$I_f(0)$ 是 $t=0$ 的初始时刻的荧光强度；

τ_f（荧光寿命）是激发停止以后荧光强度衰减到初始值的 1/e 所需的时间。

所以仅当荧光强度按指数关系衰减时，荧光寿命才有确切的含义。大多数有机分子和生物大分子的荧光衰减过程都具有上述的单 e 指数特性，但是有些复杂体系会出现多 e 指数的衰减过程。对于非单 e 指数衰减过程，可以定义一个平均荧光寿命：

$$\tau = \frac{\int I_f(t)\,t\mathrm{d}t}{\int I_f(t)\,\mathrm{d}t} \tag{4-18}$$

图 4-7 是 CdTe 裸核和 CdTe/CdS 核壳纳米晶体的荧光衰减曲线。用双 e 指数衰减公式可以很好地拟合各条曲线，拟合公式为：

$$I = B_1\mathrm{e}^{-t/\tau_1} + B_2\mathrm{e}^{-t/\tau_2} \tag{4-19}$$

式中 τ_1 和 τ_2 代表时间常数，B_1 和 B_2 代表相应的比例系数。荧光平均寿命 τ 的拟合公式为：

$$\tau = \frac{\sum_i B_i \tau_i{}^2}{\sum_i B_i \tau_i} \tag{4-20}$$

比例系数权重的计算公式：

$$B_i\% = \frac{B_i\tau_i}{\sum_i B_i\tau_i} \tag{4-21}$$

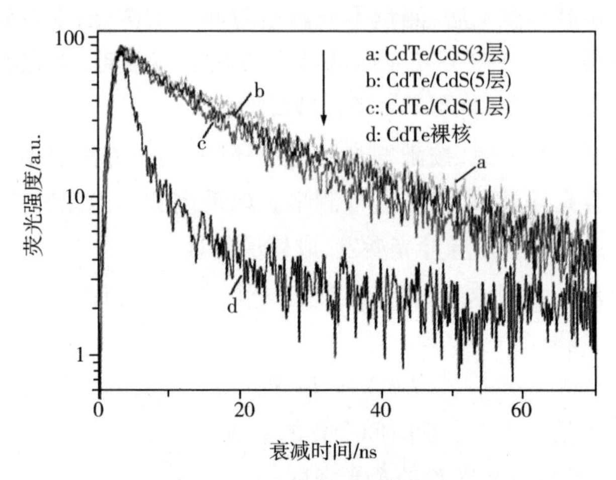

图 4-7 CdTe 纳米晶体和 CdTe/CdS 核壳纳米晶体的荧光衰减曲线

表 4-1 给出了具体的拟合结果。荧光衰减中的快成分来自 CdTe 核区激子直接复合，慢成分来自与表面界面有关的其他发射。随着 CdS 壳厚的增加，纳米晶体的慢成分权重上升，平均寿命延长。壳厚超过 3 层后，寿命反而缩短。荧光寿命的这个变化过程与两种机制有关。一方面，当壳厚增加时，纳米晶体从Ⅰ型转变为Ⅱ型结构，电子被局限在壳区，CdS 壳层导带电子与 CdTe 核价带空穴界面处间接复合，这引起荧光寿命的延长和慢成分比重上升。因此，壳结构会影响激子的复合过程。另一方面，既然壳表面没有完全钝化，就一定存在大量的淬灭中心，导致电子寿命的缩短，于是 CdS 壳过厚时，会引入新的缺陷，荧光寿命便不再延长。

表 4-1　CdTe 裸核纳米晶体和 CdTe/CdS 核壳纳米晶体的荧光衰减曲线的拟合参数

样品	B_1/%	τ_1/ns	B_2/%	τ_2/ns	τ/ns
CdTe (1.5 nm)	63	1.3	37	7.3	3.5
CdTe/CdS (1 mL)	26	5.8	74	22.2	18.0
CdTe/CdS (3 mL)	18	6.7	82	26.1	22.7
CdTe/CdS (5 mL)	19	6.1	81	24.2	19.0

4.2　CdTe 和 CdTe/CdS 纳米晶体的上转换荧光

4.2.1　上转换荧光

用同一波长的紫外光激发不同直径的 CdSe 和 CdTe 纳米晶体，就可以获得从红色到蓝色各种可见光区的荧光，而且发光峰的半高宽窄，峰形对称。与传统的有机荧光染料分子相比，纳米晶体化学性质稳定，不容易被光漂白，优势十分明显，使荧光纳米晶体在光学成像、离子浓度检测和生物荧光标定等领域具有十分广阔的应用前景。然而，紫外光长时间反复激发纳米晶体，会降低荧光量子产率，降低材料的稳定性，导致光漂白，对纳米晶体的生物医学应用产生很大的限制。如果用近红外波长的光激发纳米晶体，就可以避免上述缺点，同时还可以增加组织穿透深度，所以纳米晶体的上转换荧光具有重要的理论意义和应用价值。

生物组织与常规光学介质不同，其内部结构非常复杂，包含了大量不同大小、不同种类的细胞。据细胞生物学的研究，人体细胞有几百种，而每种细胞大小不等，形状不同，而且折射率也各不相同。吸收和散射是光在生物组织内传播时出现的两种主要光学现象。由于存在血红蛋白、黑色素以及其他色素，波长小于 600 nm 的可见光会被大幅度地吸收；蛋白质、核酸对紫外光有强烈的吸收；在红外波段，生物组织中的水吸收又很强。在大于 600 nm 的可见与近红外波段，散射占据了主要地位，光吸收相对较弱，生物组织表现出了强散射、弱吸收的光学特性，因而有较强的散射光从组织中渗透出来，成为可被探测到的光，这使得利用光学方法进行疾病的无创伤诊断与治疗成为可能。所以，600 ~

1 300 nm的近红外波段被称为“光学透射窗口”,有时也称为“光学治疗窗口”。此外,使用近红外光可以在探测时有效地避开自体荧光波段,从而抑制了自发荧光引起的活体组织探测的背景问题。

在分散相粒子不导电的情况下,散射光与入射光之间的强度关系为:

$$I=\frac{24\pi^3 vV^2}{\lambda^4}\left(\frac{n_1^2-n_2^2}{n_1^2+2n_2^2}\right)^2 I_0 \tag{4-22}$$

式中:I、I_0 分别为散射光和入射光强度,λ 为入射光波长,V 为每个粒子的体积,v 为分散系统中单位体积的粒子数,n_1、n_2 分别为分散相和分散介质的折射率。由式(4-22)可以得到:散射光的强度 I 与入射光波长 λ 的四次方成反比,因此入射光波长越长,散射效应越不明显。由于光散射系数反比于入射光波长的四次方,所以采用800 nm 双光子激发时激发光的散射损失只是400 nm 单光子过程的1/16,近红外光的穿透深度要比可见光的穿透深度大,因此有利于深层活体组织的探测。

上转换荧光的发射波长比激发波长短,是一种激发光子能量比发光光子能量小的光致发光效应。目前,除传统的稀土材料外,已经在掺锰的 ZnS 纳米微粒、多孔硅、InP 纳米晶体、CdS 纳米微粒和 InAs/GaAs 纳米晶体等多种纳米材料中观察到了上转换荧光,而且发现上转换荧光峰与正常发射荧光峰位置相比,有时存在红移现象,如 CdS 纳米微粒和 CdTe 纳米晶体固体粉末,但 CdTe 纳米晶体溶胶中却几乎没有发现移动。而且,在不同研究者的实验中,荧光峰位的移动或激发功率与荧光强度依赖关系等结果存在矛盾。如 Wang 等报道激发功率与荧光强度满足线性关系,而 Chen 等报道两者之间是二次方关系。上转换荧光的产生机制也仍在讨论中,目前有热激发表面态、双光子吸收以及俄歇复合效应的参与等多种解释,但这些模型都无法解释荧光峰移动现象。

下面,我们利用400 nm 和800 nm 不同波长的低强度飞秒激光,对 CdTe 裸核和 CdTe/CdS 核壳纳米晶体溶胶进行激发,研究纳米晶体上转换荧光的稳态和时间分辨性质,阐述纳米晶体上转换荧光的物理机制。

4.2.2 稳态和纳秒时间分辨荧光测试系统

采用哈工大凝聚态科学与技术中心自己搭建的稳态和纳秒量级时间分辨

荧光光谱装置,如图 4 –8 所示。实验中使用的光源为重复频率为 1 kHz 的固态 Ti: Sapphire 再生放大飞秒激光系统,单脉冲能量为 0.6 mJ,中心波长为 800 nm,通过放置在光路中的 BBO 倍频晶体,可以利用出射的 800 nm 飞秒激光倍频,得到中心波长为 400 nm 的脉冲激光,分别作为单光子激发荧光光谱实验以及双光子激发荧光光谱实验的激发光源。利用能量衰减器可以调节入射光的能量,获得入射光能量与样品荧光强度之间的关系。通过反射镜的引导激发光入射到焦距为 15 cm 的凸透镜上,透镜使入射光会聚到装有样品的厚度为 10 mm 的石英比色皿中。利用光纤探头在比色皿的侧面收集样品的荧光,并通过光纤将荧光直接引入成像光谱仪(Bruker Optics 500IS/SM),最后利用像增强电荷耦合装置 ICCD 接收光谱信号,并通过软件(Andor iStar)调节 ICCD,改变 ICCD 门宽、延迟时间、延迟步长及步数,即可以采集得到稳态及时间分辨荧光光谱数据。

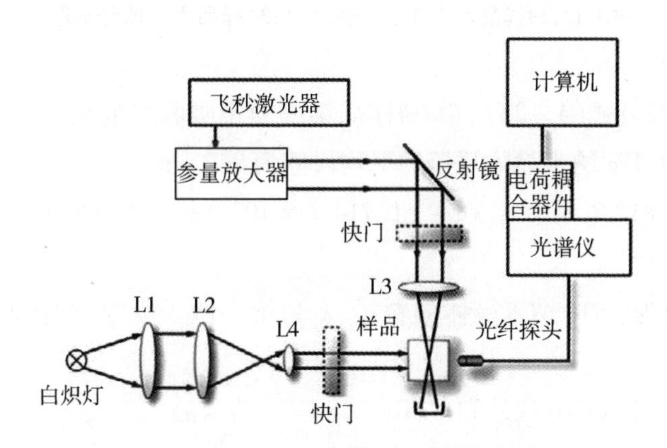

图 4 –8　稳态/时间分辨荧光光谱测量光路图

4.2.3　CdTe/CdS 核壳纳米晶体的上转换荧光与物理机制

图 4 –9 是 CdTe 裸核和 CdTe/CdS 核壳纳米晶体的紫外可见吸收光谱,每条谱线均具有较明显的第一激子吸收峰,表明样品具有较好的结晶性,而且吸收峰位置与 CdTe 体材料(1.44 eV,300 K)相比蓝移了许多。

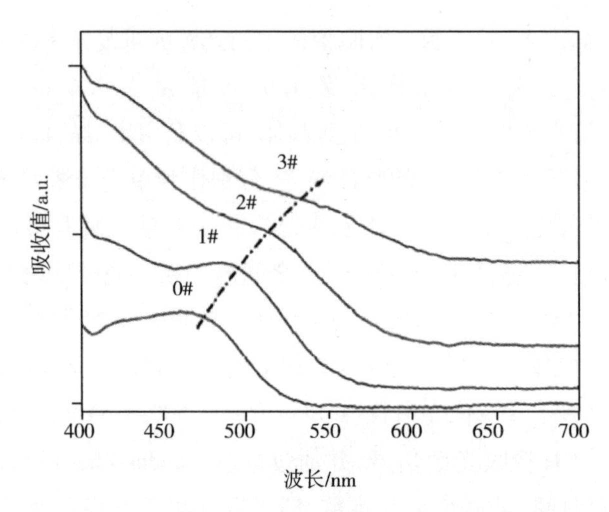

图 4－9　CdTe 裸核纳米晶体（0#样品）和不同壳层厚度的 CdTe/CdS 核壳纳米晶体的吸收光谱。1#样品为 1 单分子层 CdS；2#样品为 2 单分子层 CdS；3#样品为 3 单分子层 CdS

根据经验公式（4－23），由 0#样品第一激子吸收峰的大致位置，可以得到我们研究的 CdTe 纳米晶体裸核的平均尺寸为 2.2 nm。

$$D = (9.8127 \times 10^{-7})\lambda^3 - (1.7147 \times 10^{-3})\lambda^2 + 1.0064\lambda - 194.84 \tag{4-23}$$

其中，D 为 CdTe 纳米晶体的粒径，λ 为第一激子吸收峰对应的波长位置，单位为 nm。

图 4－10 是 CdTe 裸核和 CdTe/CdS 核壳纳米晶体的荧光光谱。0#样品峰形不对称，在长波方向存在拖尾，表明除带隙发光外还存在较多表面缺陷态的发光成分，包覆后峰形变得较为对称。CdTe 纳米晶体包覆 CdS 壳层后，由于电子离域导致的量子限域效应下降，第一激子吸收峰位和荧光峰位逐渐红移，这在核壳结构纳米晶体中已经被广泛报道，可以作为包覆成功的证据之一。根据吸收和荧光光谱，以罗丹明 6G 作为参比，计算得到样品的荧光量子产率分别为：0#样品 10%，1#样品 30%，2#样品 45%，3#样品 8%。CdTe 纳米晶体表面存在大量的缺陷和不饱和悬键，形成无辐射中心，CdS 包覆层的引入可以有效减少表面缺陷态，这导致了 1#、2#样品的发光增强。但是当壳层过厚时，界面应力的释放会给纳米晶体带来新的缺陷，所以 3#样品的发光减弱。

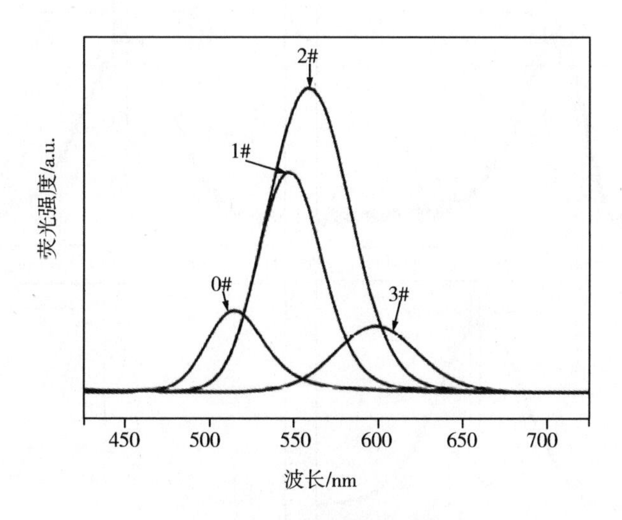

图 4－10　CdTe 裸核和壳层厚度为 1～3 层的 CdTe/CdS 纳米晶体的荧光光谱（激发光源：氘灯，激发波长：400 nm）

图 4－11 是 CdTe 纳米晶体溶胶样品在波长为 400 nm 和 800 nm 的飞秒激光激发下的荧光光谱图。同一样品在 800 nm 飞秒激光激发下，与 400 nm 激发时相比，荧光峰的位置发生了明显的蓝移，这与以前在 CdTe 纳米晶体固体体系中发现的红移现象不同。CdTe 裸核纳米晶体荧光峰蓝移 10 nm 左右，包覆后的 1#和 2#样品的峰位移动值减小，2#仅移动 2 nm，而 3#蓝移比包覆前更加明显，达到 15 nm。图 4－12 展示了峰位蓝移距离与荧光量子产率之间的关系，从图中可以清晰地看出，纳米晶体的荧光量子产率越低，荧光峰移动越明显。

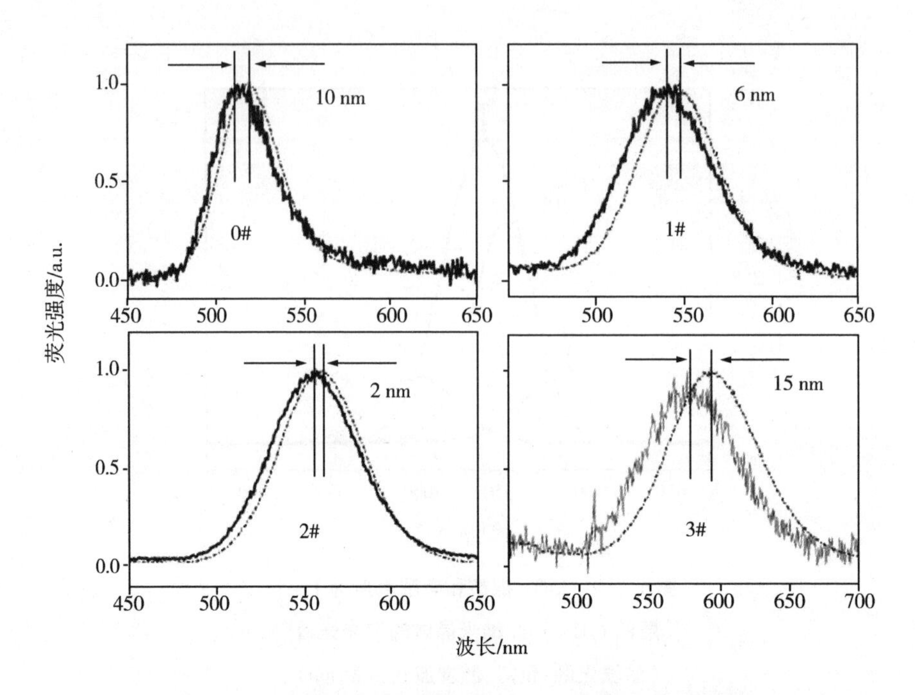

图 4-11　低强度飞秒激光激发的 CdTe 裸核和壳层厚度为 1~3 层的 CdTe/CdS 纳米晶体的荧光光谱(实线为 800 nm 激光激发的荧光光谱,虚线为 400 nm 激光激发同一样品的荧光光谱,纵坐标做归一化处理,荧光峰移动的数值已在图中标出)

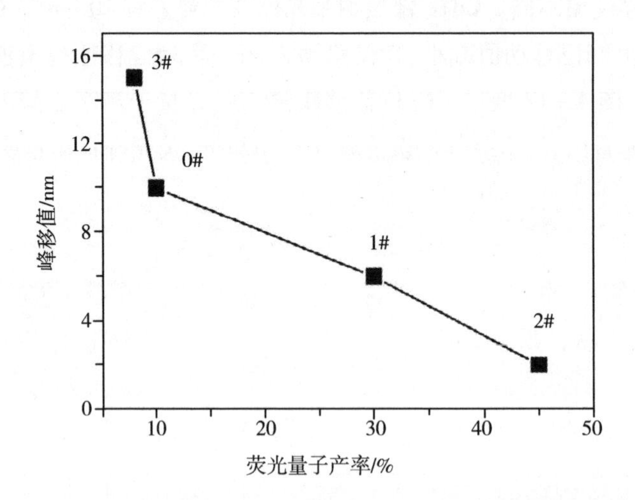

图 4-12　CdTe 纳米晶体荧光峰移动与荧光量子产率之间的关系图

为了讨论 800 nm 飞秒激光激发时的荧光上转换机理和峰位蓝移效应，我们测试了 0#、2#样品在 400 nm 和 800 nm 飞秒激光激发下，荧光强度随激发光功率变化的曲线，如图 4 – 13 所示。从对数关系图中可以看出，400 nm 激发时，激发光功率与荧光强度近似为线性关系，因此发生的是单光子吸收效应，800 nm 激光激发时，激发光功率与荧光强度近似为平方关系，表明发生了双光子吸收效应，这个规律在裸核和核壳纳米晶体中均适用。双光子吸收的中间态既可能是实际存在的能态，也可能是虚能态，由于在实验中采用低激发强度（ <100 W/cm^2 ），所以可以排除虚能态双光子吸收的贡献。在高激发强度下，双光子虚能态吸收占据主要地位，这时会导致荧光峰的红移。此外，纳米晶体浓度高时会产生自吸收效应，自吸收效应也会导致荧光峰的红移。所以，此实验需在低浓度低激发强度下进行，避免其他因素湮灭掉荧光峰蓝移现象。

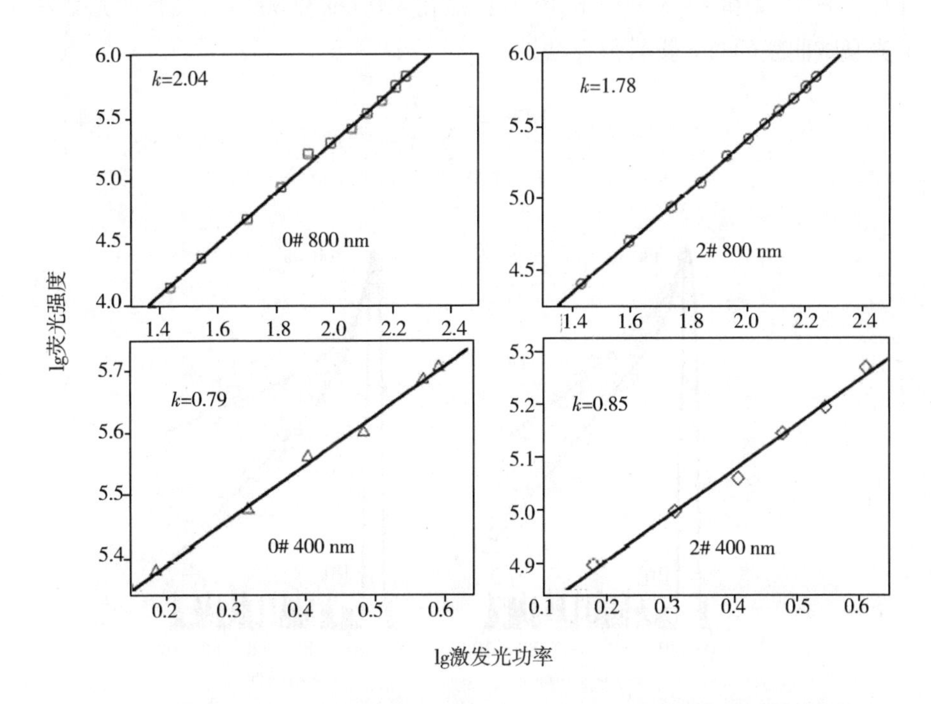

图 4 – 13　400 nm 和 800 nm 飞秒激光激发下，0#、2#CdTe 纳米晶体溶胶样品的荧光强度随激发光功率变化的曲线。对荧光强度和激发光功率分别取以 10 为底的对数，图中直线是对数据点线性拟合的结果，拟合直线的斜率标在图中

稳态荧光是一种积分效应,时间分辨光谱能反映出激发态发生的分子内或分子间作用,能量转移、电荷转移、体系的微观环境、溶剂和晶格相互作用等随时间变化的动力学信息。图 4 – 14 是 0#、2#样品在 400 nm 和 800 nm 飞秒激光激发下的荧光衰减曲线,图中 IRF 是仪器的时间响应函数,进行去卷积运算并使用最小二乘法进行多 e 指数衰减拟合,拟合公式为:

$$I = \sum A_i e^{-t/\tau_i} \tag{4-24}$$

τ_i 是不同成分的荧光寿命,指数项系数 A_i ,同时受到仪器特性和样品特性的双重影响,A_i 可以是正值也可以为负值。例如,系统的光学响应效率、样品几何形状和激励源的激发强度等,都会对 A_i 的绝对值产生影响,但 A_i 仍然是有价值的参数。例如,在多指数衰减体系中,通过计算可以得到每个发光部分所发荧光对整个体系发光强度的贡献比例,即相对权重。相对权重按照式(4 – 25)计算。表 4 – 2 和 4 – 3 分别是 0#、2#样品在 400 nm 和 800 nm 飞秒激光激发下荧光衰减曲线的双 e 指数拟合结果。

$$A_i\% = \frac{A_i\tau_i}{\sum_i A_i\tau_i} \tag{4-25}$$

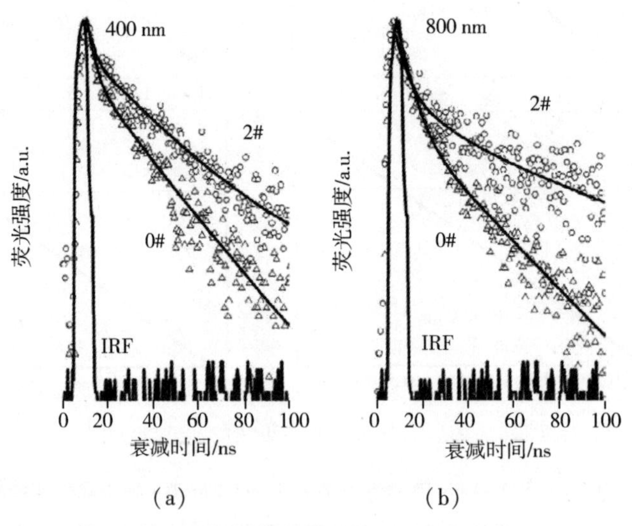

图 4 – 14 0#和 2#样品在 400 nm(a)和 800 nm (b)飞秒激光激发下的荧光衰减曲线

表 4－2　0#和 2# CdTe 纳米晶体 400 nm 飞秒激光激发下荧光动力学曲线的拟合结果

样品	$A_1/\%$	τ_1/ns	$A_2/\%$	τ_2/ns
CdTe (0#)	27.69	3.64	72.31	23.85
CdTe/CdS (2#)	22.98	3.40	77.02	44.65

表 4－3　0#和 2# CdTe 纳米晶体 800 nm 飞秒激光激发下荧光动力学曲线的拟合结果

样品	$A_1/\%$	τ_1/ns	$A_2/\%$	τ_2/ns
CdTe (0#)	47.02	2.83	52.98	26.15
CdTe/CdS (2#)	23.22	2.64	76.78	53.29

从图 4－14 和表 4－2、4－3 中我们可以看出，400 nm 和 800 nm 激光激发下的荧光衰减曲线具有相似的动力学特征，都满足双 e 指数衰减规律。时间分辨发光动力学是非单 e 指数形式。一些学者认为这是由共振能量转移造成的。作为共振能量转移的给、受体，荧光物质必须满足以下条件：

(1)给、受体的激发光要分得足够开；

(2)给体的发射光谱与受体的吸收光谱要重叠；

(3) 给、受体的发射光谱要分得足够开。

能量转移通常发生在固体材料或者浓度较大的溶液中。实验中我们使用的 CdTe 纳米晶体浓度约为 5×10^{-4} mol/L，大致估计纳米晶体之间的距离为 100～1 000nm 量级，如此大的距离发生共振能量转移的概率很低。所以非单 e 指数的衰减是由表面态造成的。

在纳米晶体的表面，由于存在大量的自身缺陷、吸附物质，表面电子的量子状态会形成分立的能级或很窄的能带，在能量禁阻的带隙中引入许多表面态。表面态不是一个空洞的概念，而是实际存在的事物。它的化学实质就是在某一方面具有活性的微观表面原子或原子团。表面态可以与均匀表面的一些较活泼位置相对应，例如清洁表面上具有“悬空键”的基质晶格表面原子。“悬空键”是有高度电子亲和力的未占成键轨道，或者具有低电离势的已成键轨道。表面态也可以是具有高电场的一个位置，这种位置可以把极性分子吸引过来，即每一个表面原子作为一个表面态。表面态可以与不均匀表面的各种缺陷相关联，比如晶体台阶上的那些位置或位错在表面露头处的那些位置。在晶体台阶上会存在一些位置，其上的吸附原子或分子可以与几个晶格原子发生作用，因而总的相互作用很强。表面态还可以是表面杂质或吸附离子，只要杂质或吸附离子距离表面很近，就可以与纳米晶体的能带交换电子。

在受到外来光激发后，纳米晶体内部会产生激子，激子在纳米晶体内部振荡、弛豫，一部分以发光的形式释放能量，另一部分则弛豫到纳米晶体表面；到达纳米晶体表面的激子被位于表面的缺陷、杂质所俘获，仍然以发光的形式释放出能量，所以纳米晶体的发光是由两部分组成的，快成分是由于带边发射，尺寸效应引起的自由激子发射，慢成分是受到纳米晶体表面态影响，在表面复合的暗激子态(诱捕态)发出的荧光。

本征激子态发射能量比诱捕态发射能量大一些，但二者发射峰靠得很近，稳态光谱测量时得到的荧光光谱中包含了这两种成分。由于短寿命成分反映的是纳米晶体本征性质，所以，CdTe 纳米晶体包覆壳层后短寿命基本不变化。然而，长寿命成分明显增加，这是由于 CdTe/CdS 形成Ⅱ型界面结构，电子离域进入壳层，在核壳界面处激子辐射复合，形成长寿命发光。800 nm 与 400 nm 飞秒激光激发相比，荧光寿命变化不大，而不同发光成分的权重却变化很大。例如，0#样品在 400 nm 激光激发下，本征激子态的权重为 27.69%，而在 800 nm 激光激发下，其权重增加为 47.02%，两者相差近 20%，这自然导致了 800 nm 激光激发下发光峰的蓝移。2#样品有同样现象，但是本征激子态的权重仅由 22.98% 增至 23.22%，幅度没有 0#样品明显，所以其峰位的移动值也远小于 0#样品。

目前主要有四个物理模型来解释上转换发光的机制：

(a)通过一真实存在的中间激发态实现的两步双光子吸收；

(b)通过虚拟的中间激发态直接实现的双光子吸收；

(c)带间热激发态辅助实现的上转换；

(d)Auger 复合实现的上转换。

虚拟中间态的形成和 Auger 复合通常需要在很高激发强度下才能发生，我们的实验中飞秒激光的激发功率很低，可以排除(b)、(d)机制。另外热激发态辅助和 Auger 复合机制荧光强度与激发功率满足线性关系，这也可以排除(c)、(d)机制。

根据以上实验结果，低强度 800 nm 飞秒激光激发下 CdTe 裸核与 CdTe/

CdS 核壳纳米晶体溶胶的上转换发光机制，可以采用表面态辅助两步双光子吸收模型和激子态诱捕态权重模型来解释。关于纳米材料表面态的研究现在多是定性猜测。CdTe 纳米晶体非辐射中心对应的表面缺陷和不饱和悬键，与诱捕态对应的表面缺陷杂质和空位从本质上讲是相同的。表面缺陷、不饱和悬键、杂质和空位等都会导致晶体结构不完整，由于具体缺陷形式和周围环境的不同，在带隙中引入浅缺陷或深缺陷能级。因为 Cd 悬键可以被表面配体巯基内酸的巯基部分饱和，所以缺陷能级主要来自未饱和的 Se 悬键。

低强度飞秒激光激发时，在表面态辅助下，纳米晶体可以吸收两个 800 nm 光子，被激发的电子进入导带，发生辐射跃迁，得到上转换发光。与 400 nm 单光子激发相比，由于表面态参与双光子吸收，所以诱捕态的形成概率减小，权重降低，本征激子态在发光中的权重增加，导致发光峰蓝移。而且诱捕态和双光子吸收均与表面态有关，所以当表面缺陷较多，也就是荧光量子产率比较低时，上转换发光蓝移比较明显。CdTe 裸核纳米晶体(0#)包覆 CdS 壳层后，表面缺陷态减少(1#、2#)，峰位蓝移的值也有所减小，直至 3#样品太厚的壳层带来新的缺陷，使表面态密度增加，荧光量子产率下降，导致峰位蓝移值再次增加，这就是图 4 -4 中 CdTe 纳米晶体荧光峰移动与量子产率之间的对应关系。利用表面态辅助两步双光子吸收模型和激子态诱捕态权重模型，可以解释许多纳米材料中存在的上转换荧光发射峰位置移动的机制。

第5章　CdS纳米晶体敏化 TiO_2 太阳能电池

5.1　太阳能电池简介

随着社会的不断发展,人口数量的不断增加,人类对能源的需求量也日益增多,很多不可再生的能源也越来越稀少,例如:煤炭、石油、天然气等。专家预测这些传统能源即将耗尽,而且这些传统能源的使用对环境的污染也越来越严重,所以,能源问题一直是人类关注的首要问题。人类对可再生能源的需求是非常迫切的。开发高效、无污染、低价的新能源是社会的广泛共识。因此,太阳能、风能、水能等这些新能源将逐渐受到重视并且获得大量开发。与常规的能源相比,太阳能资源丰富,足以供给人类使用几十亿年,取之不尽用之不竭。在地球上,太阳光极易获得,具有普遍性和实用性。与石油、煤炭等能源相比,它不会产生噪声、垃圾,可以有效地提高空气质量,解决生态环境问题。综上所述太阳能利用率高、成本低、不污染环境,是解决能源稀少和环境污染问题的理想能源。有三种转换方法可以开发和利用太阳能,即太阳能转化成光能、电能以及光电能。其中太阳能转换为光电能受到高度重视,通过转换装置把太阳辐射转换成热能,再利用热能进行发电,这一过程属于太阳能光电技术。将太阳能直接转换成电能就是太阳能电池的原理。

5.1.1　太阳能电池的发展进程

人类对能源的需求量越来越多，太阳能的开发利用是人类最关注的领域之一。最主要的原因是太阳能环保节能，安全性高，成本低，可以大规模应用。太阳能的开发与利用最重要的途径，是通过光电转换技术产生电能。

1893 年，法国 Becquerel 发现在电解质溶液中涂有氧化铜的金属电极在光照下产生了电流，出现了光伏效应。这一发现，为光电转换现象的研究奠定了基础。经过半世纪后，Bell 实验室研制出单晶硅电池，其光电转换效率达到 6% 左右。单晶硅太阳能电池发展迅速并且应用广泛。在航天领域、航海领域等都有广泛应用。由于硅晶体太阳能电池的成本高，不能够广泛应用，所以产生了薄膜太阳能电池，薄膜太阳能电池的光电转换效率很高，但是材质具有污染性。染料敏化太阳能电池生产成本低、无污染，在市场中有很强的竞争力，也是以后研究的主要方向。

5.1.2　太阳能电池的分类

5.1.2.1　硅晶体太阳能电池

1954 年，美国的贝尔实验室成功地研制出太阳能电池，为太阳能电池的研究迅速发展奠定了重要的基础。硅晶体太阳能电池能源利用率高，光电性能稳定，而且硅晶体是禁带宽度较窄的半导体材料。单晶硅、多晶硅光电转换技术已经非常成熟。目前，单晶硅太阳能电池的光电转换效率已经达到 24.7%。但是，其制造成本高，生产过程复杂，不易大量生产，难以普及。

5.1.2.2　薄膜太阳能电池

第二代太阳能电池——薄膜太阳能电池包括 α - Si、GdTe、GaAs、$CuInSe_2$ 等半导体太阳能电池。利用有机聚合物对薄膜电极表面进行多层复合。入射光照射到半导体上，半导体 PN 结有光电流的产生。有机聚合物材料易得，成本低于硅晶体太阳能电池。目前，铜铟硒（$CuInSe_2$，CIS）电池光电转换效率已达到了 15.3% 。但是有机聚合物材料的光电效率不稳定,还需要进一步研究。

5.1.2.3 有机物太阳能电池

1974 年,K. Ghosh 等对于有机物太阳能电池肖特基势垒(Schottky - barrier)展开研究,把 CuPc 粉末加入 Polyaniline(Pani)肖特基势垒电池中,有机薄膜对光的吸收有了明显的提高。加入染料 CuPc 晶体能加快电子传输速率,使原材料有更好的导电性能。有机物太阳能电池与硅晶体太阳能电池相比成本低,原材料易得,生产过程简单。但是,有机物太阳能电池仍然存在很多缺点,比如对光的吸收能力较低,光电转换效率低,所以对有机物太阳能电池还需要进一步优化。

5.1.2.4 敏化太阳能电池

敏化太阳能电池因具有较高的光电转化效率和较低的制备成本而得到了极大的关注。敏化太阳能电池是由传统太阳能电池发展而来的,是使用染料或纳米晶体沉积在衬底表面而制成的。

敏化太阳能电池分为纳米晶体敏化太阳能电池和染料敏化太阳能电池。1991 年瑞士洛桑高等工业学校的 M. Grätzel 研究组研究了染料敏化太阳能电池,染料敏化太阳能电池与硅晶体太阳能电池、有机物太阳能电池、薄膜太阳能电池相比,以高效率、低成本占有绝对优势。自此之后,敏化太阳能电池成为研究学者们研究的热点问题之一。敏化太阳能电池具有制备简易、效率高、成本低、环保、市场需求量大等优点,在光伏市场中占有主导地位。

纳米晶体敏化太阳能电池是基于纳米晶体敏化多孔电极的新型太阳能电池,具有易于制备、光电性能优异等优点。近几年纳米晶体由于其特殊的光电性能而引起人们的广泛关注。不同尺寸的半导体纳米晶体材料可以吸收不同能量的光子,同时纳米晶体敏化太阳能电池具有多激子激发的能力,即吸收一个光子可以产生多个电子 - 空穴对,因此理论上纳米晶体敏化太阳能电池转化效率可达 40% 。然而,目前报道的纳米晶体敏化太阳能电池的转化效率远远低于理论值。纳米晶体本身的光电特性、金属光阳极的结构和形貌、电解质的氧化还原电位及载流子迁移效率,都是影响电池光电转化效率的主要因素。其中,太阳能电池表面的纳米晶体薄膜作为纳米晶体敏化太阳能电池的主要组成部分，是提升电池光电转化效率的关键。

纳米晶体在与其粒径相对应的特定光谱波长下吸收和发射精确颜色的光。通常，较大的纳米晶体发出红光，而较小的纳米晶体发出蓝光，其他颜色都出现在其间。这种颜色变化现象表明某种粒径的纳米晶体具有特定的特征。

带隙是电子进入激发态所需的能量。从理论上讲，小尺寸量子点比块体具有更大的带隙，并且需要等于或高于其带隙的能量才能进入激发态。

在太阳能光谱中，光子的能量范围为0.5～3.5 eV。当光子的能量小于半导体的带隙时，半导体材料就不会吸收该光子。当光子的能量大于半导体的带隙时，半导体材料能够吸收光子并且产生电子－空穴对。同时，产生的电子－空穴对具有一定的动能，动能大小等于光子能量与带隙的差值。由于温度是微观粒子动能的一种体现，电子－空穴对具有的能量产生的等效温度远远高于晶格振动产生的等效温度，所以，我们把这些电子－空穴对称为载流子。由于电子和空穴的质量不同，吸收光子之后产生的热电子和热空穴具有的动能不同。

因为热电子和热空穴的质量不同，所以它们的冷却速率不同。在大多数的半导体材料中，热电子的有效质量小于热空穴的有效质量，热电子的冷却速率也小。近来科研人员发现一些半导体材料处于量子级别时，热载流子的冷却速率和载流子倍增效应的速率会发生巨大的转变。所以利用量子效应就可以极大地改变光子能量的转变效率，其中就包括纳米晶体敏化太阳能电池。

纳米晶体敏化太阳能电池有诸多优点：

(1)原材料多，制作成本较低；

(2)光电转化效率高，光稳定性强；

(3)与传统敏化太阳能电池相比，纳米晶体敏化太阳能电池具有多激子激发的能力，即吸收一个光子可以产生多个电子－空穴对。

(4)纳米晶体本身的光电特性、电解质的氧化还原电位及载流子迁移速率、电极催化性能及电池结构等都是影响电池性能的主要因素，其中，纳米晶体及其在光阳极表面的敏化是提高纳米晶体电池转化效率的关键。所以优化纳米晶体以及其所在的光阳极材料来进一步提高纳米晶体敏化太阳能电池的光电转换效率是科研人员关注的重点。

选择性能合适的半导体纳米晶体来制备阳极材料可有效提高光电转换效率。合适的纳米晶体应具备以下条件。

(1)纳米晶体的能级要与宽带隙半导体的能级相匹配。

(2)纳米晶体与基底材料的附和性能要好,这样可以减小纳米晶体薄膜的内阻,有利于纳米晶体附着,同时也可以增强薄膜的导电性。

(3)光电性能稳定。这样,制得的太阳能电池才能产生稳定的电流和光电转换效率。

满足以上条件且使用较多的纳米晶体有硫化镉(CdS)、碲化镉(CdTe)、硫化铅(PbS)等。

在广泛使用的纳米晶体敏化太阳能电池加工技术中,连续离子层吸附反应是首选的方法。通过研究用硫化亚锡、硫化铅、砷化铅、硫化镉等不同材料制备纳米晶体敏化太阳能电池,发现薄膜的光学带隙、表面光滑程度,以及薄膜厚度等因素会影响到太阳能电池的光电转化效率。为提高光电转化效率,可以改进连续离子层吸附法,比如控制合适的温度、加入合适的敏化剂、选择合适的前驱溶液、调节前驱溶液的 pH 等。可以从纳米晶体材料入手,选择带隙贴近太阳光谱的材料(如硫化物等)。在表面光滑程度方面,可以多沉积几次,或使用添加剂使表面更光滑。在薄膜厚度方面,可以通过控制沉积次数或附着其他材料的缓冲层来控制厚度。

图 5-1 所示的纳米晶体敏化太阳能电池,是由多孔半导体薄膜、电解质、对电极和纳米晶体敏化剂组成的。

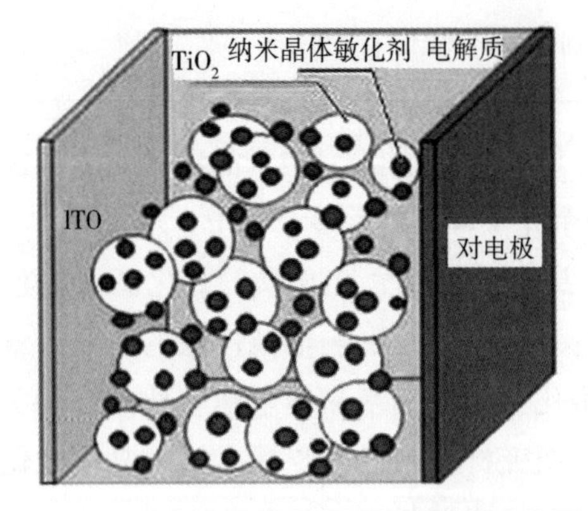

图 5-1 纳米晶体敏化太阳能电池的结构图

(1) 多孔半导体薄膜

半导体的比表面积较大，可以吸收更多的染料分子，使正负电荷分离，加快电子传输，产生电流。目前研究的半导体材料有 TiO_2、PbS、SnO_2、Al_2O_3、CdS、Nb_2O_5、ZnO 等。从半导体适合的禁带宽度来看，TiO_2 的禁带宽度 $E_g=3.2$ eV，而 SnO_2、Nb_2O_5 的载流子扩散长度短，导致光电转换效率较低。TiO_2 多孔薄膜的表面积为 80～200 m^2/g，薄膜厚度为 5～20 μm，光电转换稳定性高，所以 TiO_2 薄膜在光吸收、电子传输以及光电转换方面有很重要的应用。

TiO_2 半导体是应用在纳米晶体敏化太阳能电池中的主要材料。TiO_2 半导体表面处理有很多种方法。其中，在 TiO_2 表面敏化是改变电极光电性能的重要方法。TiO_2 表面敏化能使纳米晶体阻挡电子的回传而控制电子的复合，提高光电转换效率。

(2) 电解质

电解质在光阳极和对电极之间起着纽带的作用。敏化太阳能电池的整个工作过程中，电解质能够加快电子运动速度，在实验过程中选择合适的电解质对电池的光电转换效率的提高有很重要的影响。

电解质主要包括固态电解质和液态电解质。本书中主要采用的是液态电解质。液态电解质是由 S^{2-}/S_n^{2-} 离子、液态有机溶剂等组成的。液态电解质全部吸附到半导体薄膜上，在化学反应过程中对反应物质没有影响，并能加快反应速率，优化纳米晶体敏化太阳能电池的性能，提高光电转换效率。

(3) 对电极

对电极一直是纳米晶体敏化太阳能电池的研究热点。对电极的主要作用是接收外电路传输的电子，在氧化还原反应作用下分离正负电荷，跃迁到对电极的电子经过光的反射到达工作电极。对电极主要包括金属和非金属两种。金属对电极中的 Pt 对电极是科研人员的主要研究对象。Pt 作为对电极有着较高的光电催化活性，但是 Pt 成本很高，因此人们研究用非金属对电极来代替 Pt 对电极。非金属对电极中碳对电极研究最为广泛。碳对电极环保，成本低廉，稳定性高，具有很强的收集和传输电子的能力。二硫化钼（MoS_2）是类碳对电极的一种。MoS_2 的润滑性是众所周知的，由于它的层状结构，作为对电极具有明显的催化性能，也是目前对电极研究的主要方向。

(4)纳米晶体敏化剂

纳米晶体是一种新型的半导体纳米材料,粒径为1~10 nm。目前,纳米晶体作为敏化剂常被应用在太阳能电池中,常用的纳米晶体敏化剂有CdS、PbS、SnS、ZnO、InP等。由于纳米晶体带隙宽度较窄,吸光度好,所以在电子转移过程中的能量损失较少。纳米晶体成本低,但是光电转换效率也比较低,所以可以通过优化纳米晶体,提高光电转换效率。

纳米晶体敏化太阳能电池是通过纳米晶体在太阳光的照射下,激发电子从基态跃迁到激发态,电子传输产生电流,实现光电转换的。纳米晶体敏化剂的主要作用是吸收太阳光子产生光电子。在TiO_2表面吸附纳米晶体,在跃迁过程中有较低势垒,能减少运动中的能量损失,加快电子传输速率,提高纳米晶体敏化太阳能电池的光电转换效率。

TiO_2的紫外响应带隙大约为3.2 eV。纳米晶体敏化TiO_2表面改变了能带间隙,扩展了可见波长区域,提高了光的利用率。影响TiO_2半导体对光的吸收与电子的传输的因素,首先是光阳极的比表面积,TiO_2的比表面积越大,吸附染料分子越多,产生的光电流越大,光电转换效率越高。其次是TiO_2表面的孔隙对电子的传输空间有很重要的作用,TiO_2薄膜孔隙越大,吸附的纳米晶体越多,对太阳光的反射次数越多,电子复合时间越长,电子寿命越长,传输速率越大。所以纳米晶体敏化TiO_2作为光阳极,有较好的稳定性和较高的光电转换效率。

图5-2是纳米晶体敏化太阳能电池的基本原理。纳米晶体敏化太阳能电池主要是在宽带隙半导体材料上生长一种窄带隙半导体材料。光阳极吸附的纳米晶体在太阳光的照射下,被激发到TiO_2导带中,跃迁电子通过外电路聚集到对电极,氧化还原电子对S^{2-}/S_n^{2-}发生氧化还原反应,S^{2-}还原氧化的纳米晶体到基态再生,S^{2-}还原成S_n^{2-},聚集在对电极的电子再次生成S^{2-}。整个过程光阳极和对电极之间相互作用,电解质起到连接作用连接整个通路。

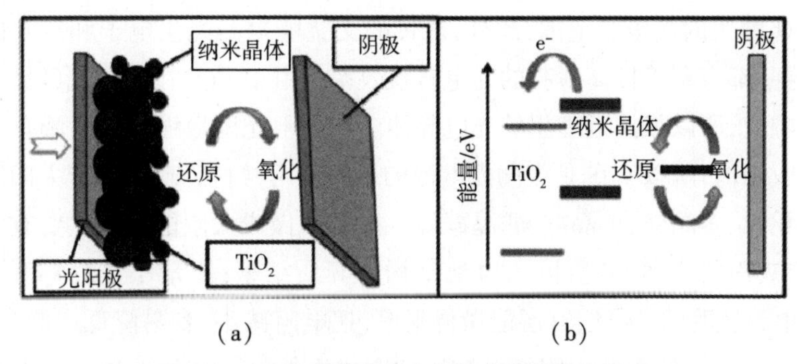

(a)　　　　　　(b)

图 5-2　纳米晶体敏化太阳能电池的基本原理

5.2　CdS 纳米晶体敏化 TiO_2 太阳能电池的制备

连续离子层吸附反应法简称 SILAR，是一种基于化学工艺的薄膜制备方法。该方法最早由 Ristov 等在 1985 年提出，现在已被广泛用于化合物薄膜制备中。

连续离子层吸附反应法包括三个步骤：

(1) 首先将清洗干净的衬底浸入阳离子前驱溶液中。因为一般氧化物或硫化物薄膜在 pH 为 2 的环境下带负电荷，所以在浸泡过程中衬底表面会有金属离子吸附。

(2) 吸附结束后用超纯水冲洗衬底，去除吸附不牢的离子。

(3) 随后将衬底放入具有阴离子的前驱溶液中，因热力学的驱动力，浸泡的衬底表面阴离子就会与溶液中的阳离子反应，形成一层所需的薄膜。

连续离子层吸附反应法具有制作简单、成本低、材料利用率高、可大面积制备等优点，但同时也具有沉积速率慢、薄膜容易受氧化物污染等缺点。

当吸附在衬底表面的是自由金属离子时，金属离子所带电荷数、溶液的 pH、溶液中金属离子的种类都会对薄膜的制备产生影响。

当吸附在衬底表面的为金属离子水解生成的胶体颗粒时，影响离子吸附的主要是胶体粒子所带电荷的种类。可通过控制溶液的 pH 及溶液中多余离子所带电荷种类来控制胶体颗粒在衬底表面的吸附速率。

CdS 室温下禁带宽度为 2.42 eV，有优良的光电性能。CdS 的窄禁带宽度能

扩展 TiO_2薄膜的光吸收范围,此外,能带的交叠能提高光生电子和空穴的分离效率,这些都有利于提高薄膜的光电转换效率。由于 CdS 在可见光区域有很强的光敏响应,所以很接近理想的光电导体。在太阳光谱最强烈的区域有 CdS 的本征吸收峰值,所以 CdS 是太阳能电池的理想应用材料。现在用于太阳能电池的有砷化镓、多晶硅、单晶硅、非晶硅等。把 CdS 做成太阳能电池主要有两个好处:没有表面复合的问题,因为电池结构为异质结型;能量小于2.4 eV的光在 CdS 层中为透明的,因此,这层能做得很厚,把电阻减小,容易降低串联电阻,从而降低损耗。另外 CdS 太阳能电池还拥有成本低、重量轻、抗辐射能力强和设计灵活等优点。而纳米尺寸的 CdS 敏化的 TiO_2纳米晶体太阳能电池更是拥有广阔的应用前景。

5.2.1 衬底清洗

衬底的清洁程度、表面状态会直接影响薄膜的质量及性能,因此在薄膜生长前对衬底表面的清洁很重要。首先将导电玻璃(ITO,面电阻为 30 Ω,长度 2.5 cm,宽度 1.5 cm,厚度为 3 mm)中加入一定量的洗洁精、洗衣粉和自来水,超声 30 ~ 60 min。然后用蒸馏水超声数次,至玻璃上可以很好地挂层水膜为止,备用。

5.2.2 多孔 TiO_2薄膜的制备

称取 340 mg 的 P25 放到小称量瓶中,加入 1.5 mL 的 TiO_2醇溶胶和 1.0 mL 的无水乙醇,超声 30 min,搅拌约 1 h。利用刮涂法刮涂第一层光阳极膜,然后 450 ℃焙烧 30 min。重复上述步骤制得约 10 μm 厚的光阳极膜。

5.2.3 CdS 纳米晶体敏化 TiO_2光阳极的制备

CdS 纳米晶体敏化 TiO_2薄膜由连续离子层沉积法制得。具体的实验方法是:首先将制备好的 TiO_2薄膜浸渍到 0.5mol/L $Cd(NO_3)_2$的乙醇溶液中10 min,使 Cd^{2+}离子充分吸附到 TiO_2薄膜上,然后用无水乙醇冲洗,冲掉吸附不紧密的

Cd^{2+},再放入 0.5 mol/L Na_2S 的水溶液中浸渍 10 min,使吸附的 Cd^{2+} 与溶液中的 S^{2-} 充分反应生成 CdS,再用去蒸馏水冲洗,把吸附不紧密的 CdS 冲掉,将载有 CdS/TiO_2 薄膜的玻片放入 150 ℃烘箱中烘 10 min 取出,这就是连续离子层沉积法的一个循环,然后通过不同次数的循环沉积不同量的 CdS 纳米晶体。以一个循环为一层,分别制作 3、5、7、9、12、15、18 层的 CdS/TiO_2 薄膜基片。本书所采用的连续离子层沉积法以 $Cd(NO_3)_2$ 的无水乙醇溶液、Na_2S 的水溶液为沉积液,这是因为无水乙醇表面张力比水小,有利于 TiO_2 对 Cd^{2+}、S^{2-} 的吸附,因此能沉积更多的 CdS 纳米晶体。

连续离子层沉积法制备 CdS 的流程图如图 5-3 所示。

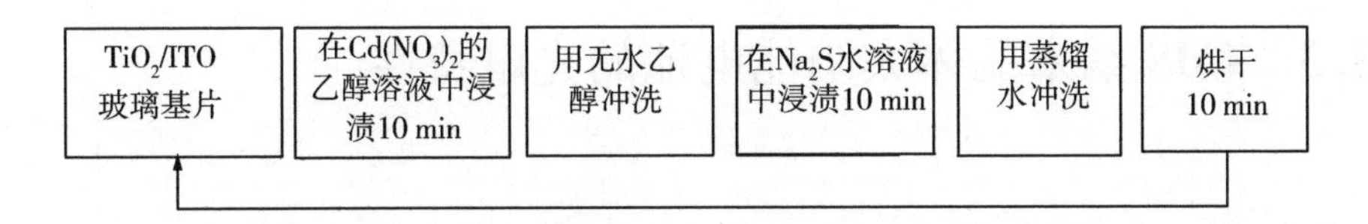

图 5-3　连续离子层沉积法制备 CdS 的流程图

由于 CdS 化学性质并不稳定,见光易分解氧化,因此再在做好的 CdS/TiO_2 基片上沉积三层 ZnS,起到保护 CdS 的作用。具体方法是:将做好的 CdS/TiO_2 基片先放入 0.1 mol/L 的硝酸锌乙醇溶液中浸泡 1 min,然后用乙醇冲洗,再将 CdS/TiO_2 基片放入 0.1 mol/L Na_2S 溶液(溶剂为按 7∶3 比例混合的甲醇与水)中浸泡 1 min,取出于 150 ℃烘箱中烘干 3 min。

5.2.4　对电极的制作

用微量注射器(10 μL)注射 20 μL 的氯铂酸于导电玻璃上,待其在室温下晾干后,放入马弗炉中 400 ℃焙烧 30 min,即可得到 Pt 对电极。

5.2.5　电解液的配制及电池的组装

实验采用多硫的水溶液作为电池的电解液,取 0.5 mol/L Na_2S,2 mol/L S,

0.2 mol/L KCl 溶于 7∶3 的甲醇与水混合溶剂中。再用 CdS 敏化 TiO_2 薄膜作为光阳极，镀有 Pt 的 ITO 作为对电极，中间用双面胶纸隔开，将光阳极与对电极粘到一起，并用胶水封住。测试前注入电解液。组装好的电池如 5－4 所示。

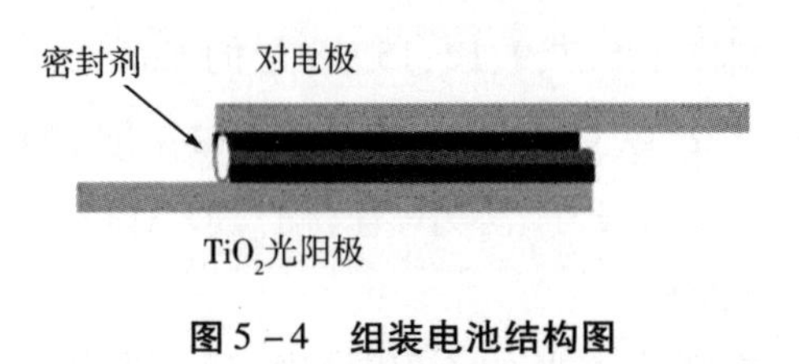

图 5－4 组装电池结构图

5.3 CdS 纳米晶体太阳能电池的光电特性

5.3.1 CdS/TiO_2 的 X 射线衍射测试

X 射线衍射主要用于分析粒子和薄膜的结晶状况、晶体结构等。由图 5－5 得知，在 $2\theta=28°$ 附近的位置产生了衍射峰包，查 PDF 卡片，对应（111）晶面。通过分析，我们认为 TiO_2 表面确实有 CdS 存在，但结晶度不好，晶粒小，导致 XRD 无明显衍射峰。

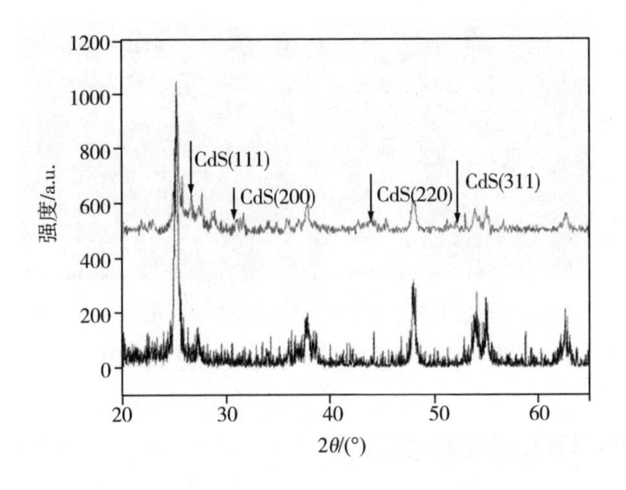

图 5-5　TiO_2 沉积 CdS 前后的 XRD 图

5.3.2　TiO_2、CdS/TiO_2 扫描电镜测试

图 5-6 中(a)为 TiO_2 的 SEM 测试图,(b)、(c)、(d)分别为 9、12、15 层 CdS/TiO_2 的 SEM 测试图。由图可看出,与单纯的 TiO_2 相比较,9、12、15 层的 CdS/TiO_2 分布依次变得均匀、细密。CdS 敏化 TiO_2 样品膜的表面涂覆较为光滑均一,说明 CdS 沉积在 TiO_2 上面的样品效果更好。

(c) (d)

图 5-6 TiO_2与 CdS/TiO_2的 SEM 测试图

5.3.3 CdS/TiO_2伏安特性测试

由表 5-1 可见，CdS 敏化 TiO_2 15 层以前随着层数的增多，转化效率增大，15 层以后转化效率变小，15 层时转化效率最大，为 1.054%，与已有报道 1.18% 相近。

伏安特性测试用模拟太阳光光源、三电极体系进行。在0.5 mol/L的 $Cd(NO_3)_2$的无水乙醇溶液、0.5 mol/L 的 Na_2S 的水溶液中分别经过 3、5、7、9、12、15、18 次循环沉积制备的 CdS 敏化 TiO_2光阳极组装的电池的$I-V$曲线图如图 5-7 所示。一次循环作为一层。由图 5-7 可以看出，15 层以前随着层数的增多，电池的电流密度及电压都增大，15 层以后的电池电流密度及电压会相对减小。15 层时，电池的电流密度和电压都达到最大值，最大电流密度 5.64 $mA \cdot cm^2$，因此 15 层时的 CdS/ TiO_2转化效率最高，敏化效果最好。

表 5-1 不同层数 CdS/TiO_2伏安特性数据表

变量	3 层	5 层	7 层	9 层	12 层	15 层	18 层
I_m/mA	0.155	0.169	0.273	0.284	0.204	0.266	0.252
V_m/V	1.282	1.660	2.680	2.840	3.860	3.963	3.860
$I_{sc}/(mA \cdot cm^{-2})$	2.190	2.360	4.000	4.450	5.317	5.640	5.440
V_{oc}/V	0.218	0.270	0.445	0.463	0.343	0.460	0.442
FF	0.416	0.440	0.411	0.391	0.432	0.406	0.404
η/%	0.199	0.280	0.732	0.806	0.788	1.054	0.973

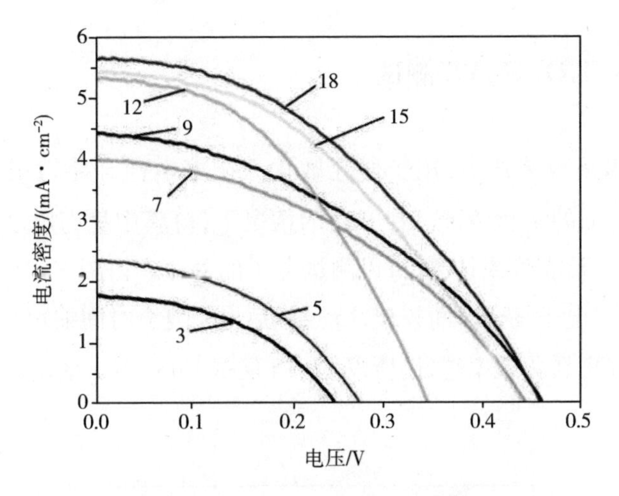

图 5－7　CdS/TiO_2 伏安特性测试图

5.3.4　CdS/TiO_2 电流－时间测试

电流－时间测试每隔 25 s 开关一次光源，来测试电流。测试的电流越平稳、越大越好。由图 5－8 可见，CdS 敏化 TiO_2 15 层以前 9、12、15 层随着层数的增多，电池的电流增大，电流平稳。15 层以后 18 层时电池的电流相对减小，而且稳定性开始下降。15 层时的电流最大，敏化效果最好。

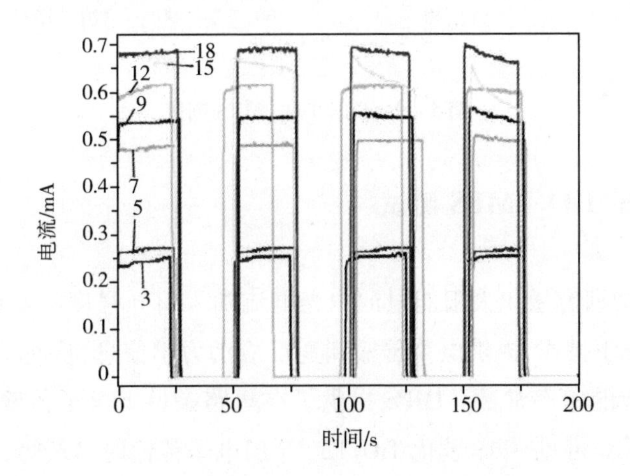

图 5－8　CdS/TiO_2 电流－时间测试

5.3.5 CdS/TiO_2 IMVS 测试

IMVS 技术是频域技术,用于研究敏化太阳能电池开路情况下开路电压(V_{oc})随入射光强的变化情况。在开路的情况下,薄膜中稳态电子的电荷由时间常数和短路电流密度来估测,可以测量电子的寿命。由图 5-9 可见,CdS 敏化 TiO_2 12、15 层电子复合时间较长,15 层以后电子复合时间缩短。电子复合时间越长,代表光电转化效率越好,所以 12、15 层的 CdS/ TiO_2敏化效果更佳。

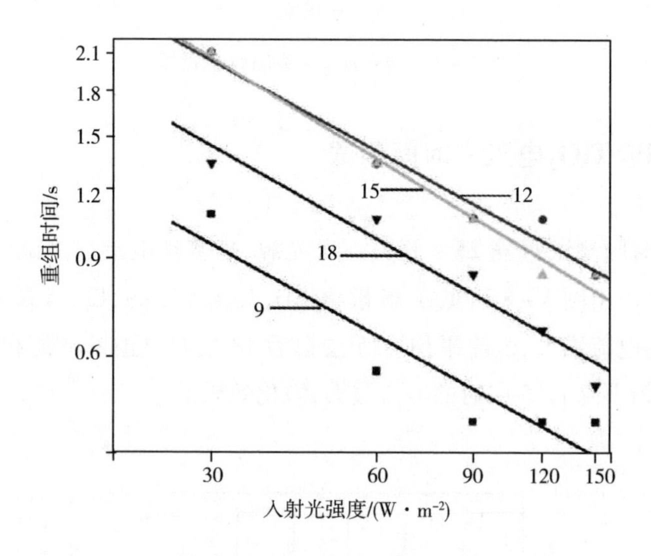

图 5-9 CdS/TiO_2 IMVS 测试

5.3.6 CdS/TiO_2 IMPS 测试

IMPS 主要研究敏化太阳能电池中光电流随入射光强度的变化情况,通常在短路的情况下操作,提供电荷传输和逆反应动力学信息,从而可以得到电荷的传输和复合的速率常数。IMPS 提供了在短路条件下电子传输和反应的信息。由图 5-10 可见,CdS 敏化 TiO_2 12、15 层电子传输时间较短,15 层以后电子传输时间加长。电子传输时间越短,代表光电转化效率越高,因此,12、15 层

的 CdS/TiO_2 敏化效果更佳。

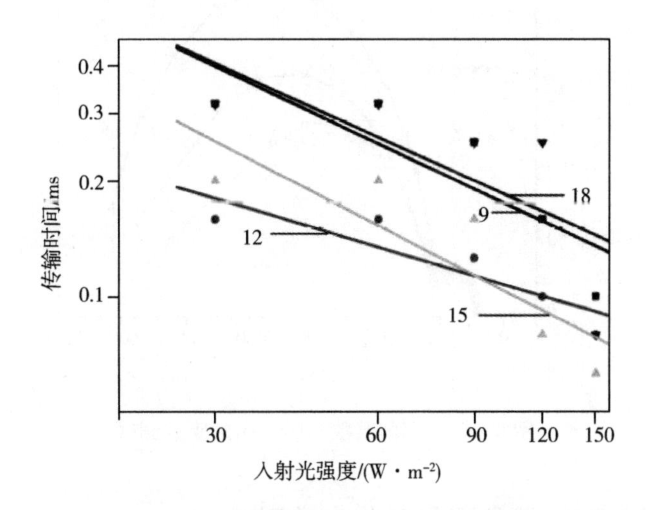

图 5-10　不同层数 CdS/TiO_2 的 IMPS 测试

5.3.7　CdS/TiO_2 阻抗测试

阻抗测试可以有效地反映电池在电荷传输过程中内部电阻的大小。通常，在阻抗测试中，低频区(0.05 ~ 1 Hz)反映电解液中的能斯特扩散电阻，中频区(1 Hz ~ 1 kHz)反映光阳极 - 染料与电解液的界面电荷传输电阻，高频区(1 ~ 100 kHz)反映对电极与电解液的界面电荷传输电阻。由图 5 - 11 得出，CdS 敏化 TiO_2 9、12、15 层时阻抗依次减小，15 层时阻抗最小，以后 18 层阻抗又增大。阻抗越小说明导电效果越好，光电转化效率自然越高。因此 15 层的 CdS/TiO_2 表现更佳。

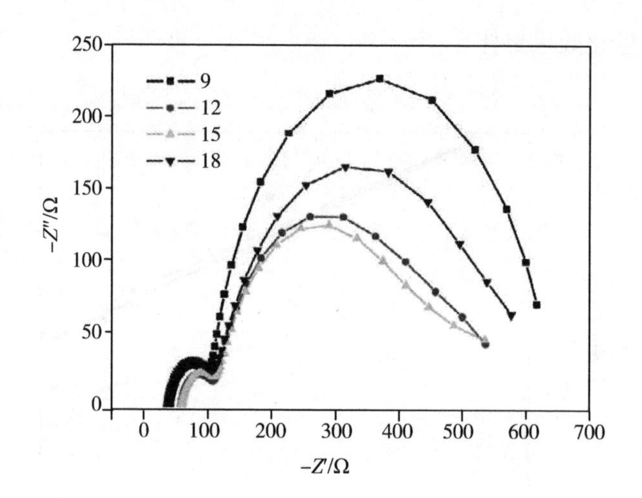

图 5－11　不同层数 CdS/TiO_2 的阻抗测试

5.3.8　CdS/TiO_2 紫外可见吸收光谱测试

紫外可见吸收光谱用来表征薄膜的光学性能及结构，从紫外可见光谱中可以看出样品的光吸收范围。这种吸收光谱产生于价电子和分子轨道上的电子在能级间的跃迁。远紫外区 10～200 nm；近紫外区 200～400 nm，芳香族化合物或具有共轭体系的物质在此区域有吸收；可见光区 400～800 nm，有色物质在这个区域有吸收。紫外光谱能提供两个重要的数据：吸收峰的位置和吸光度。由图 5－12 得出：TiO_2 的吸收峰位置在 350 nm 处，纵坐标指示了该吸收峰的吸光度，为 1.2。而 CdS 敏化的 TiO_2 光阳极的吸收区域比单纯的 TiO_2 要大，CdS 敏化 TiO_2 使 TiO_2 的吸收截止边向长波方向移动，能够吸收更多的可见光，从而可以使以 TiO_2 为基底的光阳极太阳能电池光电转化效率更高。

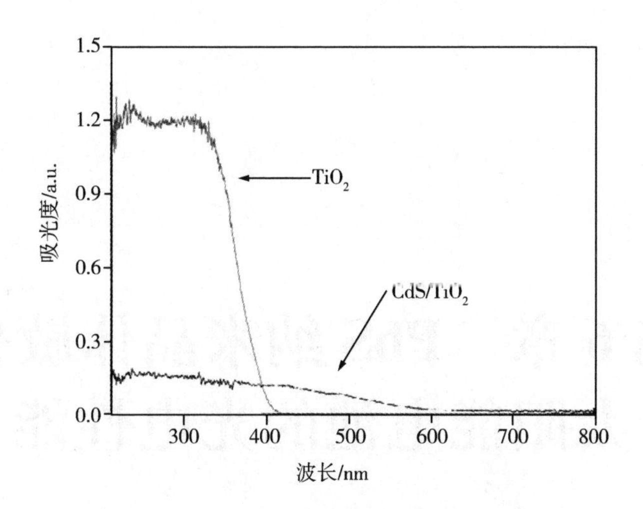

图 5－12　CdS/TiO_2 的紫外可见吸收光谱测试

综上所述,采用连续离子层沉积法制备 CdS 纳米晶体敏化 TiO_2 薄膜时,CdS 能够成功的沉积在 TiO_2 薄膜的表面,制备的 CdS 的尺寸为 5～10 nm,表现出一定的结晶度,在(111)晶面上有结晶取向。CdS 敏化 TiO_2 光阳极组装的电池的光电转换效率为 1.05%,填充因子为 0.406。CdS 纳米晶体敏化 TiO_2 光阳极的吸收区域比单纯的 TiO_2 要大,CdS 敏化 TiO_2 使 TiO_2 的吸收截止边向长波方向移动,能够吸收更多的可见光,光电转化效率更高。CdS 纳米晶体敏化 TiO_2 由于能带的交叠,光生电子和空穴的分离效率提高,这些都有利于提高 CdS 纳米晶体敏化 TiO_2 太阳能电池的光电转换效率。

第6章　PbS 纳米晶体敏化太阳能电池的光电性能

PbS 纳米晶体的禁带宽度较窄，玻尔半径为 18 nm，比其他半导体纳米晶体更容易获得较强的量子限域效应。由于 PbS 具有产生多个激子的能力，有较高的光吸收系数，化学合成简单，因而在纳米晶体敏化太阳能电池中是比较理想的纳米晶体敏化剂。PbS 纳米晶体敏化太阳能电池主要是纳米晶体敏化剂吸收太阳光产生光电子，并具有收集和传输电子的作用。理论上，当带隙为 1.3 eV 时，PbS 的最大电流密度为 38 mA/cm^2。尽管 PbS 具有作为敏化剂的潜力，但早期利用 PbS 却没有成功，这主要是 PbS 表面电荷复合和光腐蚀造成的。最近科学家提出了提高 PbS 纳米晶体稳定性的策略，通过热处理和在 PbS 纳米晶体中嵌入硫化物来改善 PbS 的结晶度，能大大提高 PbS 纳米晶体的性能和稳定性。

PbS 体材料带隙为 0.42 eV，PbS 纳米晶体的直径小于 5 nm。TiO_2 半导体在太阳光作用下电子与空穴分离，PbS 纳米晶体可以加强 TiO_2 催化活性，加快受激电子传输速度。在本章中主要是通过 PbS 纳米晶体敏化 TiO_2 半导体材料，用连续离子层的吸附和反应方法，控制前驱物反应时间，检测由 PbS/TiO_2 构筑的太阳能电池的光电效率。

6.1 实验与测试

6.1.1 TiO_2多孔薄膜的制备

TiO_2薄膜构筑在 ITO 玻璃(表面电阻 30 Ω,长度 2.5 cm,宽度 1.5 cm,厚度 3 mm)上。在使用 ITO 玻璃前先进行清洗工作。首先在玻璃杯中加入自来水和洗衣粉,超声 30 ~ 60 min。然后用蒸馏水多次冲洗,再用无水乙醇冲洗一次,放入烘箱中干燥。称取 340 mg 的 P25 放到称量瓶中,然后在称量瓶中加入 1.0 mL 的无水乙醇和 1.5 mL 的 TiO_2醇溶胶,超声 30 min,搅拌约1 h。本实验采用刮涂法制备 TiO_2多孔薄膜,得到的 TiO_2薄膜在 N_2保护下,在马弗炉中煅烧 30 min,温度以 1 ℃/min 的速率升到 100 ℃,再以 2 ℃/min 的速率升到 300 ℃,煅烧 60 min。通过刮涂法重复上述过程制备约 10 μm 厚的 TiO_2多孔薄膜。

6.1.2 PbS 纳米晶体敏化 TiO_2薄膜的制备

连续离子层吸附反应法在制备纳米晶体敏化太阳能电池领域是非常受欢迎的,因为使用该方法纳米晶体的负载量相对于其他方法更高,从而产生更大的电流。尽管这种方法很受欢迎,但格拉 · 泽尔及其同事指出,对硫族化合物采用一般的连续离子层吸附反应法是不行的,需要改进,因为当 PbS 纳米晶体超过临界尺寸时,PbS 的导带边缘很可能低于衬底。通过传统的连续离子层吸附反应法获得 30 mA 以上的电流仍然是一个很大的挑战。虽然 Hg 掺杂可以产生大电流,但由于 Hg 离子的强氧化能力,PbS 在衬底表面的负载量受到了限制,在吸附过程中衬底表面薄膜往往会被 Hg 离子迅速漂白,因此 Lee 和其同事建议采用三乙醇胺进行特殊的表面改性,以适应较高的纳米晶体负载量。另一方面,沉积后的衬底必须退火,然后在聚硫电解质中浸渍,这些改变是对传统连续离子层吸附反应法进行优化而不是重大修改,是非常理想的。

本章中通过不同次数的循环得到层数不同的 PbS 纳米晶体。以一个循环为一层,分别做了 3、6、9、12、15 层的 PbS/TiO_2薄膜基片。采用的连续离子层吸附反应法是硝酸铅[Pb $(NO_3)_2$]的甲醇溶液和 Na_2S 的甲醇溶液的反应,以甲醇溶液为基底,使 Pb^{2+}、S^{2-} 吸附在 TiO_2 上,而甲醇的表面张力小,有利于 TiO_2 吸附大量的 PbS 纳米晶体。空气中干燥的样品 PbS/TiO_2 薄膜玻璃片,在 N_2 气保护下,在管式炉中煅烧 30 min 温度,以 1 ℃/min 的速度升到 100 ℃,再以2 ℃/min 的速度升到 300 ℃,煅烧 60 min。制备的样品为 PbS/TiO_2 薄膜玻璃片。流程图如图 6-1 所示。

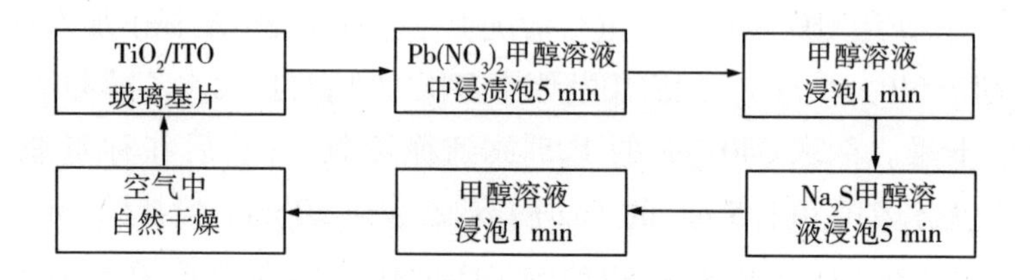

图 6-1 连续离子层沉积 PbS 的流程

由于 PbS 化学性质并不稳定,见光易分解氧化,因此再在做好的 PbS/TiO_2 基片上生长三层硫化锌(ZnS),起到保护 PbS 的作用。由连续离子层吸附反应法制备的 PbS/TiO_2 基片依次放入 0.1 mol/L 的硝酸锌[$Zn(NO_3)_2$]乙醇溶液和乙醇中各浸泡 1 min,再将 PbS/TiO_2 基片依次放入 0.1 mol/L Na_2S(溶剂为 7∶3 甲醇与水)溶液和甲醇溶液中各浸泡 1 min,然后将所有样品放入 150 ℃烘箱中干燥 3 min。

6.1.3 对电极的制备

用 10 μL 的微量注射器,取 20 μL 的氯铂酸滴到 ITO 玻璃上,在室温下干燥。将制得的对电极放入 400 ℃的马弗炉中煅烧 30 min。

6.1.4 电解液的配制及电池的组装

实验采用多硫的水溶液为电池的电解液,取 0.5 mol/L Na_2S、2 mol/L S、0.2 mol/L KCl 溶于 7∶3 的甲醇与水混合液中。多硫电解液比传统的甲醇电解液效率高，因为有大量的 S^{2-}/S_n^{2-} 氧化还原对吸附和转移离子，加快反应速度，提高反应效率。

纳米晶体敏化太阳能电池的组装，采用 PbS 纳米晶体敏化 TiO_2 薄膜作为光阳极，将镀有 Pt 的 ITO 玻璃作为对电极，中间用双面胶纸隔开，将 PbS/TiO_2 与镀有 Pt 的 ITO 玻璃粘到一起，并用胶水把四周封住。测试前注入电解液。组装好的电池如图 6－2 所示。

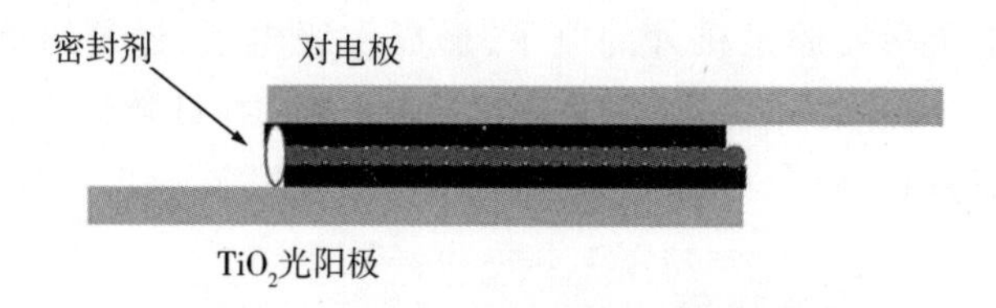

图 6－2　纳米晶敏化太阳能电池结构图

6.1.5　实验设备

实验设备见表 6－1 所示。

表 6－1　实验设备

仪器设备	型号
超声波清洗器	KQ－250B
磁力搅拌器	85－1
高速离心机	TDL－40b
电子天平	AR1140/C
电化学分析系统	LK98BⅡ
紫外可见分光光度计	UV－2550
马弗炉	SXZ－4－10
管式电阻加热炉	SK_2－3－12
EIS 测试仪	TIN6A
扫描电子显微镜	XL－30－ESEM－FEG
X 射线衍射仪	D/max－ⅢB
交流阻抗测试仪	IM6e
透射电子显微镜	JEOL JEM－3010

6.1.6 表征方法

6.1.6.1 扫描电子显微镜

使用扫描电子显微镜分析样品的微观形貌及化学性质。测试电压为 15 kV。入射电子激发原子核外的电子,形成次级电子,通过对次级电子的采集,控制入射电子束的光电倍数和光电信号的转换,在计算机上就可看出物质表面形貌的扫描像。

6.1.6.2 透射电子显微镜

透射电子显微镜是将高度精密的光斑投射到实验样品上,得到反映样品表面精细特性的图片。一些较大型的电子显微镜分辨率在 1 ~2 nm,精密分辨率可达到0.1 nm,高于光学显微镜的分辨率。

在本节中,通过在导电玻璃上刮少量的 PbS/TiO_2样品,滴到铜网上,室温下干燥进行测试。根据对样品图片的观察,分析晶体的结构特性、晶格匹配及晶粒的分布状态。实验中采用的是 JEOL JEM -3010 型透射电子显微镜。测试电压为 300 kV。

6.1.6.3 光电流 - 电压曲线

光电流 - 电压曲线可以很直观地反映电池的光电转换效率。在曲线中可得出短路电流 I_{sc}值和开路电压 V_{oc}值,即通过计算表达式可得出填充因子 FF 和光电转换效率 η。电池内阻的大小主要由填充因子决定,所以电池内阻的大小影响太阳能电池的光电转换效率。

光电化学测试使用的是太阳光模拟器 AM 1.5 G 滤光片。模拟光的功率为 100 mW/cm^2。测试产生光电流的电化学分析仪为 BAS100B。

6.1.6.4 X 射线光电子能谱

X 射线光电子能谱的基本原理是原子核内部电子层中的电子在 X 射线的激发下释放出电子,该电子被称为光电子。在原子内部,经过 X 射线的作用激发的高能级电子与没有被激发的电子会产生位移变化,电子位移变化反映了单个电荷与官能团的光电效应。释放出的电子具有波动性,产生能量($E = h\nu$)。光电子的能谱中显示出光的波动性和光强度大小。实验中 X 射线光源为 Mg Kα (1 253.6 eV),仪器为 VG ESCALABMK Ⅱ。

6.1.6.5　循环伏安曲线

循环伏安曲线是通过控制正负极电压以不同的扫描速率,扫描一次或重复多次得到的曲线,是在一定电压范围内正负极相互作用发生氧化还原反应,形成的电压 - 电流曲线。根据曲线可以分析交替氧化还原峰的可逆程度、催化活性及电化学性能。

本节中循环伏安曲线采用的是三电极体系,在氮净化的乙腈溶液中包含 0.1 mol/L $LiClO_4$、10 mmol/L LiI 和 1 mmol/L I_2,扫描速率为 4 ~ 100 mV/s。在三电极体系中,Pt 为辅助电极,Ag/Ag^+ 为参比电极。电压区间为 - 800 ~ 800 mV。

6.1.6.6　紫外可见分光光度计

紫外可见分光光度计可应用在很多方面。例如根据物质的吸收光谱检定物质种类,或者根据吸收光能量推测化合物的分子结构。紫外可见分光光度法是通过紫外可见光辐射,电子能级从基态跃迁到激发态而形成紫外可见吸收光谱。被测物质的分子、原子结构不同,对光的吸收范围不同,产生的吸收峰的波长不同。根据吸收峰区域分析物质的光电特性。

紫外可见吸收光谱横坐标为波长,纵坐标为吸收强度。本节将 TiO_2 薄膜与 PbS/TiO_2 复合材料进行对比,产生不同波长的紫外可见吸收光谱,并分析 PbS 敏化 TiO_2 对光的吸收强度。本实验采用的紫外可见分光光度计为 UV - 2550 型。实验测试的固体漫反射光谱范围为 300 ~ 800 nm,缝宽度为 5.0 nm。

6.1.6.7　塔菲尔极化曲线测试

根据塔菲尔(Tafel)极化曲线的斜率可以分析交变电流密度和极限扩散电流密度,了解材料的催化性能。本章中测试 Tafel 极化曲线的电化学分析仪器为 BAS100B,扫描速率为 50 mV/s,电压范围为 - 600 ~ 600 mV。

6.1.6.8 广角 X 射线衍射

本节中采用的是 D/max - ⅢB 型 X 射线衍射仪。主要是分析光阳极和对电极的 X 射线衍射图谱。测试电压为 40 kV,测试电流为 30 mA,测试扫描速率为 8°/min。晶粒大小根据德拜 - 谢乐公式计算:

$$d = 0.89\lambda/\beta\cos\theta_{max} \qquad (6-1)$$

式中:d 为晶粒平均大小;入射波长 $\lambda = 0.154\ 06$ nm(Cu Kα 靶);β 单位为弧度,是晶体衍射峰的半高宽;θ 为布拉格衍射角。

X 射线衍射可以检测晶体中所含物质的主要成分。已知晶体结构,通过衍射角 θ,根据式(6 - 1),计算入射波长 λ,即可知道晶体中所含物质的主要成分。

6.1.6.9 电化学阻抗谱

本节采用的是 IM6e 交流阻抗测试仪。偏压值大小为 -0.750 V,小振幅正弦曲线值为 10 mV,频率取值范围为 0.05 ~ 100 kHz。

6.2 性能测试

6.2.1 PbS/TiO_2广角 X 射线衍射测试

图 6 - 3(a)为没有任何修饰的 TiO_2的 X 射线衍射图,(b)为 PbS 纳米晶体敏化 TiO_2的 X 射线衍射图,有许多新波峰出现。通过纳米晶体敏化方法所制备的 PbS/TiO_2 在 $2\theta = 26.1°$、$43.3°$、$51.2°$、$62.8°$有特征衍射峰,对应(111)、(220)、(311)、(400)衍射晶面(JCPDS No. 05 - 0592)。根据德拜 - 谢乐公式计算 X 射线的波长,即可测试晶体的组成。如图 6 - 3 所示,TiO_2表面确实有 PbS 存在。

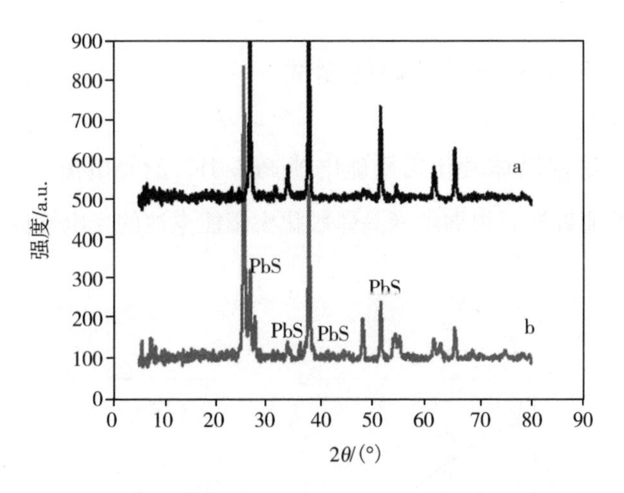

图 6-3 样品 TiO_2(a)、PbS/ TiO_2(b)的 XRD 图

6.2.2 PbS 复合材料的结构表征

图 6-4 为 TiO_2 与不同层数的 PbS 纳米晶体敏化 TiO_2 薄膜的透射电镜照片。图 6-4(a)为无任何修饰的 TiO_2 的透射电镜照片。图 6-4(b)和(c)为 3、6 层 PbS/TiO_2 的透射电镜照片。由图 6-4 可看出，与单纯的 TiO_2 相比较，3、6 层的 PbS/TiO_2 分布依次变得均匀、细密。PbS 纳米晶体敏化 TiO_2 样品膜的表面涂得较为光滑均一，说明 PbS 纳米晶体长在 TiO_2 表面上的效果更好。

(a) (b) (c)

图 6-4 样品 TiO_2(a)，PbS/TiO_2(b)、(c)的透射电镜照片

6.2.3 PbS/TiO_2光电流－电压测试

图6－5为纳米晶体敏化太阳能电池PbS/TiO_2的光电流－电压曲线。表6－2为光电性能数据。根据纳米晶体敏化太阳能电池的光电性能参数,计算光电转换效率。

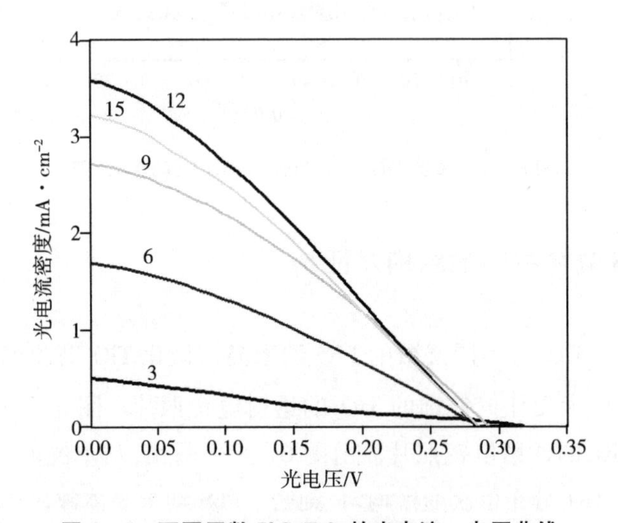

图6－5 不同层数PbS/TiO_2的光电流－电压曲线

表6－2 不同层数PbS/TiO_2的光电性能数据表

变量	3层	6层	9层	12层	15层
I_m/mA	0.316	1.004	1.721	2.055	2.003
V_m/V	0.108	0.153	0.153	0.153	0.144
I_{sc}/(mA·cm^{-2})	0.503	1.702	2.727	3.589	3.236
V_{oc}/V	0.322	0.287	0.296	0.278	0.287
FF	0.211	0.314	0.326	0.315	0.311
η/%	0.034	0.153	0.263	0.314	0.288

计算公式：

$$\frac{J_m \times V_m}{100} \times 100\% \qquad (6-2)$$

J_m、V_m 为当填充因子 FF 最大时对应的电流密度与电压值。

从表 6-2 中可看出纳米晶体 PbS 敏化 TiO_2 薄膜 3、6、9 层的光电转换效率依次为 0.034%、0.153%、0.263%。随着在 TiO_2 上吸附的纳米晶体 PbS 含量增多，染料敏化太阳能电池的光电转换效率变大。在 12 层时的光电转换效率最高，为 0.314%。这说明在染料敏化太阳能电池中，TiO_2 薄膜上吸附纳米晶体越多，光电转换效率越高。当纳米晶体 PbS 敏化 TiO_2 的层数达到 15 层时，光电转换效率降低。这可能是在 TiO_2 薄膜上吸附的纳米晶体 PbS 聚集较多，阻挡了 TiO_2 表面存在的空隙，降低了电子的传输速度，缩小了电子的传输空间，使整个过程的光电转换效率降低。

6.2.4　PbS/TiO_2 强度调制光电压谱测试

纳米晶体敏化太阳能电池经过太阳光照射，电子受到激发，从基态跃迁到 TiO_2 导带的激发态，完成光电转换。跃迁过程电子传输时间越短，电子复合概率越大，太阳能电池光电转换效率越高。图 6-6 为 PbS 纳米晶体敏化 TiO_2 构筑的强度调制光电压谱。TiO_2 薄膜上吸附的纳米晶体 PbS 越多，电子复合时间越长，电子寿命越长，代表光电转换效率越好，所以 12 层的 PbS/TiO_2 敏化效果更佳。但在 15 层时，由于在 TiO_2 上吸附的纳米晶体 PbS 过多，阻碍电子传输，导致电子寿命变短。

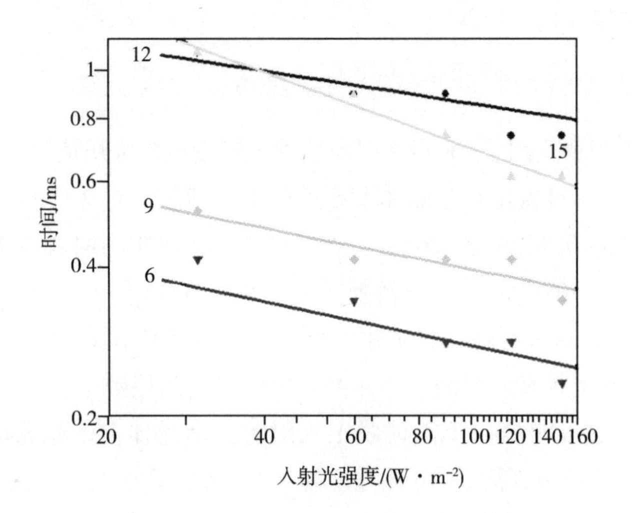

图 6-6 PbS/TiO_2的强度调制光电压谱

6.2.5 PbS/TiO_2强度调制光电流谱测试

强度调制光电流谱主要是测试在纳米晶体敏化太阳能电池短路的情况下，电子跃迁传输的时间值。图 6-7 为 PbS 纳米晶体敏化 TiO_2构筑的太阳能电池的强度调制光电流谱。随着 TiO_2薄膜上吸附的纳米晶体 PbS 逐渐增多，电子传输时间变短，12 层时电子传输时间最短，到 15 层电子传输时间加长。电子传输时间越短，代表光电转换效率越高，因此，12 层的 PbS/TiO_2敏化效果最佳。

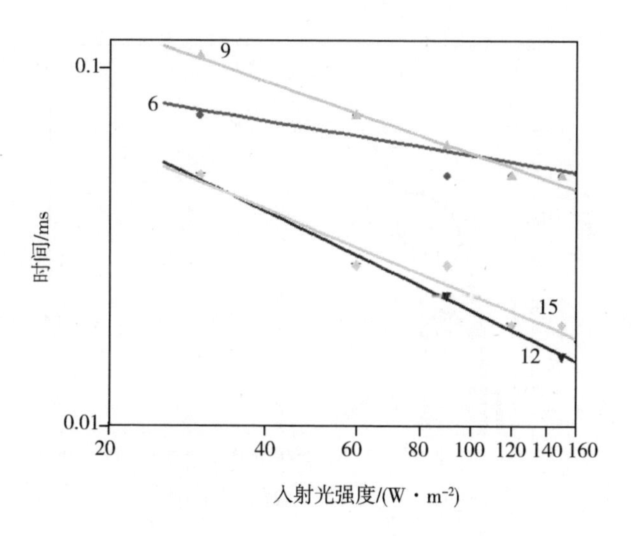

图 6 – 7　PbS/TiO_2强度调制光电流谱

6.2.6　PbS/TiO_2电化学阻抗测试

电化学阻抗主要研究纳米晶体敏化太阳能电池中氧化还原电子在传输过程中电阻的大小。在电化学阻抗测试中，低频区(0.05 ~ 1 Hz)反映电解液中氧化还原对 S^{2-}/S_n^{2-} 的能斯特扩散电阻，中频区(1 ~ 1 kHz)反映光阳极 – 染料与 S^{2-}/S_n^{2-} 电解液的界面电荷传输电阻，高频区(1 ~ 100 kHz)反映对电极与 S^{2-}/S_n^{2-} 电解液的界面电荷传输电阻。图 6 – 8 是 PbS 纳米晶体敏化太阳能电池电化学阻抗谱。PbS/TiO_2敏化量子在 12 层时电化学阻抗最小，说明在 12 层时 PbS 纳米晶体吸附 TiO_2界面传输电阻最小，电池的导电效果越好，有利于提高纳米晶体敏化太阳能电池的光电转换效率。

图6 – 9为阻抗曲线图的拟合等效电路图。R_s 为串联电阻，R_1 和 C_1 为对电极/电解质界面的电子传输电阻和电容，R_2和 C_2依次表示光阳极 – 染料/电解质界面的电荷传输电阻和电容。表 6 – 3 不同层数 PbS 纳米晶体敏化太阳能电池电化学阻抗测试各参数数据。对比 R_2的值，PbS/TiO_2在 15 层时电化学阻抗最小，为 58.19 Ω，说明电池的导电效果好。

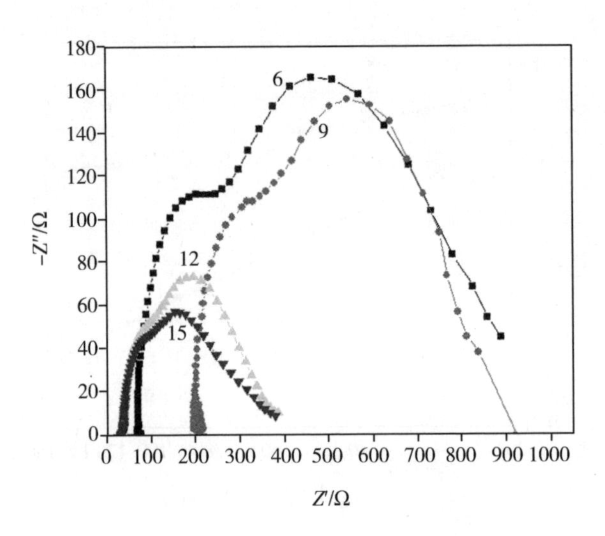

图 6－8　PbS/TiO_2 电化学阻抗谱

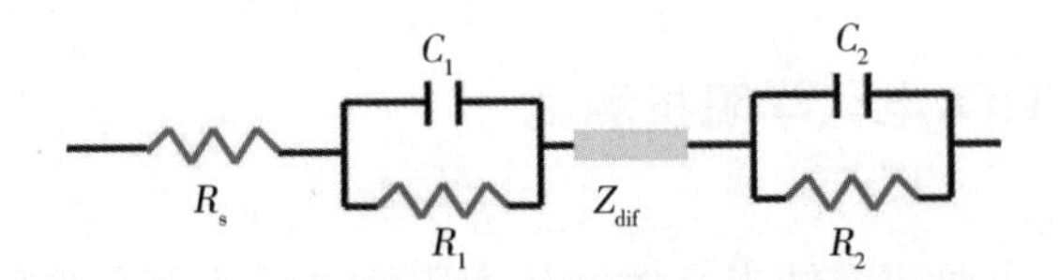

图 6－9　纳米晶体敏化太阳能电池的等效电路

表 6－3　不同层数 PbS 纳米晶体敏化太阳能电池电化学阻抗测试各参数数据

晶体	R_s/Ω	C_1/F	R_1/Ω	Z_{dif}		R_2/Ω	C_2/F
				Y_0/S	$B/s^{1/2}$		
PbS/TiO_2（6 层）	72.69	9.994×10^{-4}	311.8	1.23×10^{-3}	0.0101	181.26	1.059×10^{-4}
PbS/TiO_2（9 层）	198.2	8.373×10^{-4}	234.1	2.139×10^{-2}	0.1094	155.2	1.393×10^{-4}
PbS/TiO_2（12 层）	32.44	6.670×10^{-4}	158.1	1.802×10^{-3}	0.008516	73.83	1.054×10^{-4}
PbS/TiO_2（15 层）	33.53	8.339×10^{-6}	1.032	4.012×10^{-3}	0.4807	58.19	1.708×10^{-4}

6.2.7　PbS/TiO_2紫外可见吸收光谱测试

从紫外可见光谱中可以看出被测样品的光吸收波长，分析光电转换性能。

图 6－10 为 TiO_2和 PbS/TiO_2复合材料的紫外可见吸收光谱。横坐标为吸收波长，纵坐标为光吸收强度。PbS 纳米晶体敏化 TiO_2使 TiO_2的吸收区域变大，吸收强度增强。所以，PbS 纳米晶体敏化 TiO_2太阳能电池的光电转换效率高。

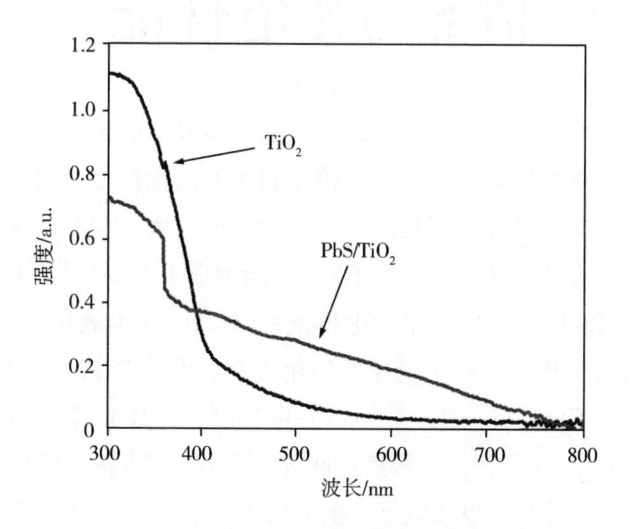

图 6－10　TiO_2和 PbS/TiO_2的紫外可见吸收光谱

本章通过连续离子层吸附反应法构筑 PbS 纳米晶体敏化 TiO_2，组成纳米晶体敏化太阳能电池，分析光电转换效率。在 TiO_2薄膜表面吸附 PbS 纳米晶体，可以提高电子传输速率，导电性能有明显的提高，延长电子复合时间，延长电子寿命，提高光电转换效率。纳米晶体的吸附层数为 12 层时，PbS/TiO_2复合结构构造的太阳能电池的光电转换效率 $\eta = 0.314\%$，比单纯的 TiO_2半导体的效率高。在 TiO_2薄膜表面吸附的 PbS 纳米晶体使吸收区域变大，从而提高太阳能电池的光电转换效率。

第7章　MoS_2对电极的制备与光电性能

对电极是影响染料敏化太阳能电池光电转换效率的另一重要因素。对电极在太阳能电池中主要起到加快电子传输和光电催化作用。制备染料敏化太阳能电池的对电极一般情况下是以ITO作为导电衬底，沉积Pt薄膜作为对电极。通过电子的传输，氧化态I_3^-离子发生氧化还原反应，生成还原态I^-离子。由于Pt是稀有金属，在含I^-离子的电解液中，I^-/I_3^-发生氧化还原反应，Pt容易腐蚀生成新物质PtI_4，缩短了电池的使用寿命。由于Pt成本较高，在染料敏化太阳能电池中不能广泛应用。所以寻找哪种材料代替Pt既能提高染料敏化太阳能电池的效率，又能保证它的稳定性成为各国研究者探讨的热点问题。

对电极主要是接收外电路电子发生氧化还原反应，因此要具有较高的催化活性和较小的电阻值。碳材料具有优异的催化性和良好的电子传输性，是继金属Pt之后的重点研究方向。MoS_2作为类碳材料是过渡金属硫化物层状材料，具有较好的催化性、润滑性、光电性能，一直都有着重要的应用。MoS_2有很好的润滑性能，在齿轮、卫星轴承、汽车发动机等很多方面有重要应用。MoS_2层状结构由一层钼和两层硫组成，由于硫原子层之间的键比较弱，很容易断裂，所以MoS_2层之间附着力较小，具有化学惰性，同时增强了润滑性。

MoS_2在能源与环境方面有很重要的作用。MoS_2的催化活性与它的结构有很重要的联系。MoS_2具有较高的稳定性，不易被腐蚀。常通过不同比例的前驱物合成MoS_2，并研究其催化活性。

MoS_2由于是片层结构的硫化物，片层之间受到较弱的范德瓦耳斯力作用，层间的电子受到的阻力较小,可以自由传输,是理想的电极材料。MoS_2的单分子层与其他片层结构形成的复合结构,层间阻力小,具有较好的电子传输通道,使太阳能电池的电化学性能、光电转换效率都有大幅度提高。MoS_2的带隙约为 1.97 eV,与可见光部分相一致。因此,在太阳能电池方面应用前景广泛。

7.1　实验部分

7.1.1　MoS_2的制备

实验中使用的试剂纯度是分析纯。前驱物为三氧化钼(MoO_3)和硫氰化钾(KSCN),按 1∶2.5 和 1∶3 两种比例合成 MoS_2。合成 MoS_2的方法是水热合成法。反应在高温、高压下进行,在高压釜中使溶液充分反应,温度要超过100 ℃。通过水热方法比较容易控制温度,产物纯度高。

首先称量 MoO_3与 KSCN 放在称量瓶中,倒入 30 mL 的蒸馏水,超声 30 min,均匀搅拌 1 h 之后,得到的混合溶液倒入高压釜中,保证密闭。通过水热的方法将温度控制在 180 ℃,反应 24 h。然后通过离心方法得到最后实验样品。溶液在每 900 r/min 的转速下旋转,连续用蒸馏水洗涤 4 次,最后用醇洗 1 次,室温干燥。最后干燥的样品在 N_2条件下,以 5 ℃/min 的速率持续升温到 300 ℃的管式炉中加热 3 h。

7.1.2　对电极的制备

称取 0.095 g 的 MoS_2放到小称量瓶中,加入 0.01 g 的聚偏氟乙烯(PVDF)和 0.5 mL 的 N－甲基吡咯烷酮(NMP)。在室温条件下,超声 30 min 后持续搅拌直至材料均匀。在 ITO 导电玻璃上均匀刮涂一层对电极膜,再以 2 ℃/min 的速率升温至 160 ℃焙烧,保温 2 h。

7.1.3　电解液的配制及电池的组装

实验采用含多碘的无水乙腈溶液作为电池的电解液。

称取 340 mg 的 P25 放到称量瓶中,然后在称量瓶中加入 1.0 mL 的无水乙醇和 1.5 mL 的 TiO_2醇溶胶,超声 30 min,搅拌约 1 h。利用刮涂法刮涂第一层光阳极膜,然后在马弗炉中煅烧,在 N_2保护下,以 1 ℃/min 的速率升到 100 ℃,保持 30 min,然后再以 2 ℃/min 的速率使温度升到 300 ℃,保持 60 min。重复上述步骤制得约 10 μm 厚的光阳极膜。再将所得 MoS_2对电极与 TiO_2薄膜光阳极中间用双面胶纸隔开后粘到一起,并用胶水封住。测试前注入电解液。

7.2 性能测试

7.2.1 MoS_2广角 X 射线衍射测试

X 射线衍射主要用于分析粒子和薄膜的结晶状况、晶体结构等。图 7 - 1 为 MoO_3前驱体以及其合成的球形 MoS_2的 XRD 图片。纯 MoO_3在 $2\theta = 12.6°$、26.5°、39.2°有很强烈的衍射峰包,通过查 PDF 卡片,对应晶面为(020)、(040)、(060)。MoS_2在 $2\theta = 16.1°$、29.2°、60.1°存在强烈的衍射峰,对应晶面为(002)、(100)、(110)。这说明 MoS_2存在于样品中,而且有强烈的衍射峰,可以看出纳米 MoS_2的结晶度非常好。

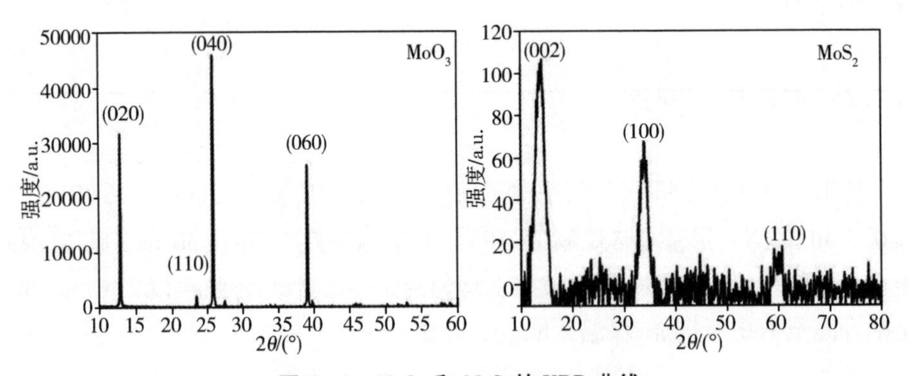

图 7 - 1 MoO_3 和 MoS_2的 XRD 曲线

7.2.2　MoS_2复合材料的结构表征

透射电子显微镜图像能够更明确地分析 MoS_2复合材料的结构特性。图 7－2 为 MoO_3和 MoS_2的透射电镜照片，图(a)是 MoO_3的二维薄片层结构，图(b)是 MoO_3与 KSCN 的比例为 1∶2.5 合成的 MoS_2，图(c)为 MoO_3与 KSCN 的比例为 1∶3 合成的 MoS_2。由于 MoO_3与 KSCN 的比例不同，形貌由原先的片状颗粒变而成球形颗粒。图(c)中 MoS_2为花瓣形状的类球形颗粒，前驱物比例不同对晶体形状有很重要的影响。

(a)　(b)　(c)

图 7－2　样品 MoO_3(a)和不同比例合成的 MoS_2(b)、(c)的透射电镜图片

7.2.3　MoS_2的光电流－电压测试

采用 MoS_2和 Pt 获得的染料敏化太阳能电池的光电流－电压曲线和光电性能参数如图 7－3 和表 7－1 所示，1∶2.5 对电极的效率为 2.297%，而 1∶3 对电极的效率较高，为 3.332%。三个样品中的开路电压值依次增大，与 Pt 对电极比较，1∶3 对电极的短路电流密度和填充因子更接近 Pt 对电极。结合前面的透射电镜图片，图 7－2 中 MoS_2纳米粒子由片层结构变为球形结构，膜中空隙逐渐变大，这样使得注入的电解液快速扩散，有助于电子之间的传输过程，提高染料敏化太阳能电池的光电转换效率。所以 1∶3 对电极的染料敏化太阳能电池比 1∶2.5 对电极有更高的短路光电流值。通过不同比例前驱物合成 MoS_2，有利于提高敏化太阳能电池的光电转换效率。

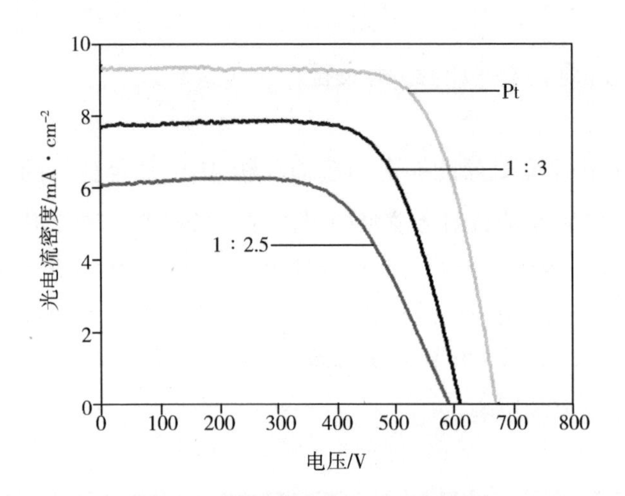

图 7-3 MoS_2的光电流-电压曲线

表 7-1 不同比例对电极构筑的太阳能电池的各种光电性能参数

晶体	V_{oc}/V	J_{sc}/(mA·cm^{-2})	FF	η/%
1∶2.5	0.590	6.093	0.639	2.297
1∶3	0.609	7.729	0.708	3.332
Pt	0.670	9.350	0.729	4.572

7.2.4 MoS_2的电化学阻抗谱测试

电化学阻抗谱反映了光阳极和对电极电荷传输、电子转移的过程。图 7-4 为 MoS_2对电极的电化学阻抗谱。在表 7-2 中，R_s 为串联电阻，R_1 和 C_1 为对电极/电解质界面的电子传输电阻和电容，R_2 和 C_2 依次表示光阳极-染料|电解质界面的电荷传输电阻和电容。与 Pt 对电极相比较，1∶2.5 对电极与 1∶3 对电极曲线弧度增大。1∶2.5 对电极的电阻值为 192.8 Ω，1∶3 对电极的电阻值为 72.63 Ω。阻抗越小，电流越大，导电性能越好。所以 1∶3 对电极构筑的太阳能电池的光电性能最好。

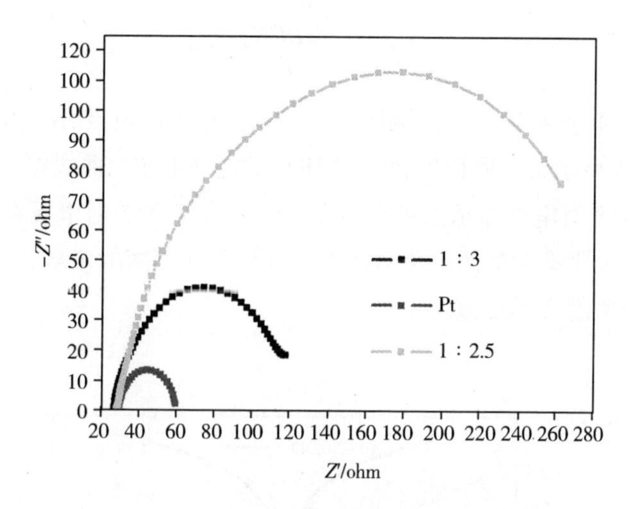

图 7－4　MoS_2对电极的电化学阻抗谱

表 7－2　不同比例合成的对电极构筑的太阳能电池的电化学阻抗测试参数

晶体	R_s/Ω	C_1/F	R_1/Ω	Z_{dif}		R_2/Ω	C_2/F
				Y_0/S	$B/s^{1/2}$		
1:2.5	27.99	2.646×10^{-5}	192.8	2.647×10^{-3}	0.018 98	64	2.089×10^{-5}
1:3	26.68	1.478×10^{-5}	72.63	6.418×10^{-3}	0.97	6.982	2.627×10^{-5}
Pt	27.75	9.551×10^{-5}	1.029	3.917×10^{-2}	0.445 2	19.41	1.696×10^{-3}

7.2.5　MoS_2的塔菲尔测试

塔菲尔曲线用于研究不同比例合成的 MoS_2对电极催化活性。塔菲尔曲线可以分为三个区域——低电势区、中间电势区和高电势区。在后两个区域中可得到交变电流密度(J_O)和极限扩散电流密度(J_{lim})。

MoS_2的塔菲尔曲线如图 7－5 所示。在塔菲尔区域，曲线的切线斜率为交变电流密度(J_O)，其计算公式见式(7－1)。

$$J_O = \frac{RT}{nFR_{ct}} \tag{7-1}$$

R 为理想气体常数，T 为温度，F 为法拉第常数，n 为个体的总数。

极限扩散电流密度根据式(7－2)计算。

$$J_{\text{lim}} = \frac{2neDCN_{\text{A}}}{l} \tag{7-2}$$

D 为 I_3^- 的扩散系数，l 为间隔厚度，C 为 I_3^- 离子的浓度，N_A 为阿伏伽德罗常数。图 7－5 所示为不同比例合成的 MoS_2 对电极塔菲尔曲线图。与 1∶2.5 对电极相比较，1∶3 对电极显示出较大的交变电流密度，1∶3 对电极在这两个染料敏化太阳能电池中有明显的催化活性上的优势。在不同的区域，三种对电极的极限扩散电流密度大小相似。

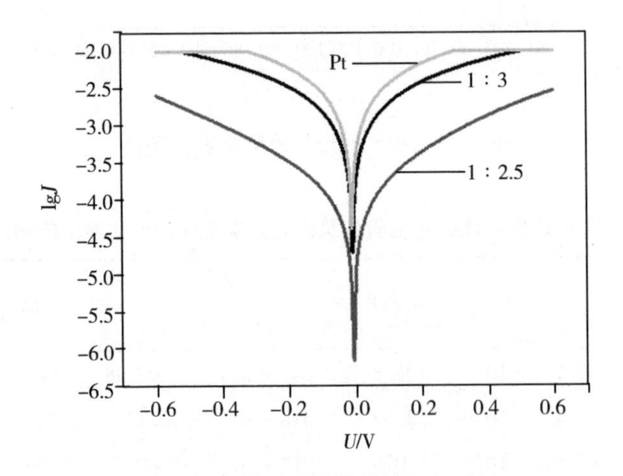

图 7－5　MoS_2 对电极的塔菲尔曲线

7.2.6　MoS_2 的循环伏安测试

染料敏化太阳能电池的性能主要依赖于电催化活性和对电极的光电子转移速率。更确切地说，更高的催化活性和更快的光电子转移速率将导致染料敏化太阳能电池的高效率 MoS_2 对电极的循环伏安曲线如图 7－6 所示，扫描速率为 50 mV/s。在图 7－6 中可以观测到两个典型的氧化还原峰。左边低电势部分对应的反应式为式(7－3)，右边的高电势部分对应的反应式为式(7－4)。

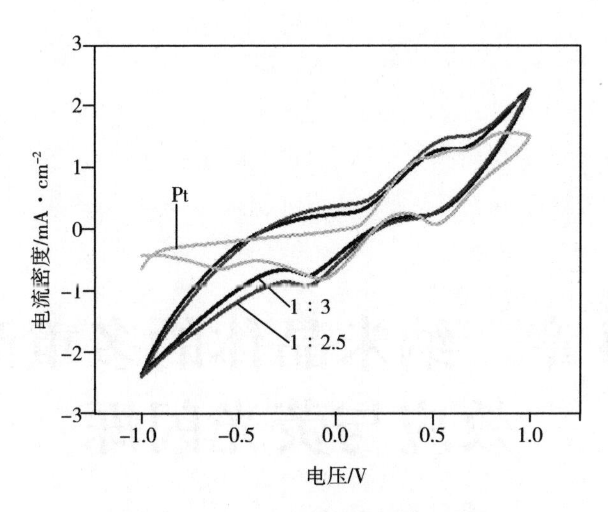

图7－6　MoS_2对电极的循环伏安曲线

$$I_3^- + 2e^- \leftrightarrow 3I^- \quad (7-3)$$

$$3I_2^- + 2e^- \leftrightarrow 2I_3^- \quad (7-4)$$

在图中还可以看到MoS_2对电极的两部分氧化还原峰与Pt对电极很相似。在染料敏化太阳能电池的对电极中，MoS_2合成的比例不同，电流密度不同，对电极1∶3比1∶2.5的电流密度大，其结果与光电流－电压测试结果相同，使得太阳能电池有更高的效率。循环伏安测试表明，对电极1∶3对于I_3^-的还原有更好的催化活性。

本章利用水热法，通过控制MoO_3和KSCN的比例，构筑了MoS_2复合对电极染料敏化太阳能电池。对不同比例前驱物合成的MoS_2，通过透射电镜图片可以明显地看出其形貌由片层结构变为球状颗粒，球状的MoS_2对电极电池的光电转换效率较高，$\eta = 3.332\%$，更接近Pt对电极。

第8章 纳米晶体的多重激子效应与荧光闪烁

激子描述了一对电子和空穴在库仑作用下互相吸引而形成的束缚态。半导体吸收一个光子后,电子会从价带激发到导带而在原本的地方留下了一个带正电的空穴,然后形成一个电子-空穴对。它们之间受库仑作用互相吸引会形成一个束缚态,称为激子。激子的电子和空穴是有自旋的。它们的自旋可以是同向或反向的,自旋轨道会发生耦合,产生激子的精细结构。

以 CdSe 纳米晶体为例,具有球形和立方晶格的 CdSe 纳米晶体带边激子态($1s_e1s_{3/2}$)是八重简并的。其自旋轨道耦合提供了二重简并($J = \pm 1/2$)的电子态($1s_e$)和四重简并($J = 3/2$)的空穴态($1s_{3/2}$)。考虑了简并性和自旋轨道耦合的哈密顿量可以由下式给出:

$$H = \frac{\gamma_1}{2m}P^2 - \frac{\mu'\gamma_1}{18m}(P^{(2)}J^{(2)}) \tag{8-1}$$

其中 m 为自由电子质量;P 为动量;$\mu' = (6\gamma_3 + 4\gamma_2)/4\gamma_1$ 为 Baldereschi-Lipari 参数;γ_1,γ_2 和 γ_3 为 Luttinger 有效质量参数;其中 $P^{(2)}J^{(2)}$ 表示自旋轨道的相互作用。

如果将 CdSe 纳米晶体中晶格结构的变化看作是一阶微扰,引入一个晶体场分裂项作为本征不对称项(Δ_{int})。除了内部不对称外,纳米晶体的长形或扁形引入了形状各向异性(Δ_{asym})。这些与半导体纳米晶体体有关的不规则性导致四重简并 $1s_{3/2}$ 空穴状态的分裂($\Delta_{int} + \Delta_{asym}$),分裂为两个二重简并能态,轨道角动量的投影分别为 $\pm 3/2$ 和 $\pm 1/2$。六角形晶体场的分裂可以由式(8-2)

给出：

$$\Delta_{int} = \Delta_{cr} \upsilon(\beta) \tag{8-2}$$

式中，Δ_{cr}是晶体场分裂（半导体中的六角晶格），$\upsilon(\beta)$是一个无量纲函数，取决于轻空穴有效质量与重空穴有效质量之比 β，同样，由于形状各向异性，简并的 $1s_{3/2}$空穴状态的分裂由式（8-3）给出：

$$\Delta_{asym} = 2\mu u(\beta) E_{3/2}(\beta) \tag{8-3}$$

其中，$E_{3/2}(\beta)$是半径为 $a = (b^2c)^{3/1}$ 的球形纳米晶体的 $1s_{3/2}$空穴态能量，这取决于 β；$u(\beta)$是 β 的无量纲函数，是纳米晶体的椭圆度，由其长轴与短轴之比 $c/b = 1 + \mu$ 给出。由于 $E_{3/2}(\beta)$与 a^2 成反比，形状各向异性导致的 $1s_{3/2}$空穴态分裂与晶体尺寸有关。

在强束缚系统中，电子与空穴的交换作用变得至关重要，进一步破坏了基态激子的八重简并性。在具有立方晶格结构的球形 CdSe 纳米晶体中，通过将电子和空穴态混合成五个亚能级来提高简并性，这些亚能级具有暗激子态（总角动量为 2）和亮激子态（总角动量为 1）。这些状态根据激子总角动量投影的大小标记为 0^U, $\pm 1^U$, 0^L, $\pm 1^L$ 和 ± 2，见图 8-1(a)。这里，U 和 L 分别代表上能量状态和下能量状态。电子和空穴交换作用的哈密顿量由式（8-4）给出：

$$\hat{H}_{exch} = -\frac{2}{3} \varepsilon_{exch} {a_0}^3 \delta(r_e - r_h) \sigma \cdot J \tag{8-4}$$

式中 σ 为电子自旋 1/2 矩阵，J 为空穴自旋 3/2 矩阵，a_0 为晶格常数，ε_{exch} 为交换强度常数（CdSe 中为 320 meV）。另一方面，在六角晶格中，四重简并空穴态分裂为两重简并能态，即暗三重态和亮单重态。立方（c）和六角（h）晶格中带边激子态的分裂分别由式（8-5）和（8-6）给出：

$$\Delta_{exch}^{c} = \frac{8}{3\pi} \left(\frac{a_0}{a_B}\right)^3 \varepsilon_{exch} \tag{8-5}$$

$$\Delta_{exch}^{h} = \frac{2}{\pi} \left(\frac{a_0}{a_B}\right)^3 \varepsilon_{exch} \tag{8-6}$$

式（8-5）和（8-6）表明，Δ_{exch}也与纳米晶体大小有关。总的来说，在强量子束缚条件下，CdSe 纳米晶体中带边 $1s_e 1s_{3/2}$ 激子的空穴态分裂可以用 Δ 和 Δ_{exch}表示，从而产生激子精细结构。也就是说，CdSe 纳米晶体中的带边 $1s_e 1s_{3/2}$ 激子精细结构是固有不对称、形状各向异性和电子与空穴交换相互作用的结果。图 8-1(b) 和 (c) 为 CdSe 纳米晶体精细结构中激子能量随尺寸和形状的变化关系。可以推断,由于强的电子空穴交换相互作用,能量态随着尺寸的减小而扩散。此外,能级的顺序取决于晶体的形状。例如,在球形点[图 8 - 1(b)]中,光无源的 ±2 态是所有尺寸的基态,而对于扁长形纳米晶体[图 8 - 1(c)],0^L态以一定的尺寸/半径穿过 ±2 态,成为基态。

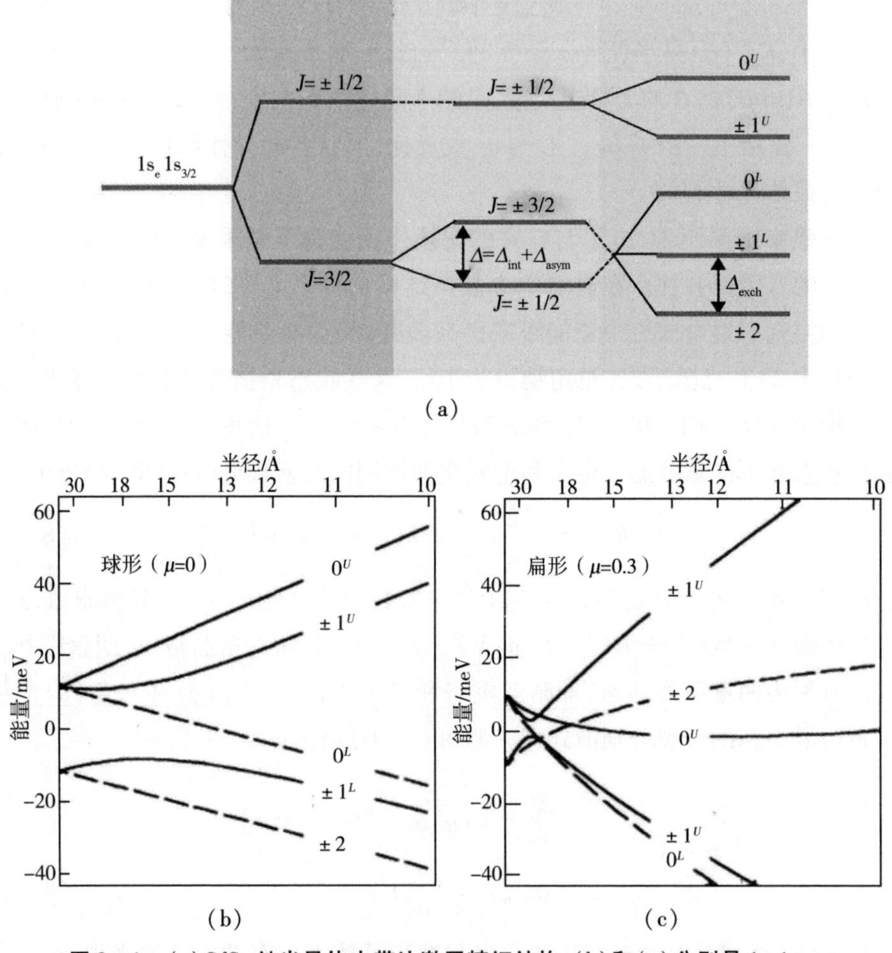

图 8 - 1 (a)CdSe **纳米晶体中带边激子精细结构,**(b)**和**(c)**分别是** $1s_e1s_{3/2}$ **激子精细结构能量在球形**($\mu = 0$)**和扁长**($\mu = 0.3$)CdSe **纳米晶体中的尺寸变化**

量子限域效应产生的激子精细结构为纳米晶体提供了独特的光致荧光光谱特性。与普通有机荧光相比,纳米晶体的发光寿命明显较长,这是由于电荷载流子的热化达到了最低的光学禁止暗态。例如，在低于 2 K 的温度下，CdSe 纳米晶体显示的荧光寿命值超过了 1 μs，主要是由于低振荡强度暗激子态（$J=\pm2$）和纵向光学声子（Lo）之间的耦合。在如此低的温度下，电子从暗态（$J=\pm2$）到亮态（$J=\pm1$）的热化效率变低。载流子大多从暗激子态失活，没有其他衰变通道。因此，辐射寿命变得更长。然而，CdTe 纳米晶体的暗态和亮态的能量差小于直径相当的 CdSe 纳米晶体。这说明即使在较低的温度下，CdTe 纳米晶体的发光寿命也较短。激子精细结构的另一个结果是通过电子－声子散射的载流子弛豫速率显著降低。这是因为这些状态之间的能量间隙超过了光学声子能量，这种现象被称为“声子瓶颈”。因此，俄歇冷却和多激子产生（MEG）变得非常重要。此外，在单粒子水平上，纳米晶体表现出荧光强度的随机波动，也称为纳米晶体闪烁。下面讨论强束缚载流子和激子精细结构引发的重要现象，如 MEG、闪烁和俄歇复合。

由于纳米晶体在 LED、太阳能电池、激光、生物传感和成像等领域的广泛应用，由ⅡB－ⅥA 族（例如 CdS、CdSe、ZnS）、ⅣA－ⅥA 族（例如 SnS、SnSe、PbS、PbSe、PbTe）和ⅢA－ⅤA 族（例如 InAs、InP、GaAs）元素合成了各种成分的单核纳米晶体。这些纳米晶体中的电荷之间的强相互作用以不同的方式影响它们的性质。例如，纳米晶体的光学激活导致能量转移，载流子倍增和非辐射俄歇复合。此外，强相互作用导致纳米晶体中的形成激子精细结构，从而影响单激子和多激子状态的光谱和动力学性质。

在纳米晶体中，光谱由离散电子和空穴能态之间的跃迁产生。通过电子从最高占据能态到最低未占据能态的转变形成基态激子。然而，这张图不是那么简单，自旋轨道耦合分裂了电子和空穴状态。此外，其他扰动如晶体场效应，形状各向异性和电子与空穴交换相互作用提升了这些能态的简并性，从而产生了激子精细结构。

8.1 纳米晶体中多个激子的产生

在半导体和纳米晶体中，通过碰撞电离产生多个电子－空穴对或多个激子。在碰撞电离过程中，由高能光子吸收产生的导带中的热电子（或价带中的热空穴）弛豫到带边，释放的能量转移到价带中的另一个电子，以产生额外的电子－空穴对。因此,能量高于某一阈值($h\nu_{th}$)的单个光子的吸收导致产生两个或更多激子。产生的高于阈值能量的额外电子－空穴对所需的能量定义为电子－空穴对的产生能量($\varepsilon_e h$)。由式(8－7)可知,它与阈值能量($h\nu_{th}$)有关。

$$h\nu_{th} = \varepsilon_t h + E_g \tag{8-7}$$

在半导体中,除了能量守恒外,动量守恒还将动能势垒(E_k)添加到电子－空穴对的产生能量中。另外,电子－声子散射在半导体中具有重要意义,电子－声子散射能(E_{ph})进一步增加了 ε_{eh}。由式(8－8)可知,正是由于这个增加,电子－空穴对的产生能量等于所有这些再加上带隙能量之和。

$$h\nu_{th} = \varepsilon_{th} + E_{ph} \tag{8-8}$$

相反,纳米晶体的动量守恒是宽松的。此外,由于纳米晶体的声子瓶颈,电子－声子散射的能量损失可以忽略不计。因此,E_k 和 E_{ph}变得无关紧要,而 ε_{eh} 仅与带隙能量(E_g)有关。因此,MEG 的理想阈值($h\nu_{th}$)变为 $2E_g$;而在半导体中,该值大于 $2E_g$。换句话说,在半导体中,MEG 需要高能量来克服动量守恒和光学声子施加的附加势垒。相反,它在强束缚纳米晶体中非常有效。例如,在 PbSe 纳米晶体中,双激子的阈值小于 $3E_g$;而形成 7 个激子所需要的能量超过了 $7E_g$。考虑纳米晶体中的能量守恒极限,每吸收一个单位能量,超过阈值能量($h\nu_{th}=2E_g$)的附加带隙能量就会导致光子到激子转换(QE)的量子效率增加 1,从而产生量子效率对能量($h\nu/E_g$)的阶梯状图(如图 8－2 所示)。然而,在现实中,图像是线性的。此外,研究表明,该图的斜率代表了 MEG 效率 η_{MEG}。此外,根据等式(8－9),MEG 的阈值 $h\nu_{th}$与 η_{MEG}有关。

$$\frac{h\nu_{th}}{E_g} = 1 + \frac{1}{\eta_{MEG}} \tag{8-9}$$

Schaller 和 Klimov 是最早在纳米晶体中提供 MEG 实验证明的人。他们通过在瞬态吸收(TA)光谱中监测皮秒俄歇复合,发现泵浦光子能量超过 $3E_g$ 时,PbSe 纳米晶体(尺寸为 4～6 nm)受到光激发会产生双激子。在第一次实验观察之后,许多关于 MEG 的研究被报道。例如,Klimov 等报道了在 PbSe 纳米晶体中形成 7 个激子,使用泵浦光子能量高达 $7.8E_g$。尽管如此,MEG 在早期的报告中显示出了极高的效率。然而,由于实验上的差异,早期报告中 MEG 如此高的效率在后来的研究中没有很好地得到重现。例如,在早期的报告中对 MEG 的定量讨论忽略了静态纳米晶体中电离和俄歇复合。随后,在涉及流动纳米晶体的实验中阐明了 MEG 效率的样品间变化。纳米晶体的光充电消除了伪影，提供了一致的 MEG 效率。此外，PbSe 纳米晶体的 QE 值是通过不同的技术确定的，例如瞬态吸收（空心圈和实心圈）、光致发光（实心方块）和光电流测量（空心菱形）。

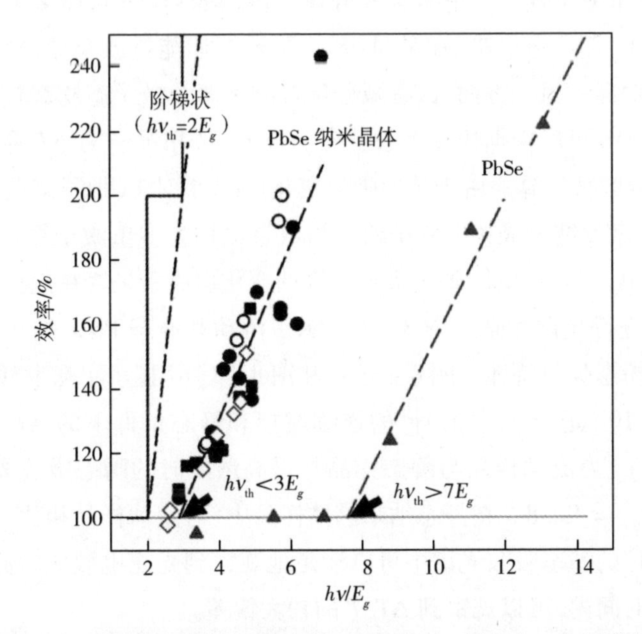

图 8-2 在流动的 PbSe 纳米晶体溶液和 PbSe 膜中归一化到带隙（$h\nu/E_g$）的光子到激子转换的量子效率与光子能量的关系图

8.2 MEG 的光谱表征

如上所述，泵浦光子能量超过阈值触发 MEG。每吸收一个能量等于或大于带隙的光子，QE 线性增加。在低泵浦强度下，MEG 完全由泵浦能量贡献。尽管如此，如果使用更高的强度，光子能量低于 MEG 阈值时也可以产生双激子。此时，多光子吸收导致激子倍增。这种现象的发生可以用各种光谱和微观方法观察和研究，如瞬态吸收光谱、瞬态光致发光和单分子成像。

8.2.1 瞬态吸收光谱

在纳米晶体的瞬态吸收光谱中,激发能量或强度大于多重激子产生的阈值时,会产生多重激子效应。单激子复合速率慢(微秒量级),而多激子由于快速俄歇复合作用,复合速率快(皮秒量级)。随着泵浦能量或泵浦强度的增加,这种现象变得明显。另一方面,慢衰减分量对应于单个激子态相对较慢的对外热辐射。此外,QE 可以根据快速多激子衰变分量(A)相对于发光寿命比较长的单激子(B)的振幅来计算。由于泵浦吸收变化($\delta\alpha$)是对 1s 量子态载流子总数的计算,所以光激发纳米晶体中激子的平均数量也称为多重激子性$\langle N_X \rangle$,由比值流动 A/B 得到。尽管如此,瞬态吸收特性的变化取决于是否在搅拌或静态纳米晶体样品中进行光谱测量。图 8-3 显示了流动和静态 PbSe 纳米晶体样品中多重激子的瞬态吸收特性。图 8-3(a)和图 8-3(b)显示了激发注量从 2.1×10^{12} 到 3.7×10^{13} 光子 cm^{-2} 脉冲^{1} 的连续搅拌和静态条件下的 $\Delta T/T$ 轨迹。同样,图 8-3(c)为流动样品与静态样品在最高浓度时的瞬态吸收光谱对比,平均占空比$\langle N_0 \rangle = 0.58$。在静态纳米晶体样品中,与流动样品相比,初始快速组分占主导地位的瞬态吸收光谱中可以清楚地观察到光充电效应。此外,在较长的泵浦延迟时间内,可以观察到 $\Delta T/T$ 的较大偏差。

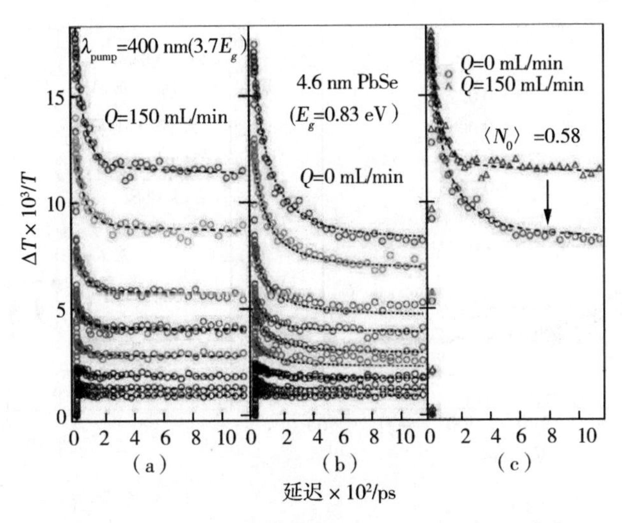

图 8-3　对于(a)流动样品(Q = 150 mL / min)和(b)静态样品,4.6 nm PbSe 纳米晶的瞬态吸收光谱,带隙为 E_g,0.83 eV,在 400 nm 激发($3.7E_g$),(c)来自(a)和(b)的流动和静态样品在最高浓度时的瞬态吸收光谱比较

8.2.2　瞬态光致发光的测量

瞬态光致发光(TPL)是分析纳米晶体单激子和多激子动力学的另一种有前途的方法。TPL 的优点之一是它比瞬态吸收光谱具有更高的敏感性。TPL 中 $\langle N_X\rangle$、A 和 B 之间的关系:$\langle N_X\rangle = [2 + (A/B)]/3$。图 8-4(a)显示了对应于从 0.022 到 6.2 的 $\langle N_{abs}\rangle$ 的泵强度相关(激发能保持在 1.54 eV 不变)的光致发光强度-时间曲线。高强度的光致发光强度-时间曲线($\langle N_{abs}\rangle > 1$)显示出快速的多激子衰变,而在低泵浦情况下则没有这种现象,这清楚地表明 MEG 的产生与强度的相关性。从 TPL 和瞬态吸收光谱的测量中得到的纳米晶体显示出非常相似的地方,如图 8-4(b)所示。

如前所述,纳米晶体的光充电对 MEG 的光谱特征有很大影响。在一项用于测定搅拌 PbSe 和 PbS 纳米晶体样品中 MEG 效率的瞬态光致发光研究中,尽管光子能量比 MEG 阈值大 5 倍,但检测到的 QE 仅为 10%~25%。这类光子激子转换的 QE 比理论值低。这项工作中的实验差异可以归因于样品的缺陷,同时也揭示了流动对光充电抑制和 MEG 效率的影响。

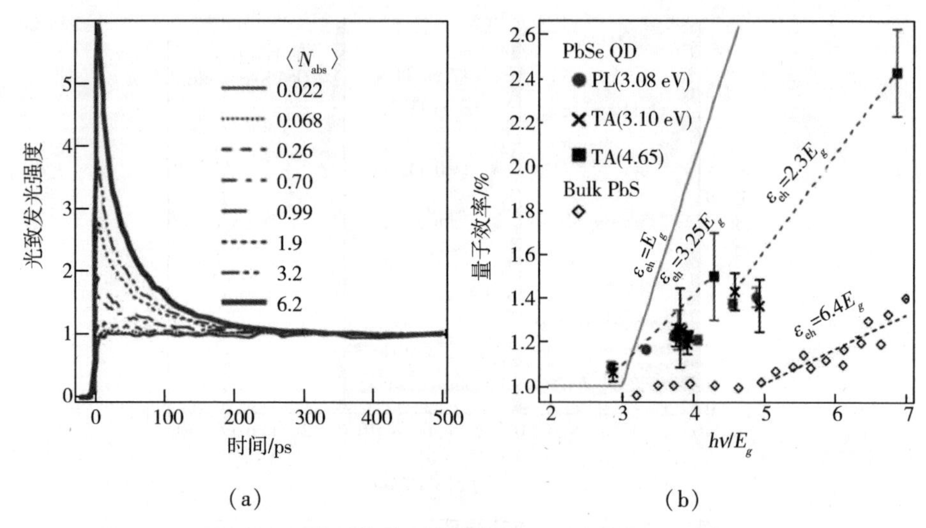

图 8-4 (a) PbSe 纳米晶体的光致发光强度-时间曲线(E_g = 0.795 eV；激发能量为 1.54 eV)，(b) PbSe 纳米晶体的光子到激子转换的量子效率

8.2.3 单粒子光子统计

自从 2004 年第一次对纳米晶体进行磁共振成像实验以来，TA 和 TPL 技术被泛用于研究 MEG。后来，Bawendi 等引入单粒子光子统计研究纳米晶体中的 MEG 动力学。他们在理论和实验上都证明，利用时间相关单光子计数(TCSPC)系统测量的二阶发射强度相关函数 $g^{(2)}(\tau)$ 可以得到双激子量子产率。对于脉冲激光照射的纳米晶体，$g^{(2)}(\tau)$ 曲线由一系列离散极大值组成。在双激子发射被抑制的最小激发纳米晶体中，$g^{(2)}(\tau)$ 收敛为反聚束。然而，当单态和双态同时被激发时，这种反聚束行为无法被观察到。对应于双激子与单激子发射量子率的归一化二阶发射强度相关函数 $g_0^{(2)}$ 由式(8-10)给出：

$$g_0^{(2)} = \frac{\int_{-\Delta t}^{\Delta t} g^{(2)}(\tau)\mathrm{d}\tau}{\int_{t_{\mathrm{rep}}-\Delta t}^{t_{\mathrm{rep}}+\Delta t} g^{(2)}(\tau)\mathrm{d}\tau} = \frac{\langle n(n-1)\rangle}{\langle n\rangle^2} \approx \frac{Q_{\mathrm{XX}}}{Q_{\mathrm{X}}} \qquad (8-10)$$

式中 $g^{(2)}(\tau)$ 为发射光子对时间 Δt 分离的二阶发射强度相关函数，n 为积分范围，n 为发射光子总数，Q_{X} 和 Q_{XX} 分别为单激子发射量和双激子发射量。

图 8－5 为弱脉冲激光(12 μJ/cm²)激发下的 CdSe/CdZnS 纳米晶体的二阶光子相关数据。图 8－5(a)显示了启动(深色)和停止(浅色)通道的光致发光强度时间轨迹,显示了单个纳米晶体特有的闪烁行为。图 8－5(b)是对应的二阶强度相关性 $g^{(2)}(\tau)$ 曲线。该曲线的显著特征是在零时刻重合,强度高于噪声水平,但没有杂散光或邻近纳米晶体的伪影。这种非零强度对应于级联发射,而不是来自多个纳米晶体的发射。图 8－5(c)为双激子量子产率(Q_{XX})的变化,由 5 个不同样品的纳米晶体重复测量平均值得到 $g_0^{(2)}$。结果表明,双激子量子产率存在明显的不均匀性。在单个 CdSe/CdS 和 InAs/CdZnS 核壳纳米晶体中也观察到这种不均匀性,这表明由于结构和电子缺陷,双激子俄歇寿命发生了变化。例如,核壳界面影响束缚势和电子－空穴波函数重叠,从而改变纳米晶体中俄歇复合的速率。

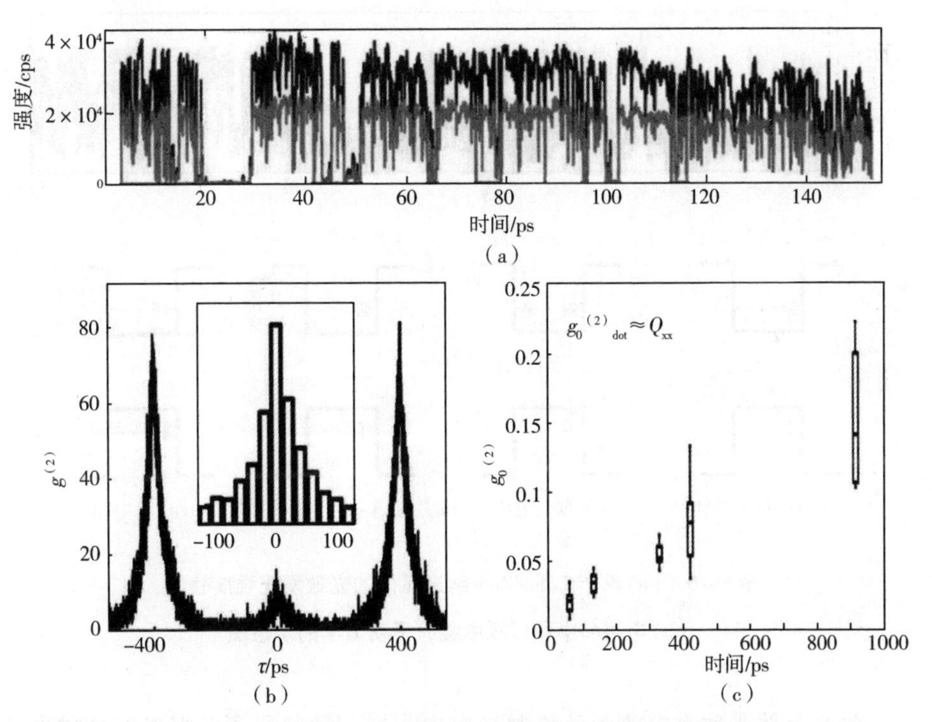

图 8－5　(a)在 $g^{(2)}$ 采集期间记录的起始(深色)和停止(浅色)通道中的光致发光强度－时间曲线,(b)用 12 μJ/ cm² 脉冲激光激发的 CdSe / CdZnS 纳米晶体的二阶强度相关性 $g^{(2)}(\tau)$ 曲线,插图:中心($r = 0$)峰值的 20 ns 分级细节,(c)5 个不同样品中单个纳米晶体的双激子量子产率(Q_{XX})的变化

8.3 纳米晶体闪烁

纳米晶体闪烁体现了其激发行为的随机不规则性,其特征是一系列亮的"开"和暗的"闭"事件,最早由 Nirmal 等在孤立的 CdSe 纳米晶体中观察到。它是单个纳米晶体的特征,在集成层上变得模糊和不可检测。图 8-6(a)为单个 CdSe/ZnS 纳米晶体具有"开"和"关"事件特征的光致发光强度轨迹。闪烁发生的原因是光诱导充电(闭)和复合(开)。光诱导充电是将载流子(电子或空穴)喷射到附近位置,产生高电场,引发非辐射俄歇复合。在电离纳米晶体中,连续激活的载流子非辐射弛豫的速率远远高于辐射复合,从而产生"闭"态。

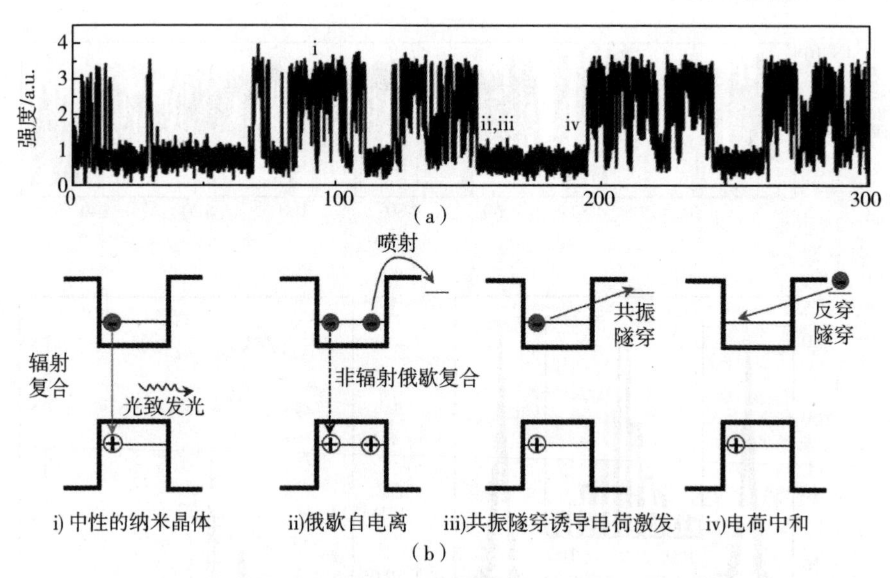

图 8-6 (a)单个 CdSe/ZnS 纳米晶体的光致发光强度轨迹,
(b)电离和中和过程中载流子动力学的示意图

纳米晶体光致充电的两种机制被提出。第一种解释了共振隧穿诱导电荷迁移到表面或周围环境的邻近俘获状态。第二种机制立足于俄歇自电离,在这一过程中,以第二个激子为代价将电子或空穴从双激子态中释放出。另一方面,电荷的复合作用是通过反向量子隧穿发生的,或者通过热激活被俘获的载流子。图 8-6(b)显示了这种电离和复合过程中不同的载流子动力学。

俄歇复合速率由式(8-11)给出：

$$\frac{1}{\tau_{\mathrm{Aug}}}=\frac{2\pi}{\hbar}\left|\left(\psi_{\mathrm{i}}\left|\frac{\mathrm{e}^2}{K_{\mathrm{Aug}}\left|r_1-r_2\right|}\right|\psi_{\mathrm{f}}\right)^2\rho(\varepsilon_{\mathrm{f}}) \tag{8-11}$$

r_1 和 r_2 为电子坐标，K_{Aug}是介电常数，$\rho(\varepsilon_{\mathrm{f}})$是衡量电子(或空穴)的密度复合后状态。该表达式中的矩阵元素是由高激发电子或空穴($\psi_{\mathrm{i,f}}$)的初始(i)状态和最终(f)状态之间得到的。在大多数情况下，元素由于动量守恒而消失；而在纳米晶体中，有一定的有限值。纳米晶体中剩余的电荷载体经过俄歇过程获得较大的动量，可以用波函数来表示。在异质结构中，较大的动量是由突变的界面或表面产生的。这种突发束缚电位的傅里叶分量比与平滑束缚有关的傅里叶分量要大得多。换言之，束缚势随着矩阵元突发性的增加而增加，因此俄歇过程的速率也随之增加，这表明如果束缚势被降低，俄歇过程就可以被大大抑制。除了"开"/"闭"两级发光闪烁外，在单个纳米晶体的发光强度轨迹中还检测到中间的"灰色"状态，当某些辐射复合的速率超过了俄歇弛豫时，就会发生这种情况。然而，"开"的 PL 寿命比"灰色"的长，并且这些寿命与 PL 强度直接相关。根据这些关系，闪烁可以分为"a 型"和"b 型"。在 a 型闪烁中，光强的降低与光寿命的缩短有关；而在"b 型"闪烁中，PL 生存期保持不变。这两种闪烁的另一个区别在于材料的类型和运动行为。在 7~9 个单分子层的中厚核壳纳米晶体中，b 型闪烁最为常见，而 15 个及以上单分子层纳米晶体则表现为非闪烁或 a 型闪烁。此外，b 型闪烁呈现出闪烁时间的幂律分布；而 a 型遵循截断幂律分布，闪烁概率呈现指数截止。幂律统计是纳米晶体中 PL 闪烁的一个重要特征，它是指与所选时间无关的量。在单个纳米晶体中，幂律行为携带概率密度 $P(t_{\mathrm{on/off}})\sim(t_{\mathrm{on/off}})^{-v}$，$v$ 在 1.4 到 1.8 之间，为"开"/"闭"时间分布提供了一个对数线性图。事实上，对于 $v<2$，平均闪烁寿命存在一个对数奇点。"a 型"动力学包括指数截止和分布概率密度 $P(t_{\mathrm{on/off}})\sim(t_{\mathrm{on/off}})^{-v}\exp(-t_{\mathrm{on/off}}t_{\mathrm{on/off}})$ 的指数截止，其中 t_{outoff}是截止时间。

上述 PL 闪烁的解释基于纳米晶体充电和俄歇复合模型。然而，仅这个模型还不足以解决闪烁问题，例如 b 型闪烁，它涉及在表面或核心/壳层界面上捕获电子或空穴。另一方面，扩散控制的电子转移模型描述了 PL 闪烁，包括表面俘获和核/壳界面，它指出"开"和"关"的时间间隔取决于电子在明亮激发态和

暗基态之间通过能量屏障的扩散。“开”和“关”事件中涉及的基态和单个激子态分别被指定为($|G\rangle$,$|L^*\rangle$)和($|D\rangle$,$|D^*\rangle$),见图8-7(a)。类似地,从“开”到“闭”和“闭”的开关可以是激发态“开”($|L^*\rangle$)和基态“闭”($|D\rangle$)之间的共振电子转移。在这个电子转移过程中,纳米晶体势能的变化可以用Marcus抛物线来描述,见图8-7(b),它与稍高的能量$Q^\#$相交,为电子转移创造了一个屏障。因此,闪烁动力学是由电子的扩散来控制的,其能量足以穿过这个屏障。如果t_c是Marcus抛物线$|L^*\rangle$到$Q^\#$中能量最小值的电子扩散所需的时间,那么在任何初始时间$t \ll t_c$,该过程将是纯扩散的,概率$N(t) \propto 1/t^\beta$,其中幂律指数β变为1/2。相反,如果$t \gg t_c$,概率变为$-dN/dt \propto 1/t^{(\beta+1)}$,其中扩散过程($\beta = 1/2$)下的幂律指数为1.5,这与b型闪烁的实验值接近($v = 1.7 \pm 0.2$)。

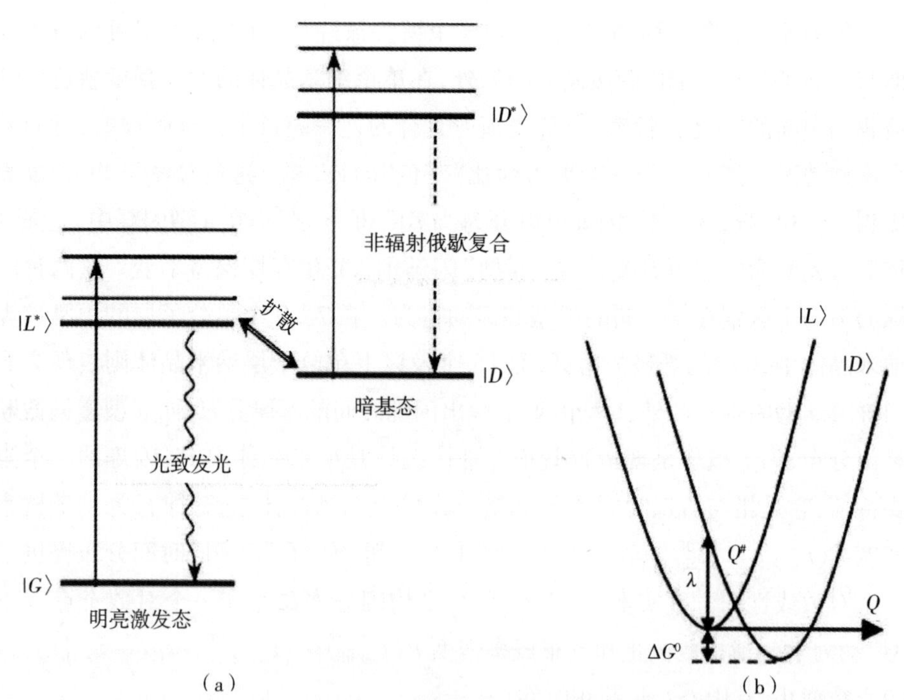

图8-7 纳米晶体闪烁扩散控制电子转移(DCET)模型的示意图

(a)DCET模型中的能级图,用于在亮和暗状态下光诱导的电子跃迁,(b)Marcus抛物线,用于$P = \varepsilon_0\chi E$和$P = \varepsilon_0\chi E$状态沿着与$Q^\#$交叉的反应坐标,Q具有重组能和自由能

8.4　抑制纳米晶体闪烁

了解上述理论背景与载流子动力学的关系有助于设计抑制闪烁的方法。例如,b型闪烁可以通过在纳米晶体核心上覆盖一层厚壳来抑制,厚壳充当隧穿屏障,降低光激发载流子向表面扩散的速度。然而,非辐射俄歇复合在抑制a型闪烁方面存在根本性的限制,即使在厚壳纳米晶体中也是如此。这意味着,除了准备合适的核/壳系统外,不闪烁的纳米晶体还需要完全抑制俄歇复合。

甚至在人们对闪烁的起源还没有很好地理解时,就已经有人尝试通过钝化核心纳米晶体中的悬空键来抑制闪烁。例如,通过使用β-巯基乙醇(BME),Hohng和Ha抑制了CdSe/ZnS纳米晶体闪烁。在这里,抑制是由于电子从BME转移到纳米晶体。将低聚苯乙烯、脂肪族胺、巯基丙酸、二硫苏糖醇、海藻糖等多种给体分子应用于纳米晶体,观察到类似的闪烁抑制作用。这种配体诱导的闪烁抑制归因于表面缺陷的钝化。在利用分子进行表面包覆的同时,还利用贵金属表面和纳米粒子以及ITO玻璃行了闪烁抑制。最近的研究表明,在具有合金结构或大带隙半导体外壳的核壳纳米晶体中,闪烁得到有效的抑制。

与ITO玻璃的闪烁抑制作用类似,TiO_2纳米粒子、富勒烯等材料中的电子陷阱也能抑制闪烁。例如,Hamada等通过观察光强轨迹的突变,证明了在TiO_2纳米颗粒存在条件下,单个CdSe/ZnS纳米晶体几乎完全抑制闪烁,见图8-8(a)。这是由于一个热电子隧穿到TiO_2纳米颗粒上,然后反向电子转移到纳米晶体,见图8-8(b)。类似地,用富勒烯包裹的CdSe/ZnS纳米晶体也被检测到闪烁抑制,富勒烯作为一个热电子陷阱,阻止热载流子逃逸到未知的陷阱。在这里,电子从纳米晶体转移到富勒烯壳层是显而易见的,因为“闭”的数量增加或“开”的时间缩短。另一方面,增加“开”的数量或缩短“闭”的时间的原因是增大了通过反向电子转移来中和亚离子纳米晶体的速率。

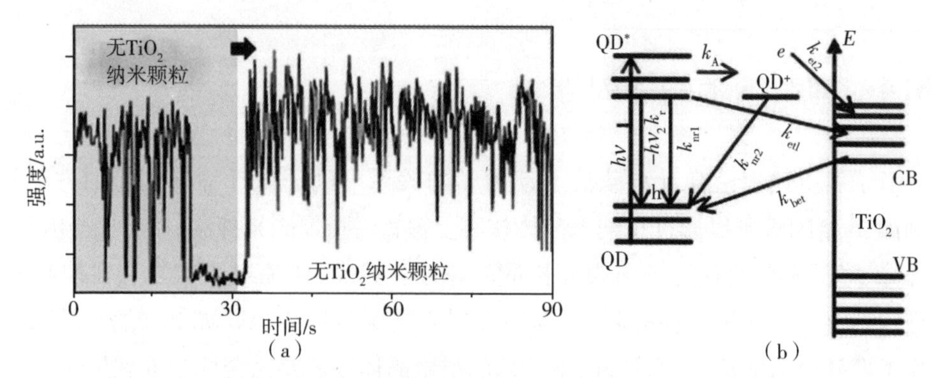

图 8 - 8　(a)添加 TiO_2 纳米颗粒之前(左侧突出部分)和之后(右侧)的单个 CdSe / ZnS 纳米晶体的光致发光强度曲线,(b)在 TiO_2 纳米颗粒存在条件下 CdSe / ZnS 纳米晶体中光活化和弛豫的示意图

纳米晶体表面生长的厚壳层具有较大的电导率和价带偏移量,通过在核内定位载流子来抑制闪烁。在具有这种核壳结构的负激子中,电荷的强束缚导致低温下产生较大的激子结合能。然而,当温度升高时,由导带偏移引起的局域性降低,导致内部结合能降低。因此,负激子电子之间的静电斥力导致电子在壳层中的离域。如果壳层厚度相当大(10 nm),则电子不能到达壳层的外表面。因此,它被屏蔽在突变表面电位之外。反之,当厚度较小时,热离域电子到达壳体的外表面势突变,并进行非辐射俄歇复合。图 8 - 9(a)为单个 CdSe/CdS 核壳纳米晶体的闪烁行为与壳体厚度的关系。超过一半的具有厚壳的纳米晶体群(≥12 单分子层)要么基本上不闪烁(≥80% 准时),要么完全不闪烁(≥99% 准时)。相反,对于 4 个单分子层厚的壳,具有基本不闪烁和/或完全不闪烁特性的纳米晶体群小于 20%。这揭示了厚壳对抑制闪烁的意义。在较薄的壳层系统中,闪烁抑制对壳层结晶度很敏感。对于具有 7 个单分子层厚壳的 CdSe/CdS 核壳纳米晶体,可以观察到平均准时率约为 94%,20% 的纳米晶体群体的准时率大于 99%。即使对于具有非常薄的外壳(2 个单分子层)的相同系统,也具有 85% 的准时率。在这种薄壳体系中,闪烁抑制是由于提高了壳的结晶度,这是可调的和相对较慢的外延壳生长的结果。图 8 - 9(b)和(c)为单个 CdSe/CdS 核壳纳米晶体的 PL 强度曲线及其对应的 7 个和 2 个单分子层厚壳的强度分布直方图。最近,费希尔和奥斯本用电荷隧穿自俘获(CTST)模型解释了 CdSe/CdS 纳米晶体中与壳层尺寸相关的闪烁,见图 8 - 10(a)。在 CTST 模型

中,PL 闪烁受中性态(NX^0)、核离子态(CX^+)和表面电荷态(SX^+)之间的正向和反向电子隧穿速率常数控制。与此相反,空穴隧穿速率常数决定了亮态和暗态之间的平衡,从而进一步控制了发射态 NX^0 和 CX^+ 下的 PL 强度。在这里,"闭"时间概率密度分布只随壳体厚度的增加而略有变化。另一方面,随着壳层厚度的增加,"开"时间对概率密度分布的截断性增大,幂律衰减减小,见图 8 - 10(b)。他们分析了所观察到的 PL 强度轨迹的变化和幂律指数与激子电荷 - 载流子隧穿 CdS 壳层的现象,在那里纳米晶体充电和 PL 淬灭发生的可能性较小,且"开"时间较长。

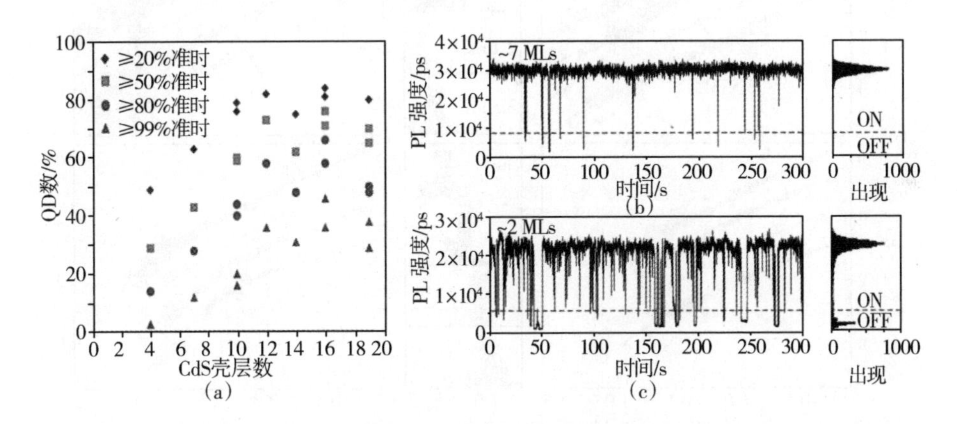

图 8 - 9　(a) CdSe / CdS 核/壳纳米晶体群与不同开启时间的 CdS 壳单层数的关系图,(b) 单个 CdSe / CdS 核/壳纳米晶的 PL 强度轨迹,其核心半径为 2.2 nm,壳厚度为 2.4 nm,(c) 壳体厚度为 0.7 nm 的 PL 强度轨迹

同样地,纳米晶体中的合金核/壳界面与界面组成的平滑径向变化相关联,这使得晶格失配最小化,并弱化了束缚势。这种结构几乎完全抑制了非辐射俄歇重组和闪烁。在体积较大的壳梯度 CdSe/CdS 纳米晶体中,从核到壳层的硒浓度呈放射状下降(整体尺寸约为 40 nm),在室温下可以观察到完全抑制闪烁。二阶光子相关函数 $g^{(2)}(\tau)$ 的测量结果表明,这个巨大的纳米晶体在室温下提供了 100% 的双激子量子产率。相反,没有任何合金界面的厚壳层 CdSe/CdS 纳米晶体的双激子量子产率只有 31%。这些观察结果强调了限制潜在弱化束缚势对抑制闪烁的关键作用。

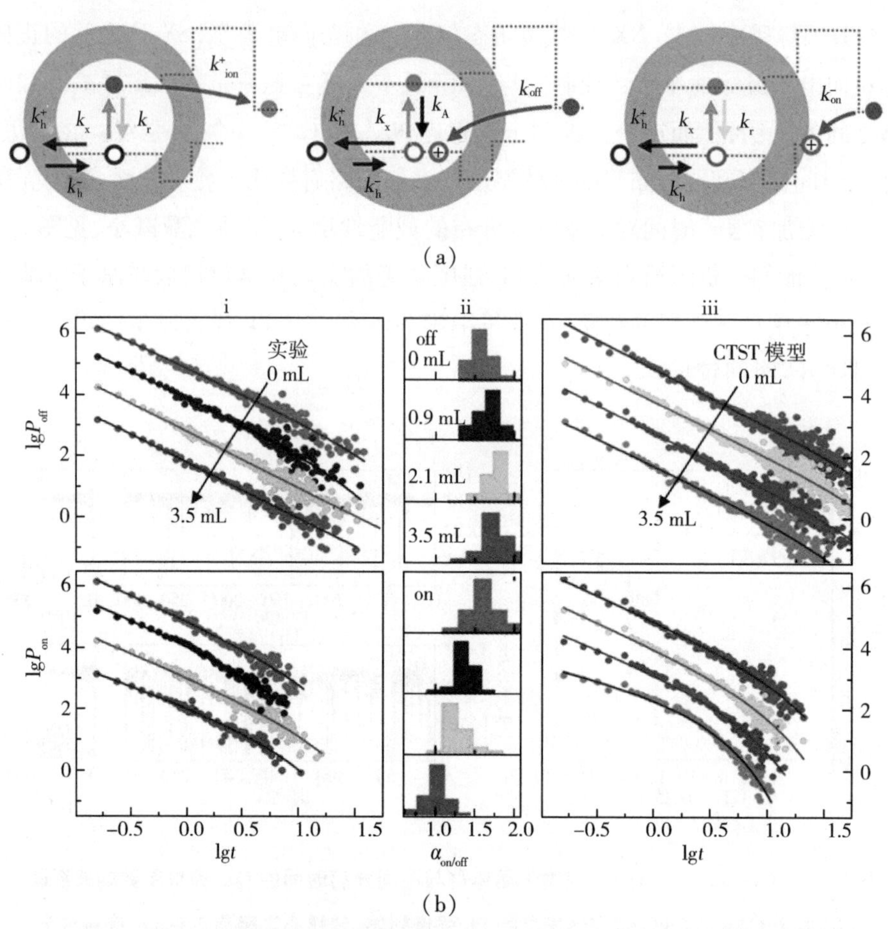

图 8-10 (a)核-壳纳米晶中激子动力学的 CTST 模型,(b)CdSe / CdS 纳米晶体中与壳大小相关的闪烁统计:(i)从实验轨迹获得的"开"和"关"时间的概率密度分布(PDD),(ii)从具有截断幂律(TPL)函数 $P(t) = A_t - a_e - t/RC$ 的拟合 PDD 导出的幂律指数的直方图,(iii)使用修改的 CTST 模型从模拟的 PL 强度轨迹获得的"开"和"闭"时间的 PDD

近三十年来,随着材料科学、物理化学和理论物理的不断进步,人们对纳米晶体的结构、光学和电子性质进行了深入的研究。元素组成、核壳结构和光生载流子复合动力学之间的关系是纳米晶体研究的重点。与传统的有机分子相比,纳米晶体最有前途的一个方面是它能够激活多个激子。虽然超快光谱和单分子显微镜对纳米晶体中单个和多个激子的研究和优化做出了很大的贡献,但不期望的充电和闪烁仍然是未解决的问题。解决这些问题是纳米晶体研究领域的一个持续挑战。经过理论研究,对这些微小晶体的中性、离子化或多激发态中电荷载流子的动力学有了深入的了解,对壳层材料、壳层厚度、核壳结构、表面配体以及电子供体和受体的作用的实验研究则有助于我们发展出高质量的电子器件。单光子光源和逻辑器件的非闪烁纳米晶体的发展,以及纳米晶体中多个激子在低阈值激光器和高效太阳能电池中的高效利用,是该领域的重要挑战。

这些微小晶体的量子束缚能态的连续可调谐性使得它们在激光和太阳能电池等涉及光学放大的应用领域具有广阔的前景。光学放大涉及粒子数反转。在一个纳米晶体中,当被激发的电子－空穴对的平均数目大于1时,就会发生反转。在这种双激子或多激子条件下,在小尺寸纳米晶体中,电子到最低1s态的超快弛豫速度要快于非辐射俄歇弛豫,导致粒子数反转。在热平衡条件下,单激子态具有光学透明性,即由价带电子引起的光吸收与受激发射恰好平衡。另一方面,双激子态的受激发射产生相同的第二个光子,并与基态的吸收竞争。巨核/壳和核/级配壳型纳米晶体,如 CdSe/CdS 和 $CdSe/Cd_{1-x}Zn_xSe_{1-y}S_y/ZnS$,具有良好的光学增益特性。纳米晶体的大吸收系数提高了光学增益,降低了激光阈值。尽管有这些常见的双激子或多激子光增益途径,但最近的研究表明,纳米晶体的激光阈值和单激子光增益较低,这是单激发纳米晶体内部产生斯塔克效应的结果。最近,基于纳米晶体的垂直腔面发射激光器(VCSEL)越来越受到关注。在这类激光器中,使用了密集填充的胶体纳米晶体,如 CdSe/CdS/ZnS,根据量子层的数量,激光器能发出低激光阈值的单模激光。

近年来,各种纳米晶体材料迅速发展,其光物理性质也得到揭示,这些纳米晶体已成为固态光天线和太阳能电池的研究热点。在热平衡条件下,单结太阳能电池的功率转换效率(PCE)被 shocky-queisser (S－Q)极限限制为31%。另一方面,纳米晶体能够通过 MEG 突破这一限制,因此在太阳能电池中具有很好的应用前景。

虽然经过预测,MEG 比传统电池的 PCE 有所改善,为基于纳米晶体的太阳能电池性能改善创造了很大的希望,但实际上,这种改善还没有超过12%,而且纳米晶体太阳能电池远远落后于商业硅基电池。巴文迪和其同事是最早展示基于 PbS 的纳米晶体太阳能电池的人,其认证 PCE 为8.55%。他们通过使用不同配体的纳米晶体 - 纳米晶体和纳米晶体 - 阳极界面的能带匹配取得了成功。类似地，Sargent 和他的同事报道，在基于 PCE 认证的纳米晶体太阳能电池中，用分子碘处理纳米晶体可以使表面陷阱有效钝化，从而增加电子的扩散长度，从而使 PCE 提高到 9.9%。最近，又有人通过控制配体交换过程中的质子溶剂，证实纳米晶体太阳能电池的 PCE 为 10.4%。配体交换过程对表面陷阱密度和粒子间距离有较大影响。同样，一些科学家在锌铜硒合金纳米晶体太阳能电池中分别证明 PCE 达到 11.6% 和 12.34%。这种合金纳米晶体除了使表面陷阱密度最小化外，还通过提高导带边来促进光电子的提取。总之，对商用太阳能电池性能的改善仍然是一个挑战，目前基于纳米晶体的太阳能电池需要进一步的技术创新。

第9章　稀土上转换纳米材料的发光特性及其生物相容性

纳米科学技术领域是多门学科的交叉领域。纳米技术早已成为科技界的焦点，涉及的范围越来越广，比如环保、医学、数学、电子等等。钱学森院士说过，下一阶段科技发展的重点将会是纳米左右或者纳米以下的结构，这会是21世纪的产业革命。

纳米技术包括纳米颗粒的合成以及纳米结构材料的制造，通过引进新的设计概念、装置和制造方法，利用纳米材料的量子尺寸效应制造出新型的材料、装置和仪器，这是一种多学科的交汇。在电子信息领域，通过纳米信息材料与电子学、电磁学、光电子学以及通信技术、计算机技术结合，开发出高科技的产品。20世纪30年代科学家发明了晶体管，随后又出现了单电子晶体管、单电子存储器、纳米芯片还有纳米计算机。纳米技术在航空航天技术领域也有重要的应用，比如制造出了纳米传感材料、纳米机器人以及太空升降机。纳米材料在环保和能源领域也起着至关重要的作用，由于全球的环境污染的日益加剧，有害废弃物、废水以及有毒气体的排放，抗菌消炎、防腐、除味、净化空气成为人们的追求的目标。而在生物医学研究中，纳米材料成为众多科学家们关注的新型技术，通过纳米技术，将易降解并且易吸收，无副作用的纳米材料与药物结合，研制出疗效增强、毒性降低、更利于人体吸收的纳米药物，它们可以作为靶向药物制剂，直接进入到有病的器官、组织或者细胞，提高生物利用度。

稀土上转换发光纳米材料（UCNP）是掺杂稀土离子作为激活剂，用低能量的近红外光激发，发射出高能量的光的一种新型纳米材料。该材料化学性质稳定,发光效率高,而且近红外的激发光可以穿透组织并且可以很好地与生物体自身发出的荧光区分开,获得更清晰的荧光,这些特点使得稀土上转换发光纳米材料在生物分子荧光标记方面的应用备受关注。

9.1 稀土上转换材料

9.1.1 上转换纳米发光材料

斯托克斯在探索发光的机制时发现,在大多数情况下发光谱带总是对应于激发谱带的长波边,所以激发光的光子能量要大于发光的光子能量,发光的波长要大于激发光的波长。但人们经过大量的实验后发现,不一定所有的发光都遵循这个规律。洛海尔经过大量的实验,修正了斯托克斯定则,他认为发光光谱的峰值及中心的波长总是大于激发光光谱的峰值及中心的波长,这一定则被称为斯托克斯-洛海尔定律。

20 世纪 50 年代,研究人员就已经发现,有些材料可以产生与斯托克斯-洛海尔定律正好相反的发光效果,例如通过采用 963 nm 的近红外光激发多晶体 ZnS,就观察到了 525 nm 的绿色荧光,但当时由于条件的限制并没有受到太多的关注。1962 年,此种现象又在硒化物中再一次出现。到了 1966 年,科学家们在研究钨酸钠钇玻璃时有了新的发现,将 Yb^{3+} 掺入到钨酸钠钇玻璃中时,Er^{3+}、Tm^{3+} 和 Ho^{3+} 离子在近红外光的激发下产生的可见光的发射强度提高了两个数量级,由此提出了上转换发光(upconversion luminescence)的观点。从此,利用近红外光激发可见光这一新领域引起了科学家的极大兴趣。利用通过近红外光激发出可见光的上转换发光材料的这一特点,就可以研制出许多新型的光学器件。

上转换发光的意思是材料通过低能量的光激发,发出高能量的光,通俗地讲就是波长长、能量低的光激发波长短、能量高的光,被称为反-斯托克斯(Anti-Stokes)发光。其原理是通过吸收两个激发光子而发出一个高能量的光子,通过近红外光激发,就可以得到红色、绿色或者蓝色的光。最早发现上转换发光过程的报道是在 1959 年。早期,因为半导体激光器泵浦源的原因,需要大量开发可见光激光器,这使得上转换技术在激光技术、光纤放大器、光信息储存技术等领域发展得越来越快,成了一个热门话题。随着技术的不断创新,传统的发光方式已经不足以满足研究者的需求,研究者更加注重上转换发光材料的应用方面,在当时上转换激光器和光纤放大器是热点话题。近几年,研究的重点又转移到了上转换发光的基础研究,研究者对敏化发光也有了新的认识,深入研究了上转换的发光机理,制备出上转换效率更高的发光材料。

随着科学技术的发展,在荧光探针领域,通过荧光检测这种方法,可以解决检测过程中耗时费力的问题,而上转换发光材料拥有通过 980 nm 的近红外光激发出可见光的特点,所以利用其合成有效而且转换效率高的探针成为科学家们关注的热点。

稀土上转换纳米材料是指将稀土离子掺杂在基质中的上转换纳米材料。单一的稀土离子不能成为上转换发光材料,这就需要基质作为媒介,将稀土离子镶嵌到基质中,通过稀土离子不停的能级跃迁,达到发光的目的。因此,基质本身并不能激发能级,只是为了激活稀土离子而提供晶体场所,使稀土离子产生发射。

稀土上转换发光发生在稀土离子掺杂的化合物中,如含硫化合物、卤化物、氟氧化物、氟化物、氧化物等。与其他纳米材料相比,稀土离子掺杂的荧光材料多应用在照明方面和信息显示方面,这是由于稀土离子具有丰富的能级结构和优异的光学特性,通常在红外探测、生物体标记、夜间发光的警示标识、防火通道指示牌或者起到夜灯作用的室内墙壁涂装等方面应用居多。而稀土掺杂的荧光探针最重要的应用是在生物分子标记和生物成像领域。

稀土上转换发光材料是由基质、激活剂和敏化剂三个部分组成的,其中基质材料的选择有以下两种情况:

(1)基质材料为稀土化合物;

(2)基质材料为非稀土化合物。

用作激活剂的稀土离子有 Gd^{3+}、Sm^{3+}、Eu^{3+}、Eu^{2+}、Tb^{3+}、Dy^{3+}、Yb^{3+},而最常用的是 Eu^{3+} 和 Tb^{3+},而用作敏化剂的离子有 Pr^{3+}、Nd^{3+}、Ho^{3+}、Er^{3+}、Tm^{3+}、Yb^{3+} 这几种稀土离子。比如 $Nd_2(WO_4)_3$,作为基质材料,能够由 808 nm 转换成 457 nm 的蓝色光,还有氧化物 YVO_4,在其中掺杂了稀土离子 Er^{3+} 后,808 nm 的红外光就能转换为 550 nm 的可见光。

人们通过对稀土上转换纳米材料的研究发现,基质的选择对上转换的发光影响很大。有报道称,氯化物、溴化物以及碘化物这三种化合物可以作为上转换发光材料的基质,但这三种基质存在很多缺点:制备过程复杂,稳定性差,离子跃迁的概率也很小。后来人们发现了稀土氧化物,它的化学稳定性比之前所用的基质材料都要好,而且制备的过程简单,但缺点是声子的能量大,使得光的转换效率不高。

在不断的研究过程中,人们合成出含硫的稀土化合物,这种材料比稀土氧化物声子能量低,而且化学稳定性高,转换效率也高,但是这种化合物有局限性——制备的时候不能和氧气接触。直到人们发现能够利用氟化物作为基质材料,它的性能和稀土硫化物一样,而且制备方便,便于存放。最常见的上转换发光效率最高的基质材料是四氟钇钠($NaYF_4$),比如 $NaYF_4$:Yb^{3+},Er^{3+},就是由 Er^{3+} 做激活剂,Yb^{3+} 作为敏化剂。这种稀土上转换纳米材料稳定性高,声子能量低,转换强度高。

9.1.2 稀土

稀土,通常被人们称作稀土元素或者稀土金属,或者工业的“维生素”,它包括镧系元素——镧 La、铈 Ce、镨 Pr、钕 Nd、钷 Pm、钐 Sm、铕 Eu、钆 Gd、铽 Tb、镝 Dy、钬 Ho、铒 Er、铥 Tm、镱 Yb、镥 Lu 加上同属ⅢB 族的钪 Sc 和钇 Y 总共 17 种化学元素的合称。科学家很早就发现稀土离子可以发光,镧系元素外部的电子结构为 $4d^{10}4f^{0\sim14}5s^{2}5p^{6}5d^{0\sim1}6s^{2}$,也就是说镧系元素的 4f 壳层不满,包括了 $5s^{2}$ $5p^{6}$ 以及最外部的 5d6s,这就使得 4f 电子层上出现不同的能级状态,发生不同的能级跃迁,继而产生大量的吸收光或者发射光。

1909 年,就有报道称稀土离子 Eu^{3+} 掺杂的 Gd_2O_3 具有高效的阴极射线发光和光致发光性能,后来人们就利用 Eu^{3+}、Sm^{3+} 和 Ce^{3+} 激活的碱金属硫化物作为红外磷光体,但由于当时的技术有限,很难得到纯度高而且单一的稀土氧化物,所以限制了当时稀土的发展。随着技术的不断更新,越来越多的稀土氧化物被应用,比如 Y_2O_3:Eu^{3+},Y_2O_3S:Eu^{3+} 等红色发光材料在彩色电视机中的应用,使得彩电迅速发展。

稀土通常用来制造精密的武器、雷达、夜视镜,稀土离子因其能级结构特点而被掺杂在上转换纳米材料之中。而稀土对人的身体有一定的危害,有文献报道称,稀土钇元素可以与蛋白质、核酸结合成不溶性的高分子配合物,并且蓄积在器官组织里,从而影响细胞机能,造成细胞代谢缓慢,造成器官的损伤,引起慢性支气管炎、肺间质纤维化、肝和脾水肿,还有营养不良等慢性疾病。

本章所涉及的稀土离子为铒离子 Er^{3+}、钆离子 Gd^{3+}、钕离子 Nd^{3+}、镱离子 Yb^{3+}、镥离子 Lu^{3+}。

铒,化学符号为 Er,是一种银白色金属,原子序数是 68,熔点为1 529 ℃,沸点为 2 863 ℃,密度为 9.006 g/cm^3,地壳中的含量约为 0.000 247%。最初发现铒的是瑞典的科学家莫桑德尔,他从钇土中发现了铒的氧化物,并且在 1860 年正式将其命名为铒。科学家们对 Er^{3+} 的上转换发光现象研究得最多,这主要是因为其具有丰富的能级结构,分布均匀,这样的能级特点有利于单光束的上转换发光。在 980 nm 的近红外光的激发下,铒离子的绿色跃迁概率大,而且淬灭浓度高,此浓度可以产生较多的上转换发光。

钆,化学符号为 Gd,也是银白色金属,具有延展性,熔点是 1 313 ℃,沸点是 3 266 ℃,密度为 7.900 4 g/cm^3,相对原子质量为 157.25,在地壳中的含量约为 0.000 636%,主要存在于独居石和氟碳铈矿中。瑞士的马里尼亚克分离出钆后,法国化学家布瓦博德朗制出了纯净的钆,并将其正式命名为钆。钆存放在常温干燥处,但在潮湿的环境中容易氧化而失去光泽。钆的特点是它有最高的热中子俘获面,可用作防护材料和反应堆控制材料。

钕,化学符号为 Nd,银白色金属,熔点为 1 024 ℃,密度为 7.004 g/cm^3,是最活泼的稀土金属之一,在空气中能迅速被氧化,生成氧化物。钕元素在稀土领域里拥有很高的地位,多年来被广泛用于电子、机械等行业,最常用于制作钕铁硼磁体。钕铁硼磁体磁能级高,利用钕铁硼永磁体研制出的阿尔法磁谱仪,使得中国的钕铁硼磁体技术跻身于世界前列。对于钕的研究还包括有色材料,比如有色玻璃。钕元素掺杂的钇铝石榴石能够产生短波激光束,被用来焊接和切削厚度在 10 mm 以下薄型材料,或者在医疗方面,代替手术刀用于摘除手术或消毒创伤口。

镱,化学符号为 Yb,一种银白色的软金属,其氧化物也呈白色。1878 年,马里纳克(J. C. G. Marignac)分离出镱的化合物,但当时他以为这就是镱单质,直到 1907 年,乌尔班(G. Urbain)发现所谓的镱单质其实是由镥和镱两种元素组成的化合物,从此正式提出了镱元素。镱的化学性质稳定,在空气中容易被氧化腐蚀,并且容易溶于稀酸和液氨。镱元素具有可变价态,通常呈正三价,有时也呈现正二价,它能与水反应,生成绿色的二价盐,并且释放出氢气,所以常用来制取和提纯镱单质的方法是还原蒸馏法,在大于1 100 ℃、小于 0. 133 Pa 的高温真空中,以金属镧为还原剂,可直接提取出镱。若要制取高纯度的氧化镱通常采用萃取色层法或离子交换法,以铥镱镥富集物为原料,溶解后将镱还原成二价状态,再与其他三价稀土进行分离。

镥,化学符号为 Lu,颜色介于银、铁之间,是稀土元素中最硬、最致密的金属。熔点为 1 663 ℃,沸点为 3 395 ℃,密度为 9. 840 4 g/cm^3。它的氧化物是无色晶体,易溶解于酸生成相应的盐。镥在自然界储量很少,并且价格昂贵,一般的制取方式由氟化镥($LuF_3 \cdot 2H_2O$)用钙还原而制得。

9.1.3 稀土上转换纳米材料的发光机理

图 9 - 1 为 Yb^{3+}、Er^{3+}、Tm^{3+} 掺杂的稀土上转换纳米材料的发光机理。

Yb^{3+} 与 Er^{3+} 掺杂的稀土上转换纳米材料中,在 510 ~ 570 nm 处发射绿色上转换光,最大峰值在 525 nm 以及 550 nm 处,相对应的是激发态 $^2H_{11/2} \rightarrow {}^4I_{15/2}$ 基态和激发态 $^4S_{3/2} \rightarrow {}^4I_{15/2}$ 基态的跃迁,而在 630 ~ 680 nm 处也观测到了峰值为 660 nm 的红光,对应的是 $^4F_{9/2} \rightarrow {}^4I_{15/2}$ 基态的跃迁,同理,在大约 451 nm 处的发射峰对应的是 $^1D_2 \rightarrow {}^3F_4$ 的跃迁。

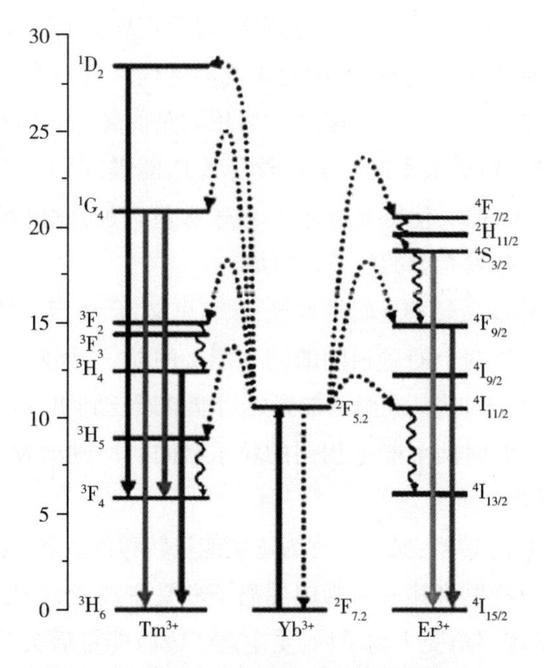

图 9 - 1　稀土上转换纳米材料的发光机理

稀土上转换纳米材料，比较合理的上转换发光机制可以分为以下几种：

(1)单离子的多光子吸收(激发态吸收)：一个处于基态的电子吸收了多个光子的能量，跃迁至高能级的激发态，辐射跃迁至基态时产生上转换发光。这一原理对应于两种发光形式：(a)一次性吸收多个能量光子而产生的上转换发光。当一个能级的离子吸收了一个能量光子时，就会跃迁至高能级的激发态，从而辐射跃迁至基态，产生上转换发光。(b)连续吸收多个单一能量的光子，也就是说，处于基态的离子吸收一个能量光子后，跃迁至高能级的激发态，又吸收一个能量光子后，跃迁至更高能级的激发态，此时若满足能量匹配要求，就会再次吸收光子而跃迁至第三高能级或者是更高能级的激发态，等等，以此类推，直到最终辐射跃迁至基态，产生上转换发光。举例子来说，利用氪离子激光器的 647.1 nm 激发 $LaF_3:Tm^{3+}$，就可以观察到它的上转换发光过程是第一个光子从基态激发到$^3F_2$的声子边带，由于$^3F_2$、$^3F_3$和$^3H_4$距离近，电子就会跃迁到$^3H_4$能级上，这时电子就会吸收第二个光子而跃迁到$^1D_2$，也可以辐射回基态发出红外光，或者辐射到$^3F_4$，此时$^3F_4$能级上的电子吸收光子跃迁到了$^1G_1$，而$^1G_4$上的电子吸收光子跃迁到了$^3P_1$,然后再弛豫到$^1I_6$,最后实现了上转换发光。

(2)光子雪崩上转换过程:所谓光子雪崩过程是指一个能级上的粒子发生交叉弛豫现象,并且在另外一个能级上累积大量的粒子,也就是泵浦光能量对应的能级 E_3和 E_2,E_2能级上的粒子被激发到 E_3能级,而 E_3能级上的粒子与 E_1能级发生交叉弛豫现象,使得 E_2能级的粒子数量增加,此过程称为光子雪崩过程,简单地说就是激发态上的粒子数增加。

(3)合作敏化能量转移上转换发光:顾名思义,合作指的是粒子间的相互作用,所以该机制是指两个能量相同的同一能级的粒子,同时将能量转移给处于激发态的另一个离子,使其在吸收能量之后能够跃迁到更高的激发态能级来实现上转换发光,而此时两个能量相同的粒子会同时回到激发态,这就是合作敏化能量转移上转换发光。

(4)能量转移上转换:又可以称为逐次能量转移的上转换发光过程,原理是两个不同的粒子,这里将其命名为施主离子和受主离子,当处于某一激发态的施主离子将能量转移给受主离子后,受主离子吸收能量后会跃迁至高一能级的激发态,此时施主离子则会无辐射跃迁至基态,发生跃迁的受主离子会通过无辐射的方式将能量再次传给施主离子,而施主离子再一次吸收能量跃迁至更高的激发态,再吸收相当于 2 倍能量的光子发生辐射跃迁至基态,从而完成了上转换发光过程。此过程总结为两种能量转移过程:(a)连续传递。所谓连续能量转移指的是,位于激发态的一个离子——施主离子将能量转移给另一个离子——受主离子,使其能够跃迁之激发态,与此同时,第一个施主离子会回到基态,而受主离子会跃迁至更高的能级。(b)交叉弛豫过程。处于激发态的离子将能量转移给另一个离子,而得到能量的离子就会跃迁至更高的能级,而第一个离子就会无辐射弛豫至能量较低的能级。

(5)交叉弛豫能量转移的上转换发光:这种发光所要求的两种离子可以是相同类型的,也可以是不同类型的。具体地说,就是当多个离子被激发到中间态的时候,若有两个离子的物理性质相同或者相似,其中一个离子就会与那个性质相同或相似的离子发生无辐射耦合,将能量转移给另一个离子,自己无辐射跃迁至基态或者是低能级的激发态,而得到能量的那个离子就会跃迁至高能级的激发态,最后辐射跃迁至基态,从而完成上转换发光。

稀土上转换发光纳米材料有很多优点,它的光吸收能力强,转换效率高,发射波长分布区域宽,化学性质稳定,但基质晶格的大小、稀土离子浓度、原料的纯度都对上转换发光有很大影响。

9.1.4 稀土上转换纳米材料的应用

9.1.4.1 生物检测

传统的有机染料和纳米晶体的发光过程需要的能量较高,而且需要的激光器价格昂贵,利用稀土掺杂的上转换纳米粒子作为荧光染料与常用的下转换荧光标记染料相比,优点有很多,比如化学性质稳定,荧光寿命较长。不仅如此,由于激发光采用的是组织穿透能力强的近红外光,因此对生物组织的损伤较小,产生的荧光背景低。有学者将上转换发光材料成功地应用在小鼠的身上,实现了深度大于600 μm 的组织切片成像,使得稀土上转换纳米材料在荧光生物检测和成像等领域得到了更多的关注。Hiderbrand 等将上转换纳米材料以静脉注射的方式,成功地在小鼠身上实现了血管成像,将小鼠血管系统的变化和血管的紊乱真实地呈现了出来。

2011 年,有文献报道了利用上转换纳米粒子和氧化石墨烯复合材料来检测生物大分子,研究发现通过红外光激发,上转换纳米粒子不仅能检测血清中的葡萄糖和核酸,还能避免激发光对检测样品的损伤,这些实验结果显示稀土上转换纳米材料在生物探测技术上的地位已经无可替代了。

9.1.4.2 多模成像

近几年,随着科技水平的发展,多模成像技术结合几种不同的成像模式,突破了每个单一的成像方法的局限性。有学者首次利用稀土上转换纳米材料进行多模态成像,在小鼠体内实现了磁共振成像,这一成功的案例使得稀土上转换纳米材料在生物医学领域得到了极大的关注。目前临床上主要研究的医学成像技术有荧光成像、计算机体层成像(CT)、核磁共振成像(MRI)等。而核磁共振成像作为一种新型的检测技术,在医学界具有重要的意义,它在疾病的诊断方面具有极大的优越性,可以直接做出横断面、矢状面、冠状面和各种斜面的体层图像,不需要注射造影剂也不会产生计算机体层成像检测中的伪影,无电离辐射,对人体没有不良影响。研究人员将带有磁性的稀土离子 Gd^{3+} 作为造影剂,成功地提高了正常组织与病变组织的对比度,达到了显像的目的,这一成功的案例使得稀土上转换纳米材料在医学领域受到了极大的重视。稀土掺杂的上转换纳米粒子由于其荧光性质稳定、成像深度大、信噪比高等优点在多模成像中成了新的研究对象。

2008 年,就有研究人员将有机染料放入稀土上转换纳米材料的硅层中实现了多色成像。2011 年,有文献报道了通过合成 $\beta-NaYF_4:18\%\ Yb^{3+},2\%\ Er^{3+}$ 纳米粒子,并在表面包覆二氧化硅及修饰 5-氨基-2,4,6-三碘间苯二甲酸作为 CT 成像造影剂实现了双模成像。2012 年,有学者通过在上转换纳米粒子 $NaLuF_4$ 中掺杂 Yb^{3+} 和 Tm^{3+},并在其表面包裹了 Gd^{3+} 制备了具有荧光成像功能的三模式成像探针。

掺杂了稀土的上转换纳米材料可以作为造影剂,能同时具有上转换荧光(UCL)和 MRI 的能力。研究人员利用 $NaYF_4:Yb^{3+},Er^{3+}$@ $NaGdF_4$@ TaO 作为探针成功实现了对荷瘤裸鼠的电子计算机体层成像和核磁共振成像,证明其在活体多模态成像方面具有良好的应用前景。

9.1.4.3 太阳能电池

在 2002 年的时候就有科学家建立了纳米晶体太阳能电池的理论模型,按照由上制下的顺序,分别是太阳能电池、绝缘层、上转换器、被反射镜。如果太阳能电池吸收能量大于带隙宽度的光子,而太阳能电池的带隙宽度正好是高能级与低能级之间的能量差,那么释放出的能量的光子就会被电池吸收使用。结果证明了上转换纳米电池的确提高了电池的使用率。目前为止,上转换太阳能电池仍然存在上转换材料转换效率低、发射谱窄等问题,还需要进一步研究。

9.1.4.4 生物荧光成像

传统的荧光探针需要较高能量的光子激发,比如应用紫外光照射,但利用紫外光照射的弊端在于紫外光可以造成组织的损伤,不能完全穿透生物体。而稀土上转换纳米材料能够在近红外光的激发下发出可见光,从而避免了对组织的损伤,并且增加了光子的穿透能力。2011 年,复旦大学一研究小组成功地实现了上转换荧光成像,该小组通过采用 980 nm 的激光激发能够清晰地看到纳

米晶体 $NaLuF_4:Gd^{3+},Yb^{3+},Er^{3+}(Tm^{3+})$发出的可见红光,而且发射光穿透到小鼠皮下 2 cm 处,实现了高对比的成像。

9.1.4.5　光动力治疗

光动力治疗(PD)就是光敏剂吸收了与之波长相匹配的激发光之后,基态电子跃迁到激发态,处在激发态的电子一部分通过辐射跃迁回到基态产生荧光,另一部分通过系间隧穿的作用到达三重态,三重态的电子可以与周围环境中的氧分子发生能量转移作用,使处于基态的氧分子跃迁到激发态而产生有生物毒性的单线态氧,达到对肿瘤细胞或病变组织杀伤的目的。最早应用光敏剂的是加拿大、美国、欧盟,随后光动力治疗的研究开始受到广泛的关注。光动力治疗的三要素是光敏剂、激发光和氧气。相比于传统的手术、放疗、化疗等方法,光动力治疗具有选择性高、副作用小、创伤小等优点。

2011 年,利用两亲共聚物 C18PMH - PEG 将 $NaYF_4$: Yb^{3+},Er^{3+} 转移到水相,并且装载光敏剂 Ce6,同时利用上转换 550 nm 和 660 nm 的荧光标记鼠肿瘤部位,构建了治疗和成像双功能的上转换纳米材料。通过构建乳腺肿瘤鼠动物模型,以瘤内注射的方式将 UCNP - Ce6 给药到瘤内,再经过 980 nm 的激光照射,首次实现了上转换纳米粒子的光动力治疗在活体生物中的应用。这次实验使得光动力治疗的研究在国内也逐渐地开展起来。

9.1.5　稀土上转换纳米材料的毒性研究

目前,对稀土上转换纳米材料的应用已经进入细胞阶段。利用二氧化硅核壳包覆的四氟钇钠稀土上转换纳米材料培养的小鼠,随着稀土上转换纳米材料浓度的增加,骨骼基质细胞会出现不同程度的死亡,而稀土上转换纳米材料的浓度以 100 μg/mL 最为适宜,原因可能是表面包覆的 SiO_2的毒性使得细胞存活率降低,也可能是表面的基质材料也存在潜在的毒性,所以经过修饰的稀土上转换纳米材料的生物相容性也许会更好。经过实验发现,980 nm 激光的照射下,经过修饰的稀土上转换纳米材料在没有接触到近红外光的抗癌药物时候,没有观测到明显的阿霉素信号,随着接触的时间增加,在接触近红外光 60 min 的时候,能够明显地观察到发光信号,这一信号说明采用近红外标记的药物得到了释放。

上转换纳米材料富集在动物体内的位置大多数是心脏和肝脏区域，以10 min、30 min、24 h、和7 d为时间段，在Wistar小鼠的尾部注射包裹二氧化硅的稀土上转换纳米材料 $NaYF_4:Yb^{3+},Er^{3+}$，通过检测小鼠体内的镱离子的浓度，判断稀土材料富集的区域。结果显示，在心脏以及肝脏区域富集的镱离子最多。

下面讨论稀土上转换纳米材料 $NaYF_4:Yb^{3+},Er^{3+}$ 与斑马鱼的生物相容性。斑马鱼最早是一种观赏鱼。近十年来，国外的科学家发现斑马鱼可以用于建立多种人类疾病模型并用于药物毒性研究。通常斑马鱼被作为模拟生物进行临床研究，是因为斑马鱼和人类的基因同源可达到87%，所以研究人员将斑马鱼应用在发育生物学、分子生物学、细胞生物学、遗传学、神经生物学，以及毒理与环保等多方面。通过斑马鱼的死亡率、肝脏和卵黄囊吸收以及畸形情况，可以更直观地研究稀土上转换纳米材料的生物相容性。

9.2 稀土纳米材料的合成和表征方法

9.2.1 实验试剂与工具

常规试剂有NaCl、NaOH、CaCl、KCl、LiCl、$MgCl_2$、醋酸钠、柠檬酸钠、Tris－平衡酚蛋黄营养水（1倍稀释）、稀土氯化物（氯化铒、氯化钆、氯化钕、氯化镱、氯化镥）等，其余见表9－1。

表9－1 实验试剂

试剂名称	用途	纯度
Trizol试剂	RNA提取	分析纯
DEPC	RNA提取	分析纯
三氯甲烷	RNA提取	分析纯
异丙醇	RNA提取	分析纯
100%乙醇	RNA提取	分析纯

续表

试剂名称	用途	纯度
100% 甲醇	RNA 提取	分析纯
SOD 试剂盒	酶测定	分析纯
多聚甲醛(PFA)	固定	分析纯

实验工具有:高压灭菌锅(GI54DWS)、24 孔板。

9.2.2 实验仪器和设备

实验仪器如表 9 - 2 所示。

表 9 - 2　实验仪器

仪器	型号
台式高速冷冻离心机	KH20R
自动光控循环水系统	AAE - 022 - AA - A
小型离心机	WTL
电子天平	JY 6002
紫外分光光度计	NanoDrop 2000
体式显微镜	Moticam 2506
荧光显微镜	BX51TR - 32F
电泳仪	ZY 200
恒温生化培养箱	SPX - 250
金属浴	DH100 - 2
X 射线衍射仪	Siemens D 5005
台式离心机	GT10 - 1
扫描电子显微镜	S - 4800
高分辨透射电镜	FEI Tecnai G2 S - Twin
高速冷冻型多功能离心机	Thermo, CR3i multifunction

9.2.3 合成方法

根据文献报道,合成稀土上转换纳米材料有以下几种方法。

9.2.3.1 水热法

通过水热法合成稀土上转换纳米材料已经很普遍了, 原理是利用水作为反应溶剂,通过高温高压,使得离子的溶解度以及活跃度大大地提高。通过此种方法得到的粒子形貌尺度可调、纯度高、分散性好。实验结果表明,利用该方法合成出的稀土上转换纳米材料的形貌随着温度的变化而变化,当达到某个温度的时候溶解,继续达到更高的温度才会重新形成六方相结晶,所以用这种方法合成出的稀土上转换纳米材料对温度的要求会更高。后续研究表明,可以通过掺杂 Gd 离子来降低温度对形貌的影响,提高上转换纳米材料的发光效率。

9.2.3.2 共沉淀法

可溶性物质在水溶液中发生化学反应,生成难溶的物质,将难溶物质沉淀出来后,过滤、洗涤、干燥、焙烧,最终得到稀土上转换发光纳米材料。共沉淀法的优点是制取材料的方法简单,成本低,不需要高温,适合于批量生产,缺点是生成的产物晶化程度不高。以 $NaYF_4:Yb^{3+},Er^{3+}$ 的制备为例,通过共沉淀法制备的样品发光效率低,而且需要经过高温煅烧之后,才能得到发光效率高的立方相晶体。

9.2.3.3 溶胶-凝胶法

该方法是将金属的无机盐通过水解的方式制成溶胶,然后将得到的溶胶凝胶化,再经过干燥、煅烧后除掉有机成分,最后得到产品。溶胶-凝胶法常用于制备氧化的稀土上转换纳米材料,制备出的材料纯度高,得到的产品粒径大小均匀,制备方法简单易操作,适合于大规模生产。但该方法也存在一些问题,比如有些材料价格比较昂贵,而且合成出的粒子的粒径难以控制,煅烧时易聚团,不利于表面修饰,而且该反应所需时间长。

9.2.3.4 高温固相合成法

这种方法通常应用在荧光粉工业中，通常需要四个阶段：扩散—反应—成核—生长。原理是选择一定比例的原料，加入助熔剂，研磨，在氧气、惰性气体或者还原性气体中，经过1 000～1 600 ℃高温煅烧反应，最后再粉碎研磨。这种方法的产率高，而且工艺简单，成本也较低，不过不足之处在于反应所需温度过高，大量消耗反应时间，并且容易混入杂质，也会使某些激活剂离子挥发，从而降低发光的亮度。而影响高温固相反应的因素包括反应物之间的接触面积大小，反应物的表面积大小，反应生成物的速度，以及通过生成物相层的离子扩散速度。

9.2.3.5 微乳液法

将两种或者两种以上互不相溶的材料溶液混合乳化后，得到的乳液直径大小在5～100 nm之间，该热力学稳定体系由表面活性剂、助表面活性剂、油和水组成。通过这种方法合成的材料不容易团聚，稳定性好，而且操作简单，但也存在缺点，比如分子间隙大。已经有人通过微乳液法制备出了用Eu掺杂的Y_2O_3纳米材料。

9.2.3.6 燃烧法

此方法是对高温固相合成法的改进。早在20世纪90年代印度的科学家第一次合成出了发光材料，反应过程主要是将反应物按化学计量比混合，加入水和尿素，加热至完全溶解后，放入电炉中燃烧即可。

9.2.3.7 溶剂热法

溶剂热法是在预热的配体溶剂中注入前躯体溶液，并迅速分解成核，晶核再缓慢生长为纳米粒子。其中经常被用作配体的是油酸、油胺、十八碳烯混合溶液。这种方法合成出的稀土上转换纳米材料形貌规则、分散性好、尺寸小、发光性能好，更适合应用在生物成像以及生物荧光探针方面。就目前的技术而言，溶剂热法也存在缺陷，不能直接分散在水相溶液中。

本书所涉及的稀土上转换纳米材料的合成方法是稀土氯化物溶剂热法，与其他方法相比,用该方法得到的六方相的稀土上转换纳米粒子在水中分散性好,常温下不易聚团,而且工艺过程简单,操作简便。

9.2.4 实验样品的显微镜观察

在16时将雌性与雄性斑马鱼按照2∶1的比例放置在分离槽里,隔离至第二天早上8时30分,撤去挡板,收取并且挑选产卵2~3 h的斑马鱼胚胎,显微镜下观察所收集的受精卵,小心移除未受精或发育畸形的受精卵,注意不要弄破卵膜,收集发育健康的斑马鱼胚胎。在受精后4 h内在24孔细胞培养板中进行暴露实验。以每孔15条的数量,放置在24孔板内,并且设置对照组与实验组,将实验所需要的稀土离子的染毒液用E3营养水稀释成0.062 5 mmol/mL、0.125 mmol/mL、0.25 mmol/mL、0.5 mmol/mL的浓度,而稀土上转换纳米材料的染毒液稀释成25 μg/mL、50 μg/mL、100 μg/mL、200 μg/mL、400 μg/mL,通过体式显微镜观察斑马鱼在不同时期的情况,并做好记录。

9.2.5 X射线衍射

将具有一定波长的X射线照射到晶体上时,X射线因在晶体内遇到规则排列的原子或离子而发生散射,散射的X射线在某些方向上相位得到加强,从而显示与晶体结构相对应的特有的衍射现象。利用谢乐公式 $D = k\lambda / B\cos\theta$ 计算,其中 k 取0.89,θ 为衍射角,λ 为X射线波长0.154 056 nm。图9-2是稀土上转换纳米材料 $NaYF_4:Yb^{3+},Er^{3+}$ 的XRD图。

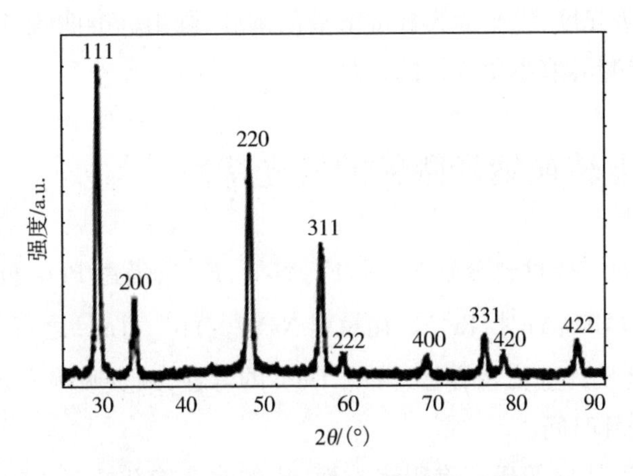

图 9－2　$NaYF_4:Yb^{3+},Er^{3+}$ 的 XRD 图

9.2.6　扫描电子显微镜图

使用扫描电子显微镜(S－4800 型)分析样品的微观形貌及化学性质。测试电压为 15 kV。扫描电子显微镜是入射电子激发原子核外的电子,激发电子过程中形成的次级电子成像,表现了物质表面形态的特征以及物理、化学性质。入射电子束与物质的角度决定了物质状态的表征图像,通过对次级电子的采集,控制入射电子束的光电倍数和光电信号的转换,在计算机上可看出物质表面形貌的扫描像。

9.2.7　荧光发射光谱

本实验利用的是 FLS 920 型荧光光谱仪,激发光源采用外接的 980 nm 波长的半导体二极管激光器。所用到的激光功率为 30 W,光斑大小为 0.03 mm^2,通过测出的稀土上转换纳米材料的荧光光谱图,分析产生可见光的机理。

9.2.8　紫外可见光谱

根据实验条件测出材料的吸收峰,以此波长为标准设定波长范围,设置横坐标为溶液的吸光度,纵坐标为标准溶液的浓度,画出标准曲线,得到相应的数学方程,求出待测溶液中化合物的含量。

9.3 稀土上转换纳米微粒的发光特性

本节选取的三种材料分别为 $NaYF_4:Yb^{3+},Er^{3+}$;经过 PEG 包覆的 $NaYF_4:Yb^{3+},Tm^{3+}$;$NaGdF_4:Yb^{3+},Er^{3+}$。而材料 $NaYF_4:Yb^{3+},Tm^{3+}$之所以要经过 PEG 修饰,是为了增强其生物相容性,降低 Tm^{3+} 的毒性,减少吸附在表面的稀土离子,延长体内循环时间。

对于其发光特性的研究有很多方面,比如改变掺杂的离子的浓度,增大或者减小敏化剂和激活剂的相互作用,或者对粒子表面进行修饰,或者改变温度。对于 Er^{3+}、Yb^{3+} 掺杂的 $NaYF_4$来说,在 980 nm 激发下会产生红光和绿光,绿光对应的是 Er^{3+} 的$^2H_{11/2}$与$^4I_{15/2}$和$^4S_{3/2}$与$^4I_{15/2}$两个能级之间的跃迁,激发态能级 $4I_{15/2}$吸收来自 Yb^{3+} 的$^4F_{5/2}\to{}^4F_{7/2}$跃迁的离子,跃迁至$^4F_{7/2}$,再通过无辐射弛豫过程到达$^2H_{11/2}$,从而发射红光。

若改变 Yb^{3+}的浓度,测出的上转换纳米材料的荧光强度就会有所不同。当设置 Yb^{3+}的浓度为 15%(摩尔百分比)时,激发出红光与绿光的比值近乎 1∶1,当 Yb^{3+}的浓度增加到 20%(摩尔百分比)时,荧光图显示的红光与绿光的比值近乎 1.5∶1,当 Yb^{3+}的浓度增加到 25%(摩尔百分比)时,红光与绿光的比值近乎 2∶1,原因是 Er^{3+} 的激发态处于$^4I_{15/2}$,而 Yb^{3+} 的激发态处于$^2F_{7/2}$,当 980 nm激光照射时,Yb^{3+}会将吸收的能量转移给 Er^{3+},使得 Er^{3+} 在能级$^4I_{11/2}$和$^4F_{7/2}$的布居数增多,能级$^4F_{7/2}\to{}^4F_{9/2}$,$^4I_{11/2}\to{}^4F_{9/2}$,能级间的交叉弛豫增强,在$^4F_{9/2}$布居数增多,从而发射出的红光增强。如图 9-3 所示,红光的增强就会导致绿光的减弱,所以本节研究的稀土上转换纳米材料分别为 20% 的 Yb^{3+} 与 2% 的 Er^{3+} 掺杂的 $NaYF_4$、20% 的 Yb^{3+} 与 2% 的 Er^{3+} 掺杂的 $NaGdF_4$,以及 20% 的 Yb^{3+} 与 0.3% 的 Tm^{3+} 掺杂的 $NaYF_4$。

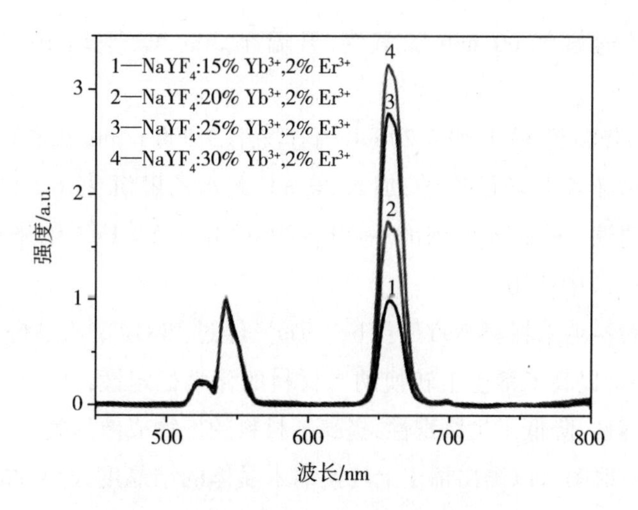

图 9－3　掺杂不同 Yb^{3+} 离子的 $NaYF_4:Yb^{3+}$，
Er^{3+} 的上转换荧光强度对比

本节通过溶热剂法合成稀土上转换纳米材料 $NaYF_4:Yb^{3+}$，Er^{3+}，并与另外两种稀土上转换纳米材料进行比较。通过扫描电镜以及荧光光谱对三种稀土上转换纳米粒子的形貌、粒径以及发光特性进行表征，比较三种稀土上转换纳米粒子的尺度、分散性、形貌及晶体质量。

9.3.1　$NaYF_4:Yb^{3+}$，Er^{3+} 的制备

利用稀土氯化物溶剂热法合成稀土上转换纳米粒子 $NaYF_4:Yb^{3+}$，Er^{3+}。具体步骤如下：

（1）根据化学计量比称量 0.78 mmol 的 YCl_3（0.236 9 g），0.2 mmol 的 $YbCl_3$（0.077 5 g）和 0.02 mmol 的 $ErCl_3$（0.007 6 g）；

（2）将其放入盛有 6 mL 油酸和 15 mL ODE 的 50 mL 的三颈瓶中，然后加入磁子搅拌，搅拌过程中通氩气 30 min，用以除去反应容器中的氧气；

（3）加热升温到 160 ℃保持 30 min，使稀土氯化物充分溶解，得到透明澄清溶液，然后降温到 30 ℃；

（4）称量 0.1 g NaOH 和 0.148 g NH_4F，加入 8 mL 甲醇溶液搅拌溶解之后，加入（3）得到的溶液中，加热升温至 75 ℃，保持 60 min，除去甲醇降温至 60 ℃；

(5)继续通氩气 60 min 除氧气,升温至 300 ℃,平均 10 ℃/min,反应 90 min;

(6)样品降温至 30 ℃加入 20 mL 丙醇沉化,7 500 r/min 离心 6 min,除去上清将样品分散于 4 L 环己烷中,加入 20 mL 无水乙醇沉化,6 500 r/min 离心 6 min,重复两遍,最后将得到的 $NaYF_4$:20% Yb^{3+},2% Er^{3+} 纳米粒子分散到 8 mL环己烷溶液中待用。

稀土上转换纳米材料 $NaYF_4$:Yb^{3+},Tm^{3+} 经过 PEG(聚乙二醇)包覆,减少了表面的氨基,提高了稀土上转换纳米材料的化学稳定性,从而增加了纳米粒子的生物相容性,降低了生物毒性,提高了材料的生物成像的效率。

X 射线衍射图可以测出稀土上转换纳米晶体的结晶度大小、晶格缺陷和表面缺陷,推断晶体的发光效率,但本章利用稀土氯化物溶剂热法合成的稀土上转换纳米材料通过扫描电镜图像就可以分析出粒径的大小、水溶性及分散性。

9.3.2 $NaYF_4$:Yb^{3+},Er^{3+}的扫描电子显微镜图

图 9-4 显示的是稀土上转换纳米材料 $NaYF_4$:Yb^{3+},Er^{3+} 的扫描电子显微镜图,从图中可以看到粒子的粒径大小为 20 nm,在水中具有很好的分散性。

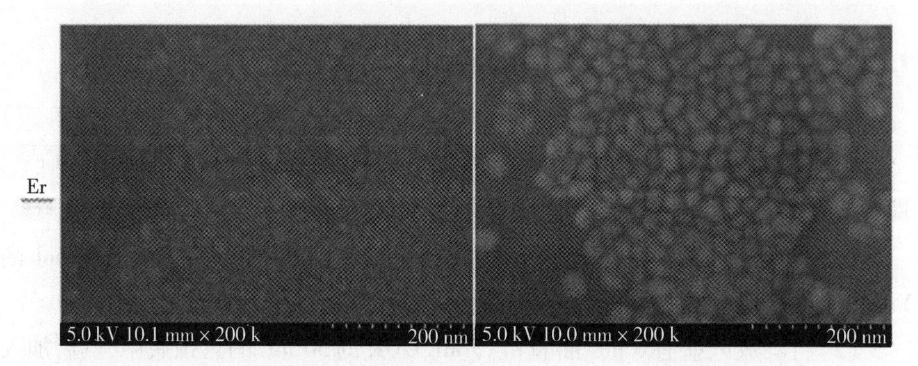

图 9-4 稀土上转换纳米材料 $NaYF_4$:Yb^{3+},Er^{3+} 的扫描电子显微镜图

9.3.3 $NaYF_4$:Yb^{3+},Er^{3+}的荧光发射光谱

图 9-5 是稀土上转换纳米材料 $NaYF_4$:Yb^{3+},Er^{3+} 的荧光发射光谱,从中

能够看到三个较强的发光峰,峰值分别在525 nm、540 nm和650 nm处。

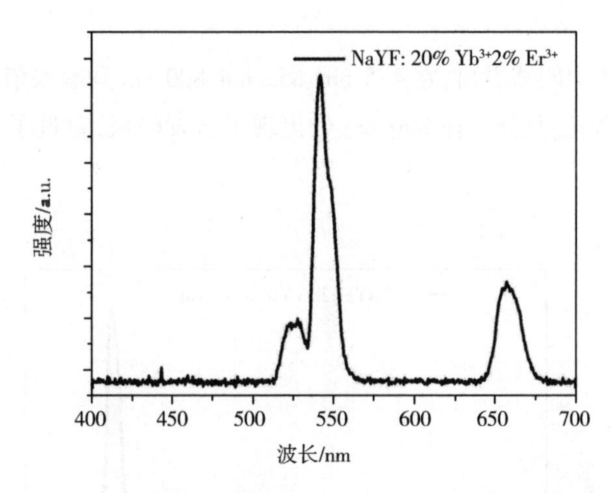

图9-5 稀土上转换纳米材料 $NaYF_4:Yb^{3+},Er^{3+}$ 的荧光发射光谱

9.3.4 $NaYF_4:Yb^{3+},Tm^{3+}$ 的扫描电子显微镜图

图9-6表示的是 $NaYF_4:Yb^{3+},Tm^{3+}$ 的扫描电子显微镜图,图中的粒子粒径是3 nm,粒子大小均匀一致,在水中具有良好的分散性。

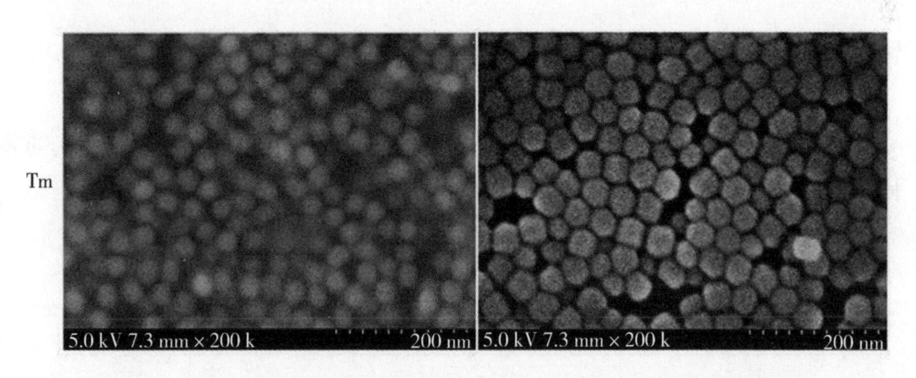

图9-6 稀土上转换纳米材料 $NaYF_4:Yb^{3+},Tm^{3+}$ 的扫描电子显微镜图

9.3.5 $NaYF_4:Yb^{3+},Tm^{3+}$的荧光发射光谱

从图9－7中能够看出,在475 nm、652 nm、800 nm均有峰值出现。当利用的980 nm的激光照射时,在800 nm处出现了激发峰值,盖过了前面的可见光的峰值。

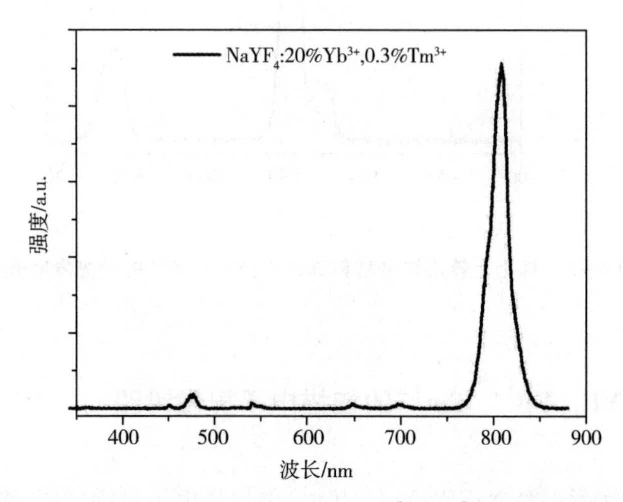

图9－7 稀土上转换纳米材料 $NaYF_4:Yb^{3+},Tm^{3+}$的荧光发射光谱

9.3.6 $NaGdF_4:Yb^{3+},Er^{3+}$的扫描电子显微镜图

图9－8中显示的粒子粒径大约在40 nm,粒径均匀,在水中分散性好,常温下不会出现团聚现象。

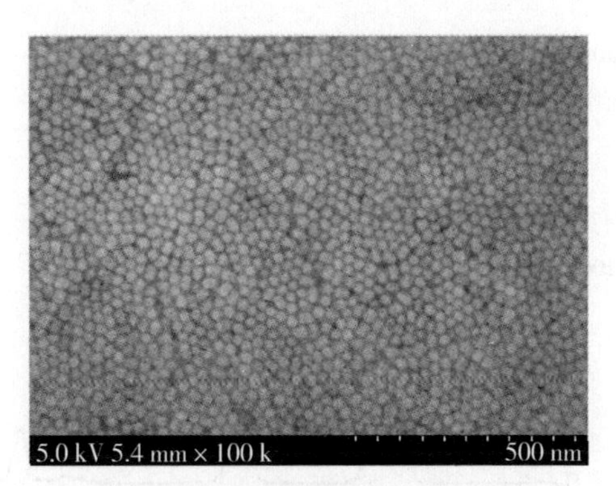

图9-8　稀土上转换纳米材料 $NaGdF_4:Yb^{3+}$，Er^{3+}的扫描电子显微镜图

9.3.7　$NaGdF_4:Yb^{3+}$，Er^{3+}的荧光发射光谱

稀土离子外部的电子结构为 $4d^{10}4f^{0\sim14}5s^2 5p^6 5d^{0\sim1}6s^2$，也就是说稀土离子的4f壳层不满，包括了 $5s^2 5p^6$ 以及最外部的5d6s，这就使得4f电子层上出现不同的能级状态，发生不同的能级跃迁，继而产生大量的吸收光或者发射光。

图9-9显示的是 $NaGdF_4:Yb^{3+}$，Er^{3+}发射出的520 nm、540 nm的绿光以及654 nm的红光，在980 nm激发光的照射下，Yb^{3+}被激发跃迁至能级 $^2F_{5/2}$，从能级 $^2F_{5/2}$ 辐射跃迁至能级 $^2F_{7/2}$ 释放的能量被 Er^{3+} 吸收，使得处于基态的 Er^{3+} $^4I_{15/2}$ 跃迁至能级 $^4I_{11/2}$，处于能级 $^4I_{11/2}$ 的通过无辐射跃迁到达能级 $^4I_{13/2}$，再次吸收 Yb^{3+} 的能量跃迁至能级 $^4F_{9/2}$，从此能级返回基态时产生红光。而 Yb^{3+} 的 $^4F_{5/2}\rightarrow{}^4F_{7/2}$ 辐射跃迁释放的能量电子，在 $^2H_{11/2}$ 和 $^4S_{3/2}$ 两个能级上布局，当电子从 $^2H_{11/2}$ 和 $^4S_{3/2}$ 两个能级上跃迁至基态的时候发射出520 nm、540 nm的绿光。

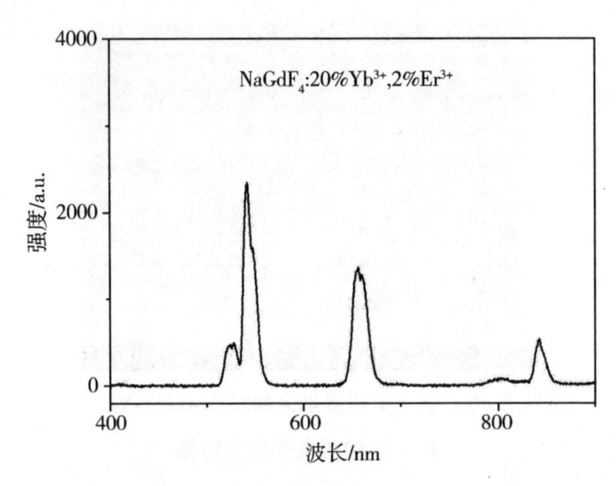

图 9-9 稀土上转换纳米材料 $NaGdF_4:Yb^{3+},Er^{3+}$ **荧光发射光谱**

9.4 稀土上转换纳米材料的生物相容性

在 20 世纪 60 年代就有人已经发现稀土化合物具有抗凝血、消炎、抗癌等效果,逐渐地将其用于临床医学。而稀土上转换纳米材料具有可降解性,也许会造成斑马鱼体内的损伤。有研究表明,稀土离子可以与动物体内的 DNA 相结合,降低细胞内的 DNA 含量,从而影响核酸酶的活性,降低免疫力。

本节实验分两个步骤。第一步是将三种稀土上转换纳米材料配制成染毒液,分别设置对照组和实验组,配制的实验组的染毒液 $NaYF_4:Yb^{3+},Er^{3+}$ 的浓度分别设置为 25 μg/mL、50 μg/mL、100 μg/mL、200 μg/mL、400 μg/mL, $NaYF_4:Yb^{3+},Tm^{3+}$ 浓度设置为 100 μg/mL、200 μg/mL、400 μg/mL、600 μg/mL、800 μg/mL, $NaGdF_4:Yb^{3+},Er^{3+}$ 浓度分别设置为 25 μg/mL、50 μg/mL、100 μg/mL、200 μg/mL、400 μg/mL。利用 24 孔板,每孔放入 1 mL 的染毒液,放置 15 条斑马鱼,对照组用 E3 营养水代替,时间分别为 24 hpf (hours post-fertilization,受精后小时)、48 hpf、72 hpf、96 hpf、120 hpf、144 hpf、168 hpf,每天观察斑马鱼胚胎、幼鱼的变化情况,并且做好记录,重复实验 3 次。第二步是观察五种稀土离子(钆离子、铒离子、钕离子、镱离子、镥离子)的毒性,步骤同上,设置实验组的浓度为 0.062 5 mmol/mL、0.125 mmol/mL、0.25 mmol/mL、0.5mmol/mL,重复实验 3 次。

9.4.1 三种稀土上转换纳米材料对斑马鱼的毒性研究

图9-10、9-11、9-12展现的是三种稀土上转换纳米材料处理后斑马鱼的存活率的统计数据，统计的时间分别设置为24 hpf、48 hpf、72 hpf、96 hpf、120 hpf、144 hpf、168 hpf，统计斑马鱼死亡数量。从图中可以看出，$NaYF_4:Yb^{3+},Er^{3+}$和$NaGdF_4:Yb^{3+},Er^{3+}$对斑马鱼的半致死率为200 μg/mL，浓度提高，死亡数量增多，而经PEG包覆的$NaYF_4:Yb^{3+},Tm^{3+}$对斑马鱼的死亡没有什么影响。

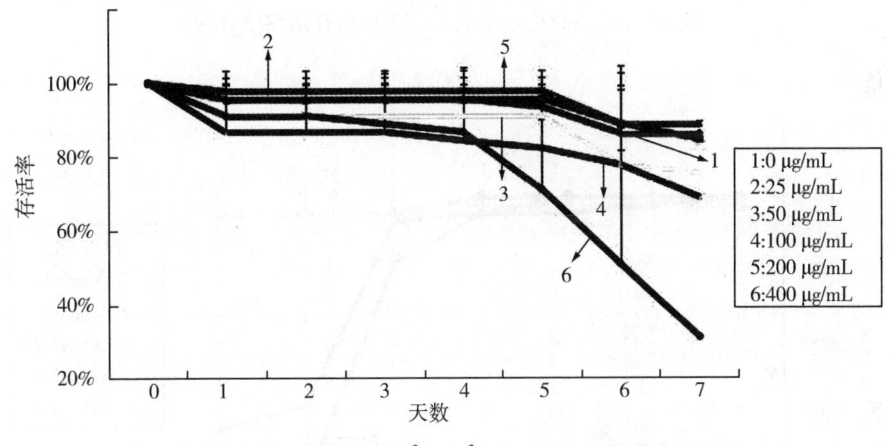

图9-10 $NaYF_4:Yb^{3+},Er^{3+}$ 7天的存活率统计图

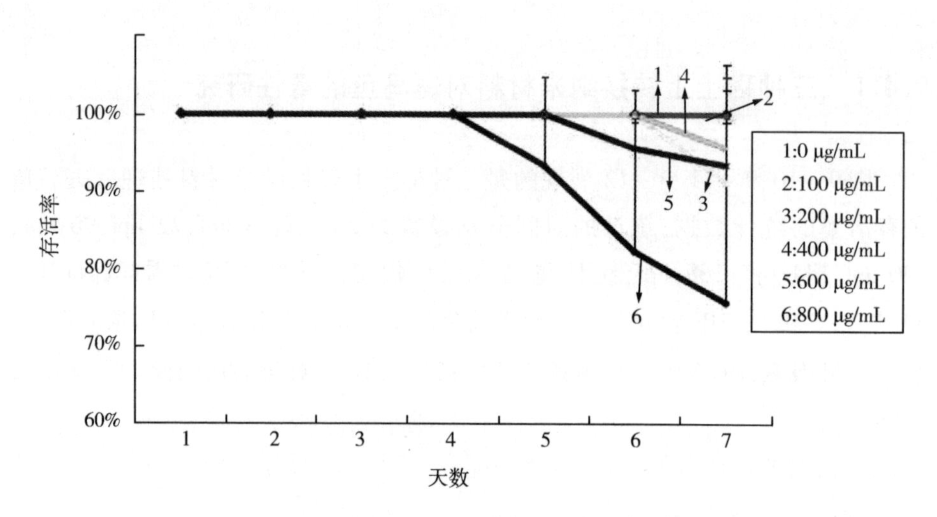

图 9－11 $NaYF_4:Yb^{3+},Tm^{3+}$ 7 天的存活率统计图

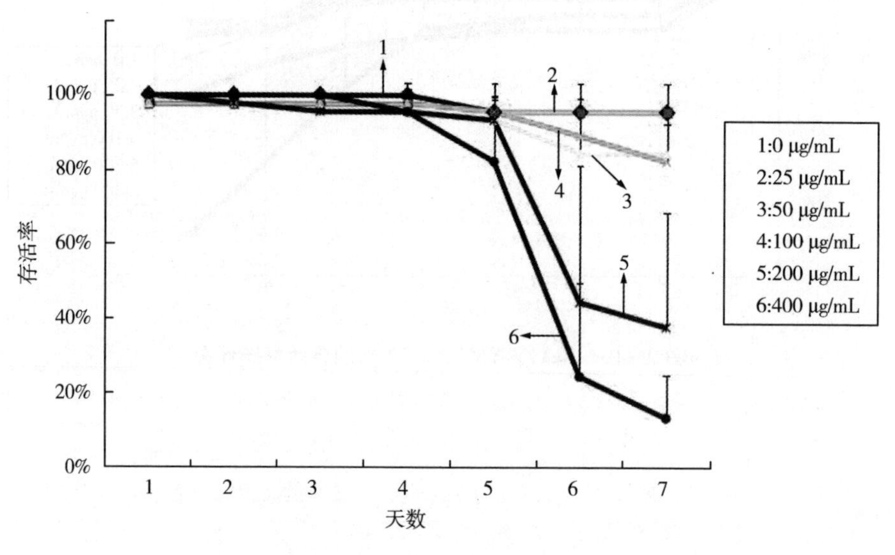

图 9－12 $NaGdF_4:Yb^{3+},Er^{3+}$ 7 天的存活率统计图

9.4.1.1 稀土上转换纳米材料在斑马鱼体内的富集

图 9－13 和 9－14 分别显示了稀土上转换纳米材料在斑马鱼体内的富集情况。在 980 nm 红外光的激发下，$NaYF_4:Yb^{3+},Tm^{3+}$ 能够发出肉眼可见的明

亮的蓝紫色光，而 $NaYF_4:Yb^{3+},Er^{3+}$ 能够发出肉眼可见的绿色荧光，而且富集部位为心脏和肝脏区域。

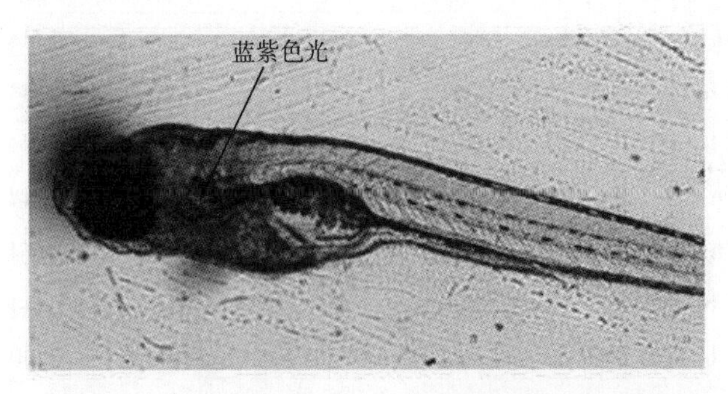

图 9-13　$NaYF_4:Yb^{3+},Tm^{3+}$ 在斑马鱼体内的富集情况

图 9-14　$NaYF_4:Yb^{3+},Er^{3+}$ 在斑马鱼体内的富集情况

9.4.1.2　染毒液为 $NaYF_4:Yb^{3+},Er^{3+}$ 的斑马鱼幼鱼的畸形情况

染毒液为 $NaYF_4:Yb^{3+},Er^{3+}$ 的斑马鱼幼鱼的畸形情况如表 9-3 所示。

表 9-3　染毒液为 $NaYF_4:Yb^{3+},Er^{3+}$ 的斑马鱼幼鱼的畸形统计

	时间	数量					
		0 μg/mL	25 μg/mL	50 μg/mL	100 μg/mL	200 μg/mL	400 μg/mL
鱼鳔异常	96 h	6/41	26/43	34/41	32/38	37/44	35/39
	120 h	0	21/43	23/41	19/37	19/44	18/36
	144 h	0	19/40	18/35	16/35	18/40	13/23
	168 h	0	18/38	16/34	14/31	18/37	7/14

续表

	时间	数量					
		0 μg/mL	25 μg/mL	50 μg/mL	100 μg/mL	200 μg/mL	400 μg/mL
鱼鳔发育缓慢	96 h	0	2/43	0	0	1/44	2/39
	120 h	0	3/43	1/41	2/37	3/44	2/36
	144 h	0	0	2/35	1/35	0	0
弯曲	72 h	0	1/43	2/41	1/39	2/44	0/40
	96 h	0	1/43	2/41	1/38	2/44	2/39
	120 h	0	2/43	3/41	4/37	2/44	3/36
	144 h	0	4/40	3/35	3/35	2/40	4/23
	168 h	0	4/38	4/34	4/31	3/37	1/14
肝脏坏死	96 h	0	2/43	1/41	2/38	3/44	2/39
	120 h	0	4/43	4/41	3/37	5/44	5/36
	144 h	5/38	14/40	13/35	15/35	15/40	11/23
	168 h	16/38	26/38	23/34	21/31	26/37	14/14

9.4.1.3 染毒液为 $NaYF_4:Yb^{3+},Tm^{3+}$ 的斑马鱼幼鱼的畸形情况

染毒液为 $NaYF_4:Yb^{3+},Tm^{3+}$ 的斑马鱼幼鱼的畸形情况如表 9－4 所示。

表 9－4 染毒液为 $NaYF_4:Yb^{3+},Tm^{3+}$ 的斑马鱼幼鱼的畸形统计

	时间	数量					
		0 μg/mL	100 μg/mL	200 μg/mL	400 μg/mL	600 μg/mL	800 μg/mL
鱼鳞异常	96 h	30/43	15/44	11/44	13/44	8/44	9/43
	120 h	38/43	20/44	11/42	18/43	21/43	20/43
	144 h	38/43	21/43	11/40	19/42	22/40	21/40
	168 h	38/43	21/43	14/36	21/40	23/39	21/39

续表

	时间	数量					
		0 μg/mL	100 μg/mL	200 μg/mL	400 μg/mL	600 μg/mL	800 μg/mL
弯曲	96 h	0/43	1/44	2/44	0/44	1/44	0/43
	120 h	0/43	3/44	4/42	2/43	2/43	6/43
	144 h	0/43	3/43	6/40	7/42	7/40	9/40
	168 h	1/43	6/43	9/36	9/40	9/39	12/39
肝脏坏死	96 h	0/43	3/44	3/44	3/44	2/44	4/43
	120 h	0/43	3/44	3/42	3/43	3/43	4/43
	144 h	0/43	4/43	5/40	6/42	6/40	6/40
	168 h	0/43	5/43	5/36	7/40	8/39	10/39
心包囊异常	72 h	0/43	0/44	2/44	2/44	3/44	3/43
心脏异常	96 h	0/43	0/44	1/44	0/44	0/44	0/43
	120 h	0/43	2/44	0/44	0/44	1/44	3/43

9.4.1.4　染毒液为 $NaGdF_4:Yb^{3+},Er^{3+}$ 的斑马鱼幼鱼的畸形情况

染毒液为 $NaGdF_4:Yb^{3+},Er^{3+}$ 的斑马鱼幼鱼的畸形情况如表 9－5 所示。

表 9－5　染毒液为 $NaGdF_4:Yb^{3+},Er^{3+}$ 的斑马鱼幼鱼的畸形统计

	时间	数量					
		0 μg/mL	25 μg/mL	50 μg/mL	100 μg/mL	200 μg/mL	400 μg/mL
弯曲	72 h	0/45	0/44	2/44	0/44	0/43	0/45
	96 h	0/45	1/44	3/44	1/44	2/43	0/43
	120 h	0/45	4/43	5/42	3/41	4/42	5/37
	144 h	0/45	7/42	8/37	10/40	6/20	7/11
	168 h	0/45	8/42	9/37	15/37	9/17	4/6
心脏异常	120 h	0/45	0/43	2/42	2/41	4/42	0/37
	144 h	0/45	0/42	1/37	0/40	0/20	0/11

续表

	时间	数量					
		0 μg/mL	25 μg/mL	50 μg/mL	100 μg/mL	200 μg/mL	400 μg/mL
鱼膘异常	96 h	25/45	5/44	6/44	0/44	1/43	0/43
	120 h	38/45	18/43	10/42	6/41	4/42	1/37
	144 h	39/45	19/42	13/37	7/40	3/20	1/11
	168 h	39/45	21/42	13/37	7/37	2/17	2/6
肝脏坏死	96 h	0/45	2/44	2/44	3/44	3/43	4/43
	120 h	0/45	1/43	2/42	3/41	3/42	9/37
	144 h	0/45	1/42	2/37	4/40	8/20	6/11
	168 h	0/45	5/42	7/37	8/37	8/17	4/6

从表中能够看出,染毒液浓度越大,出现畸形情况的数量也越多,出现最多的畸形为鱼鳔发育缓慢以及肝脏坏死。由于存在个体差异,从整体的趋势上看,稀土上转换纳米材料虽然能延缓斑马鱼的发育,但毒性不大,生物相容性很好,而且在体内多存在于肝脏中。

9.4.2 五种稀土离子的生物相容性研究

设置对照组浓度为 0 mmol/mL,实验组浓度梯度为 0.062 5 mmol/mL、0.125 mmol/mL、0.25 mmol/mL、0.5 mmol/mL,观察检测斑马鱼自主运动、心率、孵化率、存活率以及畸形的情况。

9.4.2.1 五种稀土离子对斑马鱼存活率影响的统计

图 9-15 到图 9-19 显示的是 5 种材料对斑马鱼的存活率的影响。5 种材料潜在的毒性都很大,随着浓度的增加,斑马鱼幼鱼在第 4 天死亡的数量已经达到 80% 以上,而到第 7 天的时候,几乎 5 种材料染毒液里的斑马鱼幼鱼都死亡了,造成这一情况的原因可能是稀土离子在斑马鱼体内富集,富集的浓度越大,斑马鱼的肝脏损伤得越快,而机体本身对毒素代谢得慢,死亡的数量也就越来越多。

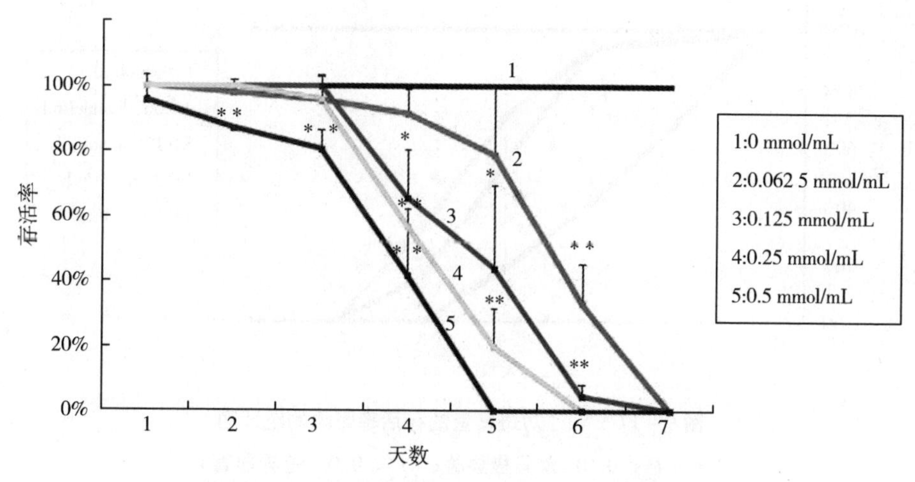

图9－15 Er^{3+}对斑马鱼存活率影响的统计图

（＊＊P＜0.01,差异极显著;＊P＜0.05,差异显著）

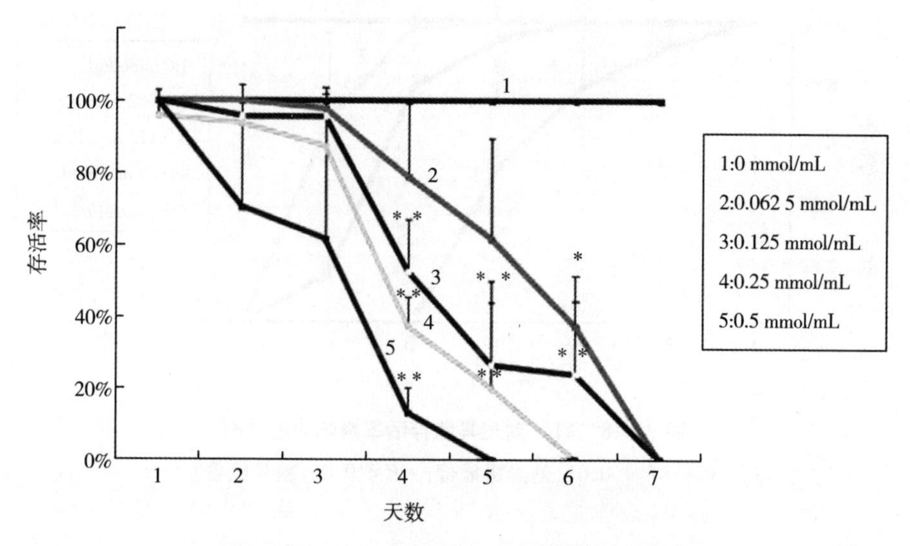

图9－16 Gd^{3+}对斑马鱼存活率影响的统计图

（＊＊P＜0.01,差异极显著;＊P＜0.05,差异显著）

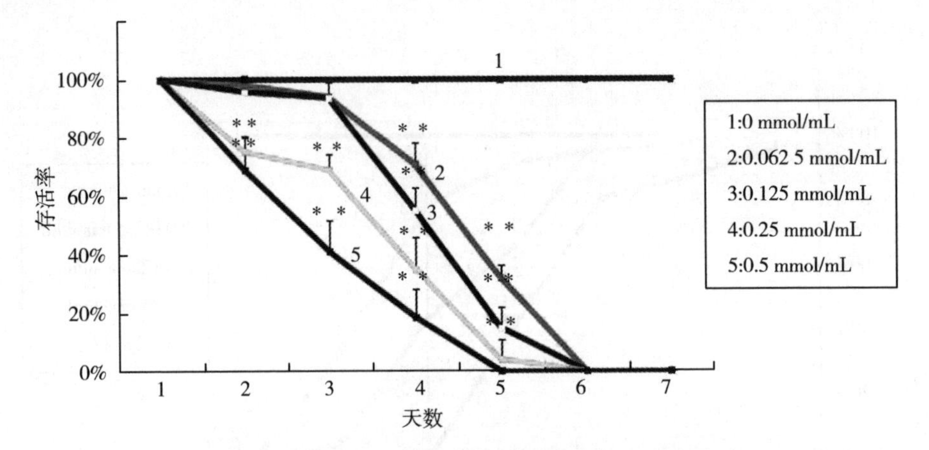

图 9-17 Nd^{3+} 对斑马鱼的存活率影响的统计图
（ * * P < 0.01，差异极显著； * P < 0.05，差异显著）

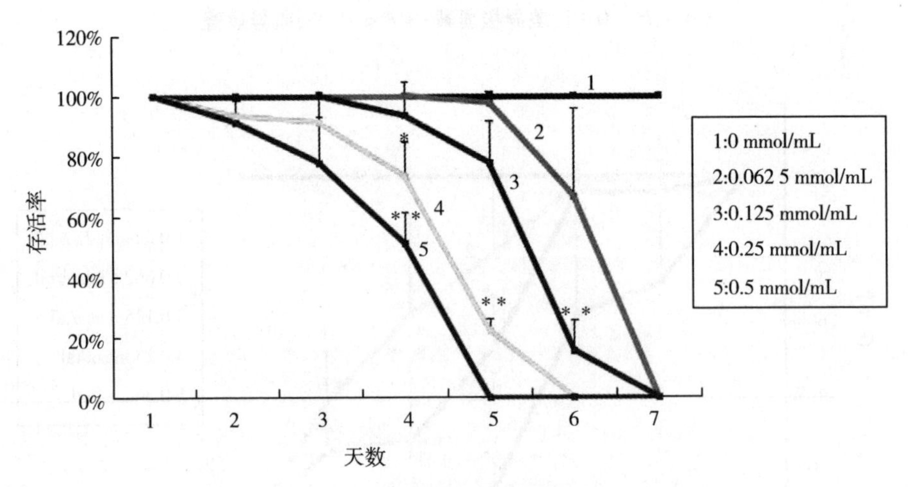

图 9-18 Yb^{3+} 对斑马鱼存活率影响的统计图
（ * * P < 0.01，差异极显著； * P < 0.05，差异显著）

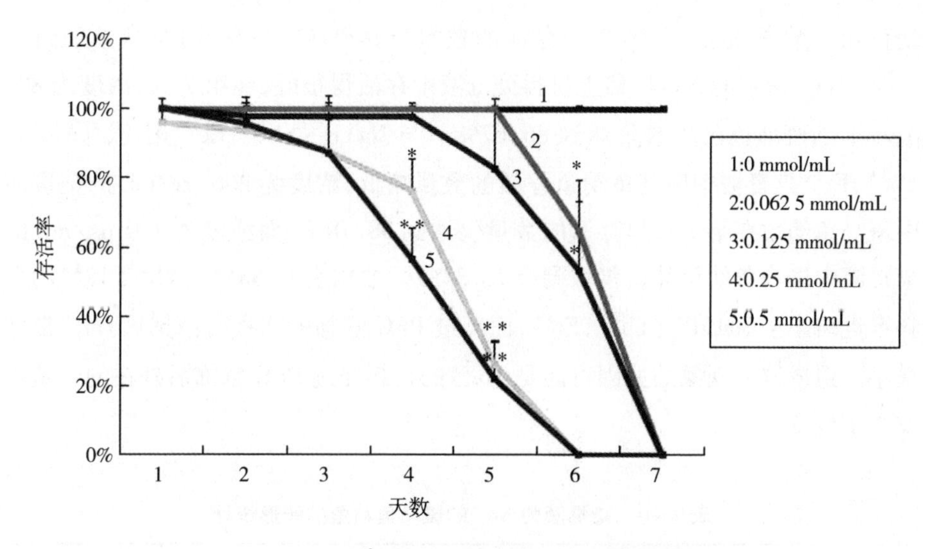

图 9 – 19　Lu^{3+} 对斑马鱼存活率影响的统计图

（* * P < 0.01，差异极显著；* P < 0.05，差异显著）

9.4.2.2　五种稀土离子对斑马鱼幼鱼畸形影响的统计

配制3%的甲基纤维素。斑马鱼的器官从72 hpf开始形成，将斑马鱼的幼鱼利用甲基纤维素固定在载玻片上。通过体式显微镜观察斑马鱼胚胎以及幼鱼不同时期的变化，同时对其拍照并进行统计。48 hpf与96 hpf是斑马鱼胚胎发育观察的特殊时间点，96 hpf可以观察到斑马鱼胚胎的各种发育畸形情况，所以实验中统计了这个时间点的斑马鱼胚胎发育畸形情况。提取了5种稀土离子在96 hpf、浓度为0.125 mmol/mL条件下斑马鱼幼鱼的RNA，检测了体内超氧化物歧化酶Orgotein（Superoxide Dismutase，SOD）的活性，发现与对照组相比，染毒液的斑马鱼体内的SOD增加，说明5种稀土离子存在毒性，使得斑马鱼体内产生大量自由基，可能会导致脂质过氧化，从而破坏斑马鱼幼鱼的心脑血管系统，如表9 – 6至表9 – 10所示。

实验设定稀土上转换纳米材料染毒液浓度梯度分别为25 μg/mL、50 μg/mL、100 μg/mL、200 μg/mL、400 μg/mL，分别统计24 hpf、48 hpf、72 hpf、96 hpf、120 hpf、144 hpf以及168 hpf的斑马鱼幼鱼的死亡数量，结果显示，在Yb^{3+}、Er^{3+}掺杂的$NaYF_4$稀土材料配制的浓度为400 μg/mL的染毒液中斑马鱼

幼鱼死亡数量最多,在第 7 天存活的数量仅达到 31.23%,而斑马鱼幼鱼在 Yb^{3+}、Tm^{3+}掺杂的 $NaYF_4$稀土材料染毒液中存活得很好,在第 7 天,浓度为 800 μg/mL 的斑马鱼存活数量达到 86.67%。与 $NaYF_4:Yb^{3+},Er^{3+}$ 相比,$NaGdF_4:Yb^{3+},Er^{3+}$染毒液中斑马鱼幼鱼存活的数量略低,浓度为 200 μg/mL 的染毒液中斑马鱼幼鱼在第 7 天里存活的数量仅达到 38.78%,而浓度为 400 μg/mL 的染毒液中斑马鱼幼鱼数量仅仅剩余 13.33%。数据表明 $NaYF_4:Yb^{3+},Er^{3+}$的材料毒性略小于 $NaGdF_4:Yb^{3+},Er^{3+}$,而经过 PEG 修饰的 $NaYF_4:Yb^{3+},Tm^{3+}$毒性最小。造成这一现象的原因可能是 Tm^{3+}的材料经过 PEG 修饰后外在的羟基团发生了改变。

表 9-6 染毒液为 Er^{3+} 的斑马鱼幼鱼的畸形统计

时间		数量				
		0 mmol/mL	0.062 5 mmol/mL	0.125 mmol/mL	0.25 mmol/mL	0.5 mmol/mL
鱼膘异常	96 h	46/46	0/42	0/30	0/26	0/19
	120 h	46/46	0/36	0/20	0/9	0/0
	144 h	46/46	0/15	0/2	0/0	0/0
	168 h	46/46	0/0	0/0	0/0	0/0
弯曲	120 h	0/46	1/36	4/20	4/9	0/0
	144 h	0/46	8/15	0/2	0/0	0/0
	168 h	0/46	0/0	0/0	0/0	0/0
肝脏受损	120 h	0/46	2/36	4/20	2/9	0/0
	144 h	0/46	0/15	1/2	0/0	0/0
	168 h	0/46	0/0	0/0	0/0	0/0
心包囊水肿	96 h	0/46	0/42	6/30	4/26	0/19
	120 h	0/46	0/36	5/20	4/9	0/0
	144 h	0/46	0/15	0/2	0/0	0/0
	168 h	0/46	0/0	0/0	0/0	0/0

表9-7　染毒液为 Gd^{3+} 的斑马鱼幼鱼的畸形统计

时间		数量				
		0 mmol/mL	0.062 5 mmol/mL	0.125 mmol/mL	0.25 mmol/mL	0.5 mmol/mL
鱼膘异常	96 h	43/46	0/36	0/24	0/17	0/6
	120 h	43/46	0/28	0/12	0/9	0/0
	144 h	43/46	0/17	0/8	0/0	0/0
	168 h	43/46	0/0	0/0	0/0	0/0
弯曲	96 h	0/46	2/36	3/24	1/17	2/6
	120 h	0/46	5/28	3/12	2/9	0/0
	144 h	0/46	0/17	0/8	0/0	0/0
	168 h	0/46	0/0	0/0	0/0	0/0
心包囊水肿	96 h	0/46	2/36	2/24	3/17	2/6
	120 h	0/46	4/28	0/12	0/9	0/0
	144 h	0/46	0/17	0/8	0/0	0/0
	168 h	0/46	0/0	0/0	0/0	0/0

表9-8　染毒液为 Nd^{3+} 的斑马鱼幼鱼的畸形统计

时间		数量				
		0 mmol/mL	0.062 5 mmol/mL	0.125 mmol/mL	0.25 mmol/mL	0.5 mmol/mL
鱼膘异常	96 h	43/48	0/34	0/26	0/17	0/9
	120 h	48/48	0/15	0/7	0/2	0/0
	144 h	48/48	0/0	0/0	0/0	0/0
	168 h	48/48	0/0	0/0	0/0	0/0
弯曲	96 h	0/48	6/34	5/26	5/17	4/9
	120 h	0/48	9/15	4/7	0/2	0/0
	144 h	0/48	0/0	0/0	0/0	0/0
	168 h	0/48	0/0	0/0	0/0	0/0

续表

时间		数量				
		0 mmol/mL	0.062 5 mmol/mL	0.125 mmol/mL	0.25 mmol/mL	0.5 mmol/mL
心包囊水肿	96 h	0/48	6/34	6/26	4/17	2/9
	120 h	0/48	8/15	4/7	0/2	0/0
	144 h	0/48	0/0	0/0	0/0	0/0
	168 h	0/48	0/0	0/0	0/0	0/0

表 9-9 染毒液为 Yb^{3+} 的斑马鱼幼鱼的畸形统计

时间		数量				
		0 mmol/mL	0.062 5 mmol/mL	0.125 mmol/mL	0.25 mmol/mL	0.5 mmol/mL
鱼膘异常	96 h	45/45	0/45	0/42	0/33	0/23
	120 h	45/45	0/44	0/35	0/10	0/0
	144 h	45/45	0/30	0/7	0/0	0/0
	168 h	45/45	0/0	0/0	0/0	0/0
弯曲	96 h	0/45	0/45	1/42	0/33	2/23
	120 h	0/45	0/44	8/35	2/10	0/0
	144 h	0/45	5/30	4/7	0/0	0/0
	168 h	0/45	0/0	0/0	0/0	0/0
心包囊水肿	96 h	0/15	3/45	4/42	3/33	0/23
	120 h	0/15	3/44	2/35	3/10	0/0
	144 h	0/15	9/30	2/7	0/0	0/0
	168 h	0/15	0/0	0/0	0/0	0/0

表9-10 染毒液为 Lu^{3+} 的斑马鱼幼鱼的畸形统计

时间		数量				
		0 mmol/mL	0.062 5 mmol/mL	0.125 mmol/mL	0.25 mmol/mL	0.5 mmol/mL
鱼膘异常	96 h	37/42	0/41	0/40	0/35	0/26
	120 h	42/42	0/41	0/38	0/12	0/10
	144 h	42/42	0/30	0/24	0/0	0/0
	168 h	42/42	0/0	0/0	0/0	0/0
弯曲	96 h	0/42	0/41	0/40	1/35	1/26
	120 h	0/42	3/41	7/38	4/12	0/10
	144 h	0/42	13/30	17/24	0/0	0/0
	168 h	0/42	0/0	0/0	0/0	0/0
心包囊水肿	96 h	0/42	2/41	3/40	5/35	5/26
	120 h	0/42	9/41	11/38	2/12	0/10
	144 h	0/42	11/30	12/24	0/0	0/0
	168 h	0/42	0/0	0/0	0/0	0/0

三种稀土上转换纳米材料容易造成斑马鱼的畸形,主要包括以下几种情况:鱼膘发育异常、鱼膘发育缓慢、弯曲、肝脏受损和卵黄囊异常等情况。由于斑马鱼个体存在差异,从整体趋势看,三种稀土上转换纳米材料的生物相容性很好。

鱼鳔是斑马鱼辅助的呼吸器官,为鱼提供氧气,而且鱼鳔是检验斑马鱼发育水平的一项重要指标。5 种稀土离子的染毒液里的斑马鱼均没有长鱼鳔,说明 Er^{3+}、Gd^{3+}、Nd^{3+}、Yb^{3+} 和 Lu^{3+} 延缓了斑马鱼的发育。

弯曲是衡量斑马鱼骨情况的一项重要指标,出现了弯曲的情况,说明 5 种稀土离子对斑马鱼的鱼骨产生了影响,可能的原因是稀土离子降低了骨质中钙的含量,造成骨质的疏松,最终导致鱼骨弯曲。

心包囊水肿是检测斑马鱼心血管的指标。当出现心包囊水肿的情况时,斑马鱼幼鱼会在 24 h 或者 48 h 内死亡,造成这种情况的原因可能是斑马鱼通过呼吸将稀土离子吸入体内,并在心脏处富集,毒性日渐增强,影响心血管的循环功能,最终导致斑马鱼幼鱼的死亡。

肝脏是身体内以代谢功能为主的器官，帮助身体排除毒素，储存糖原，分泌蛋白质。出现肝脏坏死情况的原因可能是5种稀土离子通过染毒液进入到斑马鱼幼鱼的体内，富集在了肝脏处，浓度越大，富集得就越多，幼鱼不能及时将毒素排出，从而损伤了肝脏，导致幼鱼的死亡。存活率以及畸形情况的数据表明，稀土离子可以引发慢性中毒。Er^{3+}的低浓度(0.062 5 mmol/mL)实验中的斑马鱼存活得很好，但浓度越大，死亡的数量就越多，当浓度设置为0.25 mmol/mL，观察天数达到第4天时，死亡的数量已经达到80%以上，而浓度为0.5 mmol/mL的染毒液中斑马鱼在第5天就已经全部死亡了，出现的畸形主要表现为心包囊水肿、鱼膘发育异常、弯曲。原材料Gd^{3+}的实验结果显示，当浓度为0.062 5 mmol/mL时，斑马鱼幼鱼在第7天死亡，同样，浓度越大，斑马鱼幼鱼存活的数量就越少，最大浓度为0.5 mmol/mL时斑马鱼幼鱼在第5天就已经全部死亡，在第7天，所有实验组的斑马鱼幼鱼均死亡，出现的畸形主要表现为心包囊水肿、鱼膘发育异常、弯曲。而原材料Nd^{3+}的染毒液中斑马鱼幼鱼在第6天就已经全部死亡，Lu^{3+}和Yb^{3+}中的死亡情况和Gd^{3+}、Er^{3+}差不多。造成这种情况的原因可能是稀土离子易在体内的肝脏以及心脏区域富集，容易引起慢性中毒，损伤斑马鱼体内的器官，最终导致斑马鱼幼鱼器官衰竭，直至死亡。

综上所述，合成的稀土上转换纳米材料的生物相容性很好，可以进行相应的生物研究，但要注意稀土离子的降解。通过比较5种稀土离子的毒性顺序为$Nd^{3+} > Gd^{3+} > Er^{3+} > Yb^{3+} > Lu^{3+}$，但与重金属污染物相比，其毒性很小。稀土离子容易富集在肝脏和心脏处，对心脏以及肝脏有危害性，容易延缓人体发育。不仅如此，稀土离子还会与骨质中的钙相结合，降低钙的含量，易造成骨质疏松，而且稀土离子具有慢性毒性，体内长期存在稀土离子可能会引发肝硬化。

通过向水中添加不同浓度的几种稀土上转换纳米材料悬浮液，以不添加纳米材料的E3营养水为对照组，通过统计实验组和对照组对斑马鱼胚胎的存活率、孵化率、心率、自主运动频率、畸形率及各个组织脏器发育情况，得到的结论如下：

(1)高浓度的$NaYF_4:Yb^{3+},Er^{3+}$以及$NaGdF_4:Yb^{3+},Er^{3+}$对斑马鱼存在一定的致死率，浓度越高，斑马鱼幼鱼死亡的数量越多，而通过PEG修饰的$NaYF_4:Yb^{3+},Tm^{3+}$对斑马鱼的死亡率没有太大的影响，说明经过修饰的稀土上转换纳米材料的生物相容性会更好一些，不过，这三种材料使斑马鱼幼鱼产生了一定数量的畸形，分别为心包囊水肿、肝脏损伤、弯曲以及生长发育延迟等现象。

（2）几种稀土离子对斑马鱼幼鱼的毒性也很大。实验结果显示，对斑马鱼幼鱼的半致死率浓度为 0. 125 mmol/mL，而且浓度越高，死亡数量越大。当选取浓度达到 0. 5 mmol/mL 的染毒液时，斑马鱼在 24 hpf 的时候就已经死亡，而且五种稀土离子材料使斑马鱼幼鱼产生了一定的畸形，分别为心包囊水肿、肝脏损伤、弯曲以及生长发育延迟等现象。

综上所述，稀土上转换纳米材料可进入斑马鱼胚胎内，使斑马鱼出现不同程度的畸形情况，但是毒性很小，尤其是修饰的稀土上转换纳米材料对斑马鱼幼鱼几乎没有毒性，说明合成的稀土上转换纳米材料生物相容性很好。但在斑马鱼体内降解后的稀土离子毒性很大，会造成斑马鱼心包囊水肿，最终死亡。稀土离子具有慢性毒性，可能会引起骨质疏松以及肝硬化，仍然需要进一步进行研究。

第10章　飞秒时间分辨瞬态吸收光谱技术原理与能量转移

10.1　飞秒时间分辨瞬态吸收光谱技术原理

10.1.1　稳态吸收光谱技术

稳态吸收光谱技术就是研究某种物质被一束光激发后对光的吸收情况，进而对物质的能级结构进一步分析。光是一种电磁辐射，属于电磁波，而所有分子和原子都有吸收电磁波的能力，由于对电磁波的吸收具有选择性，因而只能吸收特定波长的电磁波。一般情况下，分子和原子都处在较稳定的基态能级上，当受到一束光激发后，基态的部分粒子会吸收光子能量，从而可以向高能级跃迁，即从基态能级跃迁到激发态能级上。当能级出现量子化时，分子则会吸收两个或者两个以上光子的能量，所以一定范围内波长的光激发样品时，分子或者原子只会吸收特定波长的光，这样光经过样品后会产生光谱。

吸收光谱遵循朗伯-比尔定律，其数学表达式为：

$$A = \lg(I_0/I) = kbc \tag{10-1}$$

其中 A 为吸光度，b 为液层厚度，通常以 cm 为单位，c 为溶液的摩尔浓度，k 为比例系数，I_0 为入射光强度，I 为出射光强度。但是在稳态吸收光谱中，观察不到激发态粒子布居数随时间的演化。

通常人们利用稳态吸收光谱来研究被测物质的吸收光波长、吸光度以及光吸收的原因,确定物质的分子结构,控制反应过程,鉴定物质的组成。

10.1.2　飞秒泵浦 - 探测技术

近年来,泵浦 - 探测技术是使用广泛的一种超快光谱探测技术,可以对动力学过程有效地进行研究。人们利用此技术对生物、化学及物理等领域材料的瞬态过程进行探测,如发生在飞秒到纳秒范围内的电子跃迁、电荷转移、能量转移、荧光淬灭、光致异构。

图 10 - 1,是泵浦 - 探测技术的基本原理图,该技术应用两束激光,第一束激光为泵浦光,激发样品分子泵浦到某个激发态上,而另一束激光探测不同的延迟时间后产物所在的能级,脱离相应的离子态或者激发到更高的激发态。通过泵浦光和探测光之间的光程差来控制不同的时间延迟,每 0.3 μm 的光程差对应的延迟时间为 1 fs,这样便可以得到样品分子在激发态布居数随时间的演化。

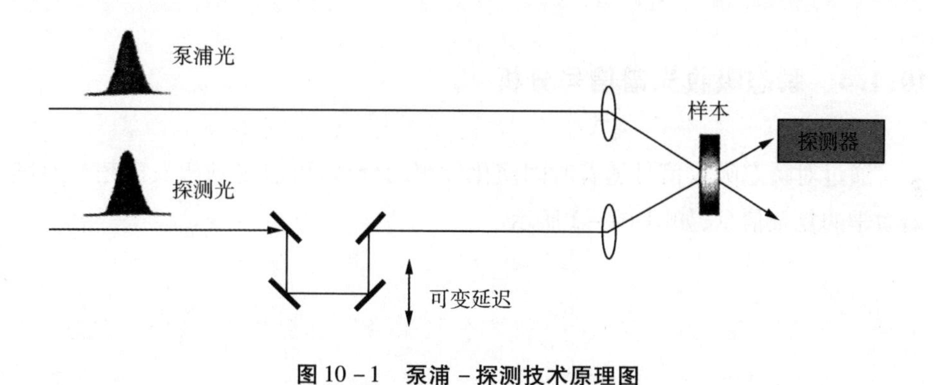

图 10 - 1　泵浦 - 探测技术原理图

10.1.3　飞秒时间分辨瞬态吸收光谱技术

飞秒时间分辨瞬态吸收光谱是吸收光谱的一种,它结合稳态吸收光谱技术与飞秒泵浦 - 探测技术,既有稳态吸收光谱的普遍适用性,又具有飞秒数量级的时间分辨。其技术的核心是激光脉冲从飞秒激光器射出后,经过分束片分成两束,其中一束较强的光来作为泵浦光激发样品,通常是紫外或可见光,使样品跃迁到需要研究的激发态上,而另一束相对较弱的光聚焦到蓝宝石等非线性的晶体中产生相干、超短、宽带连续的白光,接着连续的白光又被分为强度相同的两束光,其中一束为探测光,来探测样品不同激发态的粒子数随时间的演化,另一束不经过样品,为参考光,使探测光聚焦到样品上,并且使探测光与泵浦光在样品内相交,先是泵浦光激发分子,探测光再被激发的分子吸收。为了获得不同激发态的相关信息,需要探测不同时期发生的透射率变化。

由式(10－1)朗伯－比尔定律式,A 为吸光度,则:

$$\Delta A = A_{\text{pump}} - A_{\text{nopump}} = \lg\left(\frac{I_0}{I_{\text{pump}}}\right) - \lg\left(\frac{I_0}{I_{\text{nopump}}}\right) = \lg\left(\frac{I_{\text{nopump}}}{I_{\text{pump}}}\right) \qquad (10-2)$$

A_{pump}为有泵浦光时的吸光度,A_{nopump}为没有泵浦光时的吸光度,I_{pump}为有泵浦光时的透射强度,I_{nopump}为没有泵浦光时的透射强度。因此要得到不同时刻的吸收光谱,只要获得某一延迟时刻有无泵浦光的两个透射强度即可。与其他的飞秒泵浦－探测技术相比,飞秒时间分辨瞬态吸收光谱技术采用了相干、超短、宽带连续的白光作为探测光,这样既可以使积累的信号时间缩短,又可以使实验效率有所提高。

10.1.4 瞬态吸收光谱信号分析

通过对瞬态吸收信号随着时间演化过程的分析,可以得到激发态超快衰减动力学的复杂信息,如图10－2所示。

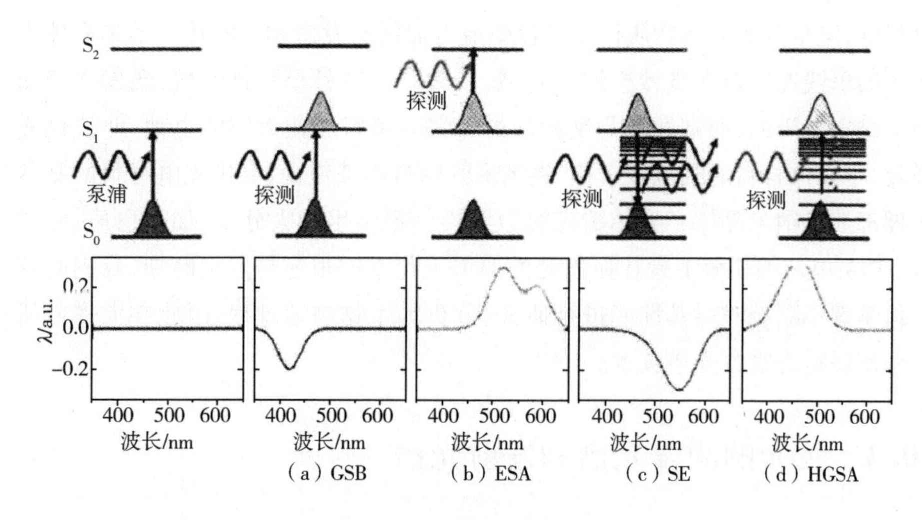

图10-2　瞬态吸收光谱的信号

瞬态吸收信号主要反映了以下几种分子动力学过程。

(a)基态漂白(GSB):基态分子在泵浦光的作用下吸收光子而跃迁到激发态,通常会引起基态粒子的减少,这样被光激发过的样品的基态吸收就会弱于未被激发过的样品的基态吸收,形成基态漂白信号。

(b)激发态吸收(ESA):样品分子泵浦到激发态上,而在一定时间延迟后探测光去探测样品,这样使得处于激发态的分子再吸收探测光中某一特定波长的光跃迁到更高的激发态上,根据瞬态吸收信号公式可以得到正的光密度信号。

(c)受激辐射(SE):一部分处于激发态的粒子可能会被探测光中某一波长的光激发,产生回到基态的受激辐射过程,根据瞬态吸收信号公式可以得到一个负的光密度信号。

(d)高振动态基态吸收(HGSA):根据瞬态吸收信号公式,粒子激发后会有一系列的变化,弛豫到基态热振动态,而处于基态热振动态的粒子会再吸收探测光跃迁到激发态,可以得到一个正的光密度信号。

10.1.5　飞秒时间分辨瞬态吸收光谱的研究意义

通过飞秒时间分辨瞬态吸收测试系统,可以直接检测出瞬态产物对光的吸收程度,定量分析光与物质作用过程中短寿命的激发态和中间体。纳米晶体半导体的单线态通常在飞秒至纳秒时域,三线态在纳秒至微秒时域,激发态寿命通常是皮秒级的,而富勒烯是纳秒级的,例如:染料敏化太阳能电池、非线性光吸收、半导体材料的载流子迁移、碳纳米管的自由载流子、有机光电材料的基本机理都涉及纳米晶体半导体瞬态吸收特性。很多生物大分子,如蛋白质、叶绿素、DNA 以及类胡萝卜素在强激光的照射下化学键很容易发生断裂,我们必须在化学键不断裂时对其性能进行研究,分析其生物物理过程,因此在大多数研究中使用瞬态吸收光谱技术。

10.2 荧光的激发光谱和发射光谱

物质的分子受到电磁辐射,从基态跃迁到激发态,再从激发态返回基态,并且立即发出与原激发波长相同或者有差异的出射光(通常波长在可见光波段),此现象叫作荧光。当激光和电磁辐射停止,后续过程也会随即停止。

激发光谱和发射光谱是荧光现象的两种特性。如果将激发荧光体用不同波长的入射光去照射,发射单色器发出的荧光会照射到检测器上,检测激发光谱,荧光发射光谱的形状与激发光的波长无关,通过激发光谱,可以清晰地得到激发波长与荧光相对效率之间的关系。

当荧光物质在激发光波长、激发强度保持不变时,通过发射单色器对其发出的荧光进行扫描,同时照射到检测器上,然后以荧光波长为横坐标,荧光强度为纵坐标,所绘制的图形为荧光发射光谱。

物质的激发和发射光谱相结合时,可以对物质进行有效的识别。当发射波长保持不变时,通过激发波长便可以得到荧光强度与激发波长之间的关系,而使激发波长保持不变时,发射光谱便为此时的荧光波长,并以此作为基础来检测激发物质的恰当激发波长和测量波长。

10.3 能量转移

10.3.1 辐射型能量转移和非辐射型能量转移

图10-3为能量传递或能量转移过程示意图。能量转移既可以发生在同种粒子之间,也可以发生在不同的粒子之间,下面主要研究不同粒子之间的能量转移。给体的发射光谱与受体的吸收光谱有交叠,是两者能进行能量转移的必要条件,交叠范围越大,则发生能量转移的概率越大。

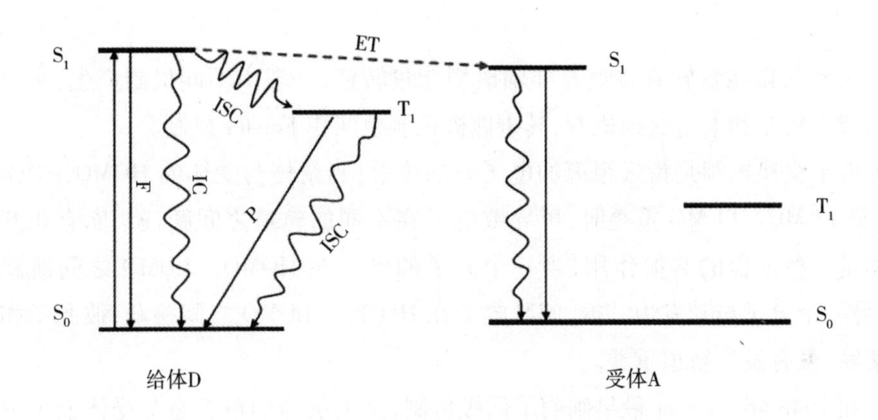

图10-3 能量转移能级示意图

辐射型能量转移分两步。首先处于激发态的能量给体(D^*)释放一个光子回到基态(D),然后处于基态的能量受体(A)接收这个光子会跃迁到激发态(A^*)。其过程如下:

$$D^* \rightarrow D + h\nu$$

$$A + h\nu \rightarrow A^*$$

辐射型能量转移的最大特点是,给体发射光谱与受体吸收光谱相重叠时,给体的荧光强度会发生显著的淬灭,这与粒子浓度和二者光谱的交叠有关,与给体和受体之间的相互作用无关,所以当二者之间发生辐射型能量转移时,在给体的激发态上不会发生能量转移,相关的荧光发射光谱线型会被修正,此时给体的荧光衰减动力学特征不会发生改变,因而给体的荧光寿命也不会改变。

非辐射型能转移正好与之相反,不通过光的发射与吸收,与给体和受体之间的相互作用密切相关。非辐射型能量转移会将能量直接从给体的激发态转移给受体的激发态。其过程如下:

$$D^* + A \rightarrow D + A^*$$

因为能量转移过程与给体的荧光发射过程无关,给体的荧光发射光谱线型不会发生修正,但给体的荧光强度会同比例降低,在与能量转移竞争的过程中激发态寿命也会缩短。

10.3.2 荧光共振能量转移原理

荧光共振能量转移也就是非辐射型能量转移,一般由不同机制产生,主要包括偶极机制和电子交换机制,其中偶极机制也叫作 Förster 机制。

电子交换机制是指近距离的电子云的重叠,当给体与受体的 HOMO - HOMO 或 LUMO - LUMO 重叠时,可导致电子在不同的轨道之间跃迁。库仑相互作用是一种远程的共振作用,当一个分子的电子在 HOMO - LUMO 之间跳跃时,另一个分子与其发生共振,使其电子在 HOMO - LUMO 之间跳跃,彼此不相互接触,没有发生轨道重叠。

在 1948 年,Förster 最早阐明了偶极机制,是指供体的单重态与受体的单重态之间的共振能量转移,因此它被叫作 Förster 共振能量转移,也称为共振能量转移或电子能量转移。

由上述可知,构成荧光物质对的条件很苛刻,D 和 A 之间的距离必须小于 10 nm。根据 Förster 理论,供体和受体之间能量转移率可用下式表示:

$$K_T = 8.8 \times 10^{-25} k^2 \varphi_D n^{-4} {}^{-1} r^{-6} J \tag{10-3}$$

这里 τ_D 为 D 的荧光寿命;n 为介质折射常数;φ_D 为 D 的荧光量子产率;k 为与两个振子之间的夹角有关的取向因子,随机分布时 k^2 为 2/3;J 为光谱重叠积分,它与 D 的发射光谱和 A 的吸收光谱重叠程度有关;r 为 D 与 A 之间的距离。由上式可见,光谱重叠范围越大,D 与 A 之间的距离越小,则能量转移速率越大。只要能测出 D 于 A 之间的能量转移速率,便可以得到 D 与 A 之间的距离。

设 $K_f=\tau_{\mathrm{D}}$，D 与 A 之间的距离为临界距离 R_0，则上式可变为：

$$K_f=\tau_{\mathrm{D}}=8.8\times10^{-25}k^2\varphi_{\mathrm{D}}n^{-4}\tau_{\mathrm{D}}^{-1}R_0^{-6}J \tag{10-4}$$

式(10－3)除以式(10－4)，可得：

$$K_T/K_f=R_0^{-6}/r^6 \tag{10-5}$$

或

$$K_T=\frac{1}{\tau_D}\left(\frac{R_0}{r}\right)^6 \tag{10-6}$$

当临界距离一定时，荧光共振能量转移速率 K_T 等于受体不存在时供体的衰变速率(τ_D^{-1})，在此距离，供体一半的能量转移至受体，则另一半按辐射或无辐射的速率有所减小。

$$R_0=9.79\times10^2(k^2n^{-4}\varphi_DJ)^{1/6} \tag{10-7}$$

通常 R_0 是为固定值。在实际运用中，用 E 表示能量转移效率比用 K_T 表示能量转移率更方便，其定义式为：

$$E=\frac{K_T}{\tau_D^{-1}+K_T} \tag{10-8}$$

将式(10－7)式带入上式得：

$$E=\frac{R_0^6}{r^6+R_0^6} \tag{10-9}$$

根据上式可以看出 Förster 机制的一个重要特征——能量转移效率与分子间的距离相关，也就是说随着分子间的距离增大，能量转移效率会迅速减小。

近些年来，荧光共振能量转移在金属离子测定、蛋白质分析、光电器件等领域已经获得广泛应用。

第11章　CdTe/CdS/ZnS纳米晶体-罗丹明B复合体系能量转移

随着纳米晶体制备技术的不断提高,高性能纳米晶体出现,使得纳米晶体在生物学领域研究中占有越来越重要的地位。纳米晶体在化学合成、分子生物学、生物化学、基因组学、细胞生物学等研究中都有令人满意的结果。

罗丹明类衍生物是一类研究较为普遍的碱性探针材料,用于各类物质中金属离子的测定已有很长的历史,因其结构和特殊的荧光性质,已逐渐成为生物和化学领域重要的研究对象。与其他的荧光染料相比,其优势也很明显,如其波长范围较宽,荧光量子产率也很高,并且对酸碱度不敏感,还有很好的氧化还原特性,光稳定性极佳,因此其在医学、生物学、环境保护等领域有着广泛的应用。

本章采用时间分辨瞬态吸收光谱技术,研究在飞秒激光脉冲激发下CdTe/CdS/ZnS纳米晶体-罗丹明B复合体系的荧光共振能量转移。在中心波长400 nm,脉冲重复频率1 kHz,脉冲宽度约为130 fs的激发光源激发条件下,可以得到复合体系最大时间提前量(Time Advanced)的衰减动力学信息,分析其能量转移过程,并且研究受体浓度不同对CdTe/CdS/ZnS纳米晶体-罗丹明B复合体系能量转移的影响。本章还对体系的吸收光谱和稳态荧光光谱数据进行分析,获得纳米晶体与罗丹明B分子间能量转移的物理机制。

11.1　CdTe/CdS/ZnS 纳米晶体－罗丹明 B 复合体系的光学实验

11.1.1　实验材料

CdTe/CdS/ZnS 纳米晶体由 CdTe 核和 CdS、ZnS 壳层以及表面有机配体层构成，如图 11－1(a)所示。其表面为羧基，修饰剂为巯基酸。使用的罗丹明 B 染料分子结构如图 11－1(b)所示。购买微生物培养基。将上述两种样品以一定的比例配制成水溶液。如果溶液浓度过高，荧光测试中就会出现重吸收现象，对实验数据造成干扰，溶液浓度需要控制在 $10^{-6}\sim10^{-5}$ mol/L 数量级。在实验过程中，二者的溶液体积比保持 1∶1 进行混合，并将样品盛放在光程长度为 1 mm 的玻璃比色皿中。

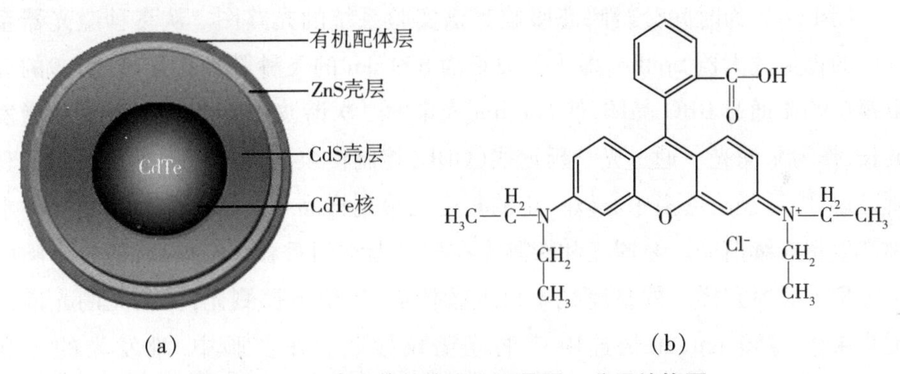

图 11－1　纳米晶体结构图和罗丹明 B 分子结构图

11.1.2　实验装置

在稳态荧光实验中，利用皮秒激光器作为荧光光谱的激发光源，输出中心波长为 375 nm 的皮秒激光脉冲照射到样品上，样品吸收光子后发射荧光。由于样品的荧光强度较弱，利用透镜使荧光在泵浦光的散射光方向上变为平行光,再将其汇聚,在汇聚透镜的焦点上利用光纤将该荧光信号耦合到 Ocean 光谱仪中,经计算机接收数据得到样品的荧光光谱(如图 11-2 所示)。激发光波长位于375 nm 处,远离罗丹明 B 的吸收峰,可以尽量减少对 RhB 的干扰。使用紫外可见分光光度计记录其吸收光谱,光谱分辨率 1 nm。

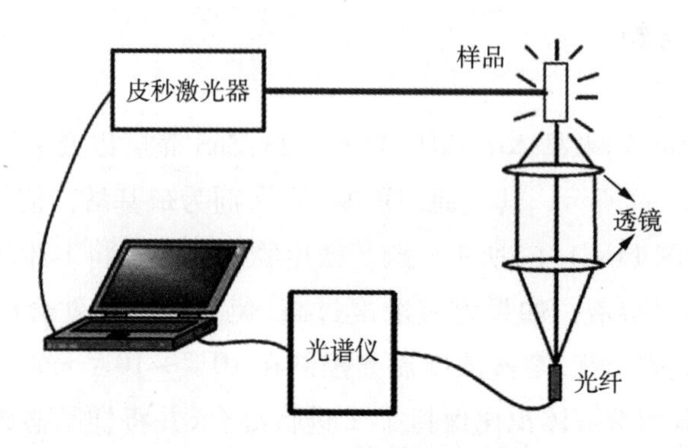

图 11-2　荧光测试光路图

图 11-3 为时间分辨瞬态吸收光谱实验系统的光路图。从飞秒激光器系统中的再生放大器 Spitfire 射出的波长为 800 nm 的飞秒脉冲激光经过1∶9的分束镜。90% 通过 BBO 晶体,使 800 nm 光束的二次谐波产生 400 nm 的期望激发波长,作为泵浦光。通过光学延迟线(ODL)控制使泵浦光与探测光在时间上有所延迟,然后经凸透镜中心以一定的角度汇聚到样品上。10% 作为探测光在水中产生超连续白光。泵浦光和探测光在样品上空间重合。汇聚后,通过光阑以一定角度照射到样品的泵浦光不再继续传播,只留下探测光,探测光的光谱范围为 420 ~ 750 nm,由快速响应的光谱仪接收。在实验中,激发光的光强为0.1 mW。

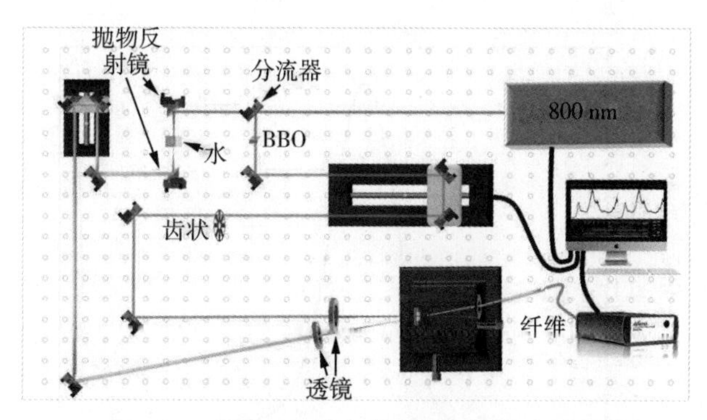

图 11 - 3　瞬态吸收光谱实验系统的光路图

11.2　实验图谱与分析

11.2.1　稳态测量

测量浓度为 1.00×10^{6} mol/L 的 CdTe/CdS/ZnS 水溶液的吸收光谱与发射光谱，以及浓度为 2.75×10^{6} mol/L 的罗丹明 B 水溶液的吸收光谱，分别示于图 11 - 4(a) ~ (c) 中。由图(a)可知，CdTe/CdS/ZnS 的最低激子跃迁位于 490 nm。在图(b)中可观察到，其发射带的最大值出现在 535 nm。对比图(a)、(c)后发现 CdTe/CdS/ZnS 水溶液的发射与罗丹明 B 的吸收有着显著的重叠，给体的发射光谱和受体的吸收光谱重叠是高效能量转移的必要条件。不同给体/受体浓度比下的 CdTe/CdS/ZnS 纳米晶体 - 罗丹明 B 混合体系的稳态吸收光谱示于图 11 - 4(d)中，曲线 1、2、3 为 CdTe/CdS/ZnS 纳米晶体和罗丹明 B 浓度不同的混合溶液(曲线 1 中罗丹明 B 浓度为 1.41×10^{-6} mol/L，曲线 2 中罗丹明 B 浓度为 7.50×10^{-6} mol/L，曲线 3 中罗丹明 B 浓度为 3.00×10^{-5} mol/L)。通过图(b)、(c)、(d)的对比，可以看出纳米晶体和染料的吸光度的总和接近混合体系的吸光度，因此混合体系仅稍微改变了单个荧光团的吸光度，并且随着受体浓度的增加，其荧光的吸光度也在不断地减小。

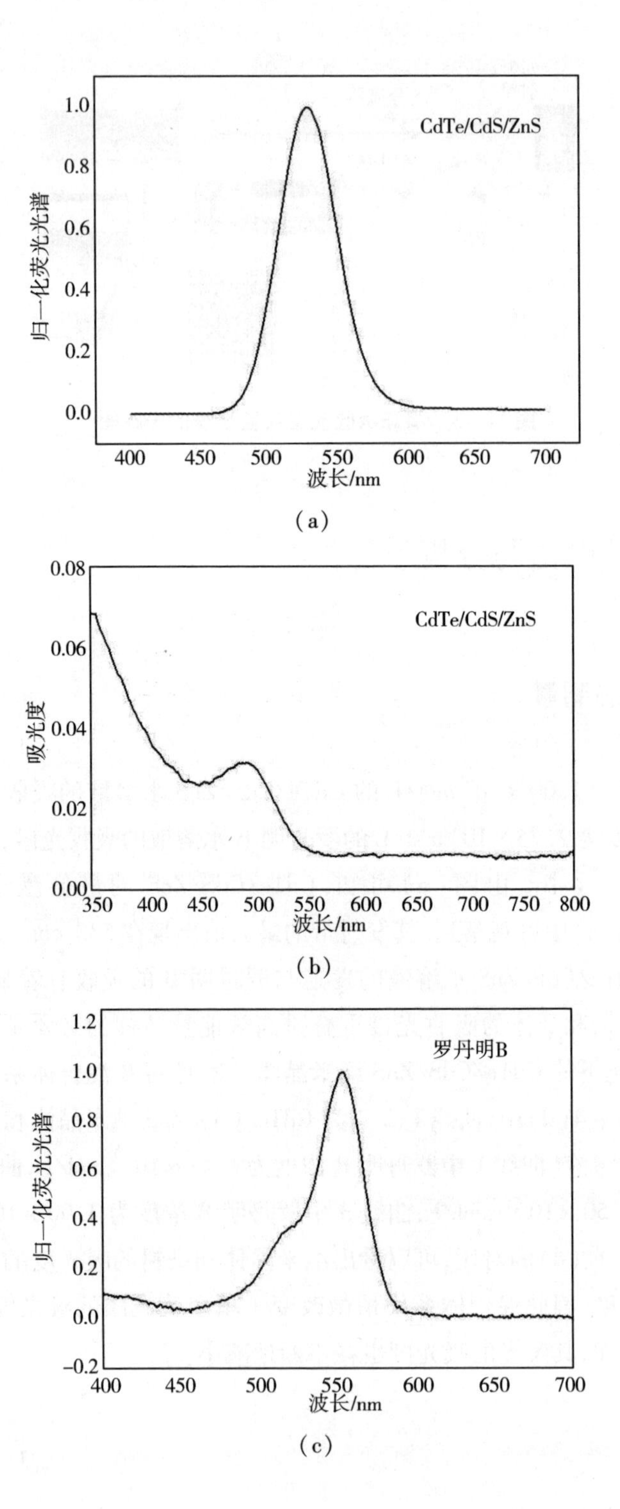
CdTe/CdS/ZnS
归一化荧光光谱
1.0
0.8
0.6
0.4
0.2
0.0
400
450
500
550
600
650
700
波长/nm
(a)
CdTe/CdS/ZnS
吸光度
0.08
0.06
0.04
0.02
0.00
350
400
450
500
550
600
650
700
750
800
波长/nm
(b)
罗丹明B
归一化荧光光谱
1.2
1.0
0.8
0.6
0.4
0.2
0.0
−0.2
400
450
500
550
600
650
700
波长/nm
(c)

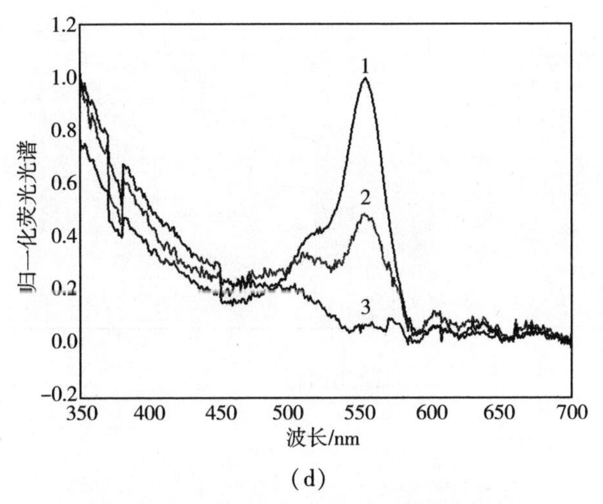

(d)

图 11-4　(a)CdTe/CdS/ZnS 的吸收光谱，(b)CdTe/CdS/ZnS 发射光谱，(c)罗丹明 B 的吸收光谱，(d)罗丹明 B-CdTe/CdS/ZnS 混合体系的吸收光谱

11.2.2　时间分辨瞬态吸收光谱

浓度为 2.75×10^{6} mol/L 纯的罗丹明 B 水溶液，在激发波长 400 nm 处的瞬态吸收光谱可以用来确定罗丹明 B 电子激发的光谱特性。如图 11-5(a)所示，瞬态吸收光谱(深色为负值，浅色为正值)在 550 ~ 650 nm 出现长寿命的负吸收，这与基态漂白和受激发射有关。

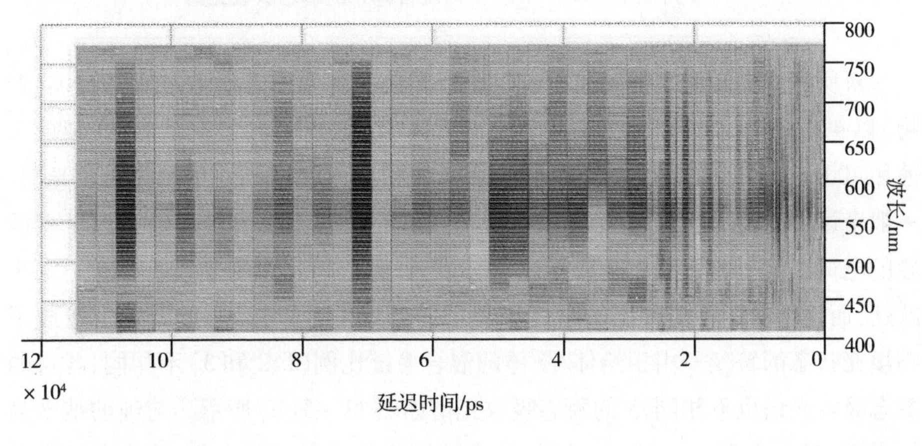

(a)

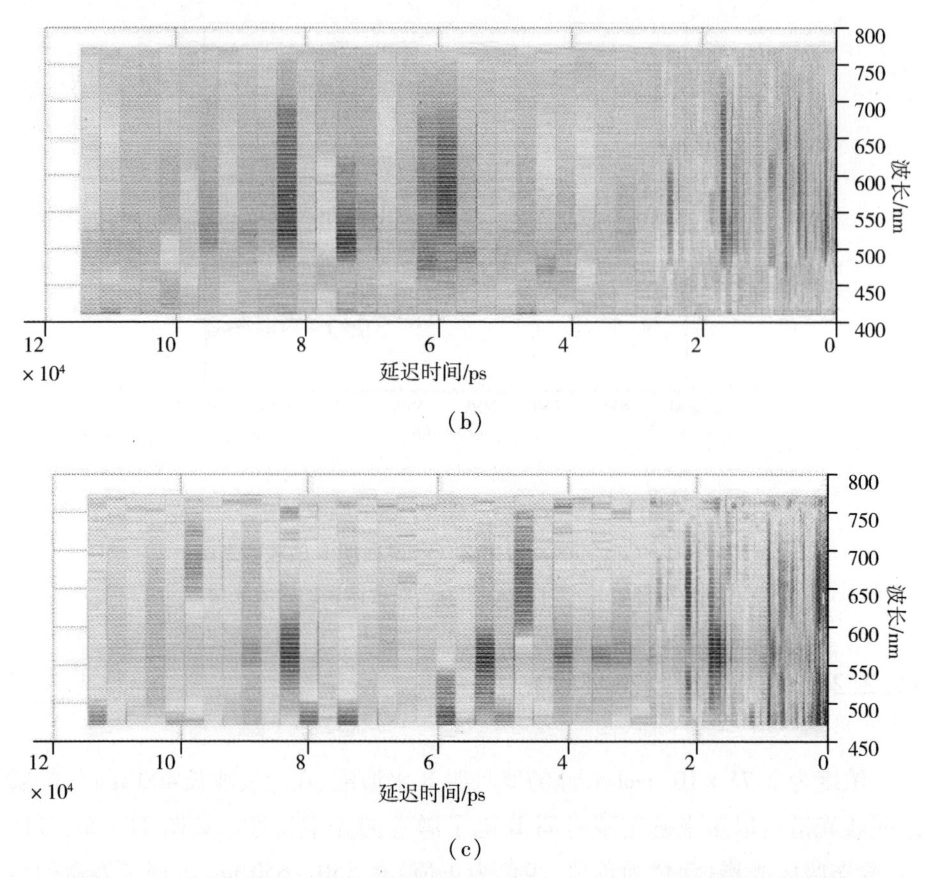

图 11-5 (a)罗丹明 B 瞬态吸收光谱,(b)CdTe / CdS / ZnS 的瞬态吸收光谱,(c)罗丹明 B-CdTe/CdS/ZnS 混合体系的瞬态吸收光谱

对所有样品(罗丹明 B、CdTe/CdS/ZnS 和罗丹明 B-CdTe/CdS/ZnS 混合物)以 400 nm 光激发,发现在这个波长下,CdTe/CdS/ZnS 具有强烈的吸收,再使用400 nm 以上的探测光激发样品,获得如图 11-5(b)所示的瞬态吸收光谱。一般来说,光激发的 CdTe/CdS/ZnS 纳米晶体的瞬态吸收信号可以归因于光诱导的电荷载流子的库仑相互作用以及态填充,库仑相互作用导致所有激子发生跃迁,而这种跃迁伴随着正的瞬态吸收信号的发生,同时激子的跃迁也造成了态填充状态的转变。由于给体/受体的混合系统比例(1、2 和 3)不相同,各自的瞬态吸收光谱也不相同,3 的瞬态吸收光谱如图 11-5(c)所示。与纯的纳米晶体光谱相比,在 550~600 nm波长处,出现了额外的负吸收变化,这是电子激发罗丹明 B 的贡献，另外观察纳米晶体相关的信号，发现有明显的衰减，1 和 2 的瞬态吸收光谱具有相似的特征，然而时间演变和信号幅度是不同的。

为了更好地观察不同样品的动态，图 11 - 6 与 11 - 7 描绘了在不同的探测波长(500 nm 和 565 nm)处的单个瞬时轨迹。显然，在 400 nm 波长激发罗丹明 B 后，能检测到其瞬态吸收信号。在纳米晶体最低激子跃迁的最大值附近(探测波长 =500 nm)处，观察到的瞬态吸收信号可以解释如下：由于激发能量低，可以预期多激发纳米晶体的贡献是弱的，在热化之后，单个电子驻留在二重自选简并 1s(e)状态中导致在 1s(e)态的所有激子跃迁的漂白，见图 11 - 5(a)。

为了确定在 1s(e) - $1s_{3/2}$(h)激子跃迁处的纯纳米晶的动态，使用多指数衰变函数拟合瞬态数据，见图 11 - 6(b)中的 fit 线。为了适应负信号的增加，需要短的时间常数(τ_1 =54.210 31 ps)，该增加是由于热电荷载流子到最低激子态的内部弛豫。时间常数(τ_2 =54.211 48 ps)描述了负信号的衰减，并因此描述了 1s(e)态群体的减少。已知载流子复合动力学在纳米晶体中非常缓慢，并且主要发生在纳米时间尺度上。然而，我们观察到在 100 ps 以下的时间尺度上有显著衰减。这可以归因于多重激发的纳米晶体的一部分，其可以通过俄歇复合或在纳米晶体的表面处电荷载流子的捕获过程而弛豫到单激子态。通过其他实验手段，已经证明俄歇复合以及捕获发生在皮秒时间尺度上。

通过对图 11 - 6(a)与 11 - 7 中的纯罗丹明 B 瞬态吸收光谱相对比，可以发现探测波长 565 nm 处的负信号幅度的衰减更慢，在皮秒尺度上发展，所以可以通过在探测波长 565 nm 处对 CdTe/CdS/ZnS 纳米晶体 - 罗丹明 B 复合物的瞬态吸收信号进行分析，发现受体浓度和负的瞬态吸收信号上升时间之间有着明确的正相关性。考虑 CdTe/CdS/ZnS 纳米晶体 - 罗丹明 B 复合物的两个组分的光谱性质，我们可以将信号分别解释为基态漂白和罗丹明 B 的受激发射，其中的罗丹明 B 分子是通过荧光共振能量转移过程产生的。电子激发的罗丹明 B 的最大瞬态吸收信号幅度随着 CdTe/CdS/ZnS 受体数量的增加而增加，表明式(10 - 9)的荧光共振能量转移的效率升高。

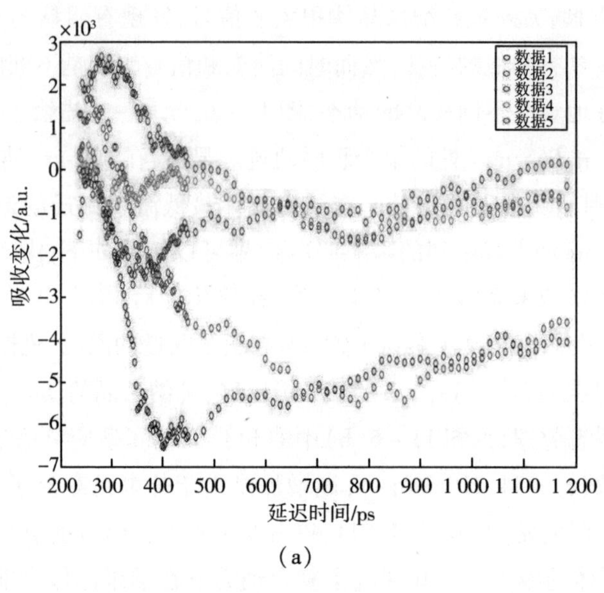

(a)

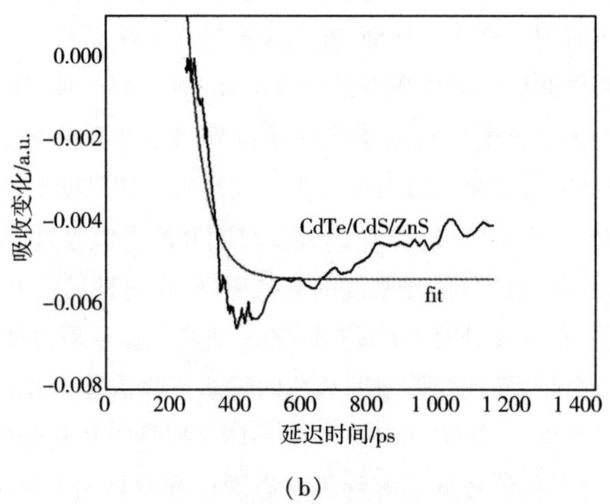

(b)

图 11-6 (a)500 nm 处的飞秒时间分辨瞬态吸收光谱

数据 1: CdTe/CdS/ZnS,数据 2:罗丹明 B,

数据 3:1,数据 4:2,数据 5:3

(b)纳米晶体 CdTe/CdS/ZnS 在 500 nm 处的

飞秒时间分辨瞬态吸收光谱和拟合结果

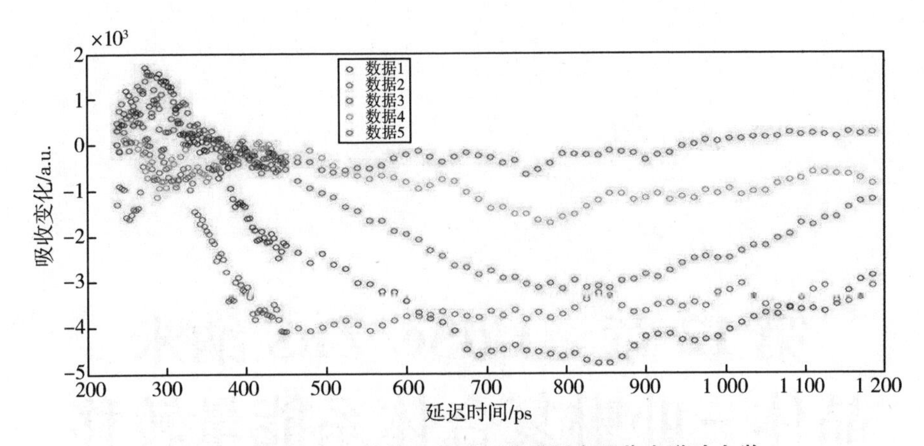

图 11 - 7　565 nm 处的飞秒时间分辨瞬态吸收光谱动力学

数据 1：RhB，数据 2：CdTe/CdS/ZnS，数据 3：1，数据 4：2，数据 5：3

本章以 CdTe/CdS/ZnS 纳米晶体、罗丹明 B 以及 CdTe/CdS/ZnS 纳米晶体 - 罗丹明 B 复合体作为研究对象，以荧光共振能量转移原理为基础，研究受体浓度对吸收光谱的影响，并且使用瞬态吸收光谱技术分析 CdTe/CdS/ZnS 纳米晶体、罗丹明 B 以及 CdTe/CdS/ZnS 纳米晶体 - 罗丹明 B 复合体的光谱特征，分析受体浓度对荧光共振能量转移效率的影响。

对于 CdTe/CdS/ZnS、罗丹明 B 以及二者的复合体系的吸收光谱研究结果表明，CdTe/CdS/ZnS 和罗丹明 B 的吸光度的总和接近混合体系的吸光度，二者复合体系仅稍微改变了单个荧光团的吸光度。随着罗丹明 B 浓度的增加，吸光度也在不断减小。

对于 CdTe/CdS/ZnS、罗丹明 B 以及二者混合体系的瞬态吸收光谱研究结果表明，二者之间存在着明显的荧光共振能量转移现象。以 400 nm 激发光激发 CdTe/CdS/ZnS，在快速的内部弛豫后，可观察到皮秒时间尺度上的瞬态吸收信号的衰减动力学，其与俄歇复合或捕获过程有关。瞬态吸收信号上升时间与受体浓度有着明确的正相关性，随着受体浓度增加，荧光共振能量转移的效率升高。

第12章　CdSe/ZnS纳米晶体－卟啉复合体系能量转移

卟啉是一类大环化合物的总称，是在卟吩环上连有取代基形成的。卟吩(porphin)是由四个吡咯环和四个次甲基桥连起来的大π共轭体系。卟啉环有26个π电子，是一个高度共轭体系，且环系基本位于同一平面上，性质比较稳定，有较好光吸收性，分子结构如图12－1(a)所示。通常卟啉类化合物熔点很高，一般大于300 ℃，结晶呈紫红色。大多数卟啉溶液可以发出稳定的荧光，卟啉的激发和发射波长均位于可见光区，具有较高的摩尔吸光系数，且有较大的Stocks位移，有利于减少荧光背景的干扰，而且金属卟啉的荧光特性比自由卟啉的荧光特性更明显。实验中所使用的卟啉有一定的光敏性质，在紫外或可见光作用下，可以有效地释放单线态氧，这些性质可以用在光动力治疗上。

本章采用时间分辨瞬态吸收光谱技术，在飞秒激光脉冲激发下，研究以CdSe/ZnS纳米晶体－四苯基卟啉(TPP)复合体系为模型的能量转移过程。在中心波长400 nm，脉冲重复频率1 kHz，脉冲宽度约为130 fs的激发光源激发条件下，可以得到体系瞬态吸收信号的衰减动力学信息，分析其能量转移过程，并且研究受体浓度不同时，对受体/给体能量转移产生的影响。本章还将对体系的吸收光谱和稳态荧光光谱数据进行分析，通过纳秒时间分辨荧光光谱探究纳米晶体、卟啉以及二者复合体系的荧光动力学过程。

12.1　CdSe/ZnS纳米晶体-TPP复合体系的实验

12.1.1　实验材料

本节中使用的纳米晶体CdSe/ZnS由CdSe核和ZnS壳层以及表面配体层构成，如图12-1(b)所示。其表面为羧基，修饰剂为巯基酸。配制CdSe/ZnS浓度为1×10^{-3} mol/L的甲苯溶液，TPP浓度分别为1×10^{-4} mol/L、2×10^{-4} mol/L、3×10^{-4} mol/L、1×10^{-5} mol/L、1×10^{-6} mol/L的甲苯溶液。CdSe/ZnS与不同浓度的TPP的各取1 mL按体积比1∶1混合，均匀震荡，再分别将两种原液各取1 mL加入1 mL甲苯对半稀释作为参比溶液，在实验中，将混合溶液及参比溶液装入1 mm四面透光的玻璃比色皿中。

在获得稳态荧光光谱实验中，使用皮秒激光器作为激发光源，输出375 nm的中心波长激光脉冲，照射到样品上，样品被激发后发射荧光。使用紫外可见分光光度计获得所需样品的吸收光谱，光谱分辨率为1 nm。采用时间相关单光子计数(TCSPC)测量实验样品的荧光寿命和对应的瞬态荧光光谱，并且使用飞秒时间分辨瞬态吸收光谱技术测量实验样品的瞬态吸收光谱以及相关的衰减动力学数据。

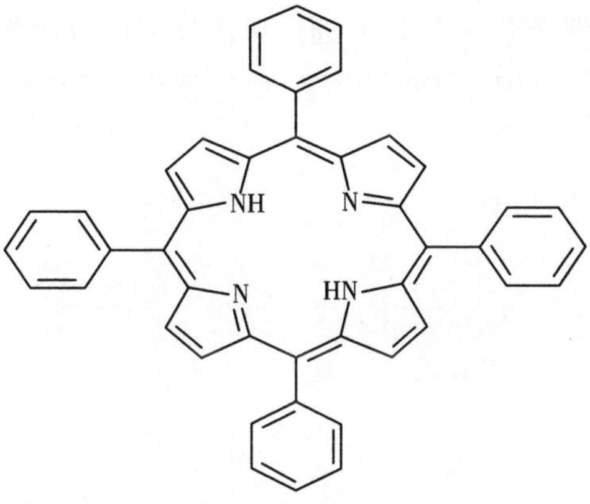

NH N N HN

(a)

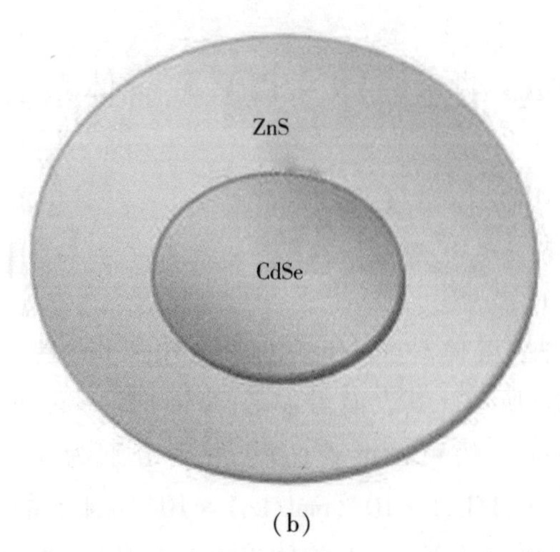

(b)

图 12-1　TPP 分子结构图和纳米晶体结构图

12.1.2　实验装置

TCSPC 技术,其特点是灵敏度较高,是在大多数瞬态荧光测量中都会使用的一种测量技术,利用此技术可以分析激发态粒子布居数随时间衰减的动态过程。如图 12-2 所示光路组成为:光源、单光子探测器、TCSPC 组件。而光路探测的原理是输出波长为 400 nm,功率为 0.7 mW 的皮秒激光照射到样品上产生荧光,通过透镜耦合到光栅单色仪中,通过单色仪来调节探测波长,经单光子探测器和单光子计数卡,并用计算机采集数据,得到荧光强度的衰减过程。

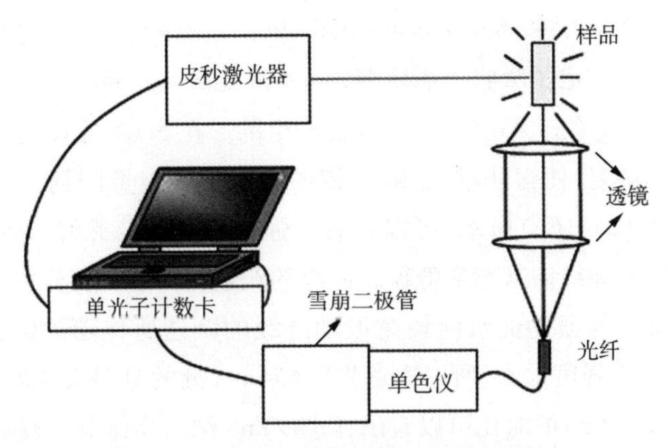

图 12－2　皮秒时间分辨荧光探测示意图

在荧光衰减过程中存在一个重要的参数——荧光寿命，即物质在激发态上存留的平均时间，一般定义为当激发光停止后，物质的荧光强度衰减到初始最大强度的 1/e 所需要的时间。荧光衰减符合 e 指数规律，如式(12－1)所示：

$$I(t)=I_0\exp\left(-\frac{t}{\tau}\right) \tag{12-1}$$

在上式中，I_0是物质被光激发时最大的荧光强度，也就是 $t=0$ 时所对应的荧光强度，τ 为衰减常数。

12.2　结果与分析

12.2.1　稳态测量

图 12－3(a)为 CdSe/ZnS 纳米晶体在甲苯溶液中的吸收光谱，从图中可以看出在 500 nm 左右有一个明显的激子吸收峰，说明纳米晶体结晶性良好，尺寸分布较均匀。在图中波长为 575～650 nm 的区域吸收较弱，这是因为纳米晶体表面态吸收能量，在纳米晶体的表面包覆的壳层可以导致表面缺陷减少。图 12－3(b)为纳米晶体稳态归一化荧光光谱，可以观察到纳米晶体的荧光峰值波长为 534 nm。图 12－3(c)为 TPP 的稳态吸收光谱，从图中可以看出 TPP 在紫外可见光区覆盖了较广的波长范围，在 400 nm 附近有很强的吸收峰，称为 Soret

带，另外，在 519 nm、549 nm、590 nm、650 nm 附近有较弱的吸收峰，称为 Q 带。根据卟啉类化合物电子吸收光谱模型，Soret 带是由 $a_{1\mu}(\pi)-e_g(\pi^*)$ 的跃迁产生的，Q 带是由 $a_{2\mu}(\pi)-e_g(\pi^*)$ 的跃迁产生的。在 Soret 带有强吸收可导致再吸收以及光的散射，使得卟啉在 Soret 带的荧光很难被检测到。TPP 的归一化发射光谱如图 12-3(e) 所示，可以看有一强一弱两个荧光峰，654 nm 是激发单线态最低振动能级向基态最低振动能级的跃迁所伴随的荧光发射，而 718 nm 是激发单线态最低振动能级向较高振动能级的跃迁所伴随的荧光发射，并且 654 nm 处的荧光强度最大，所以本章将以 654 nm 处的 Q 带荧光峰为研究对象。

通过图(b)、(d)的对比可以看出，CdSe/ZnS 纳米晶体荧光发射光谱与 TPP 的 Q 带第二个吸收峰相交叠，满足了能量转移的基本条件。

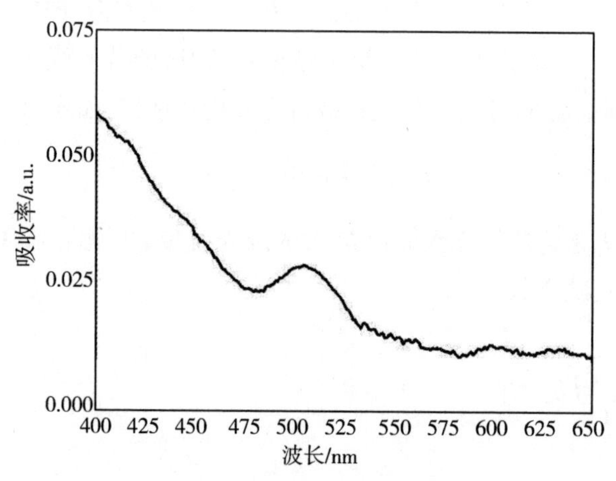

(a) CdSe/ZnS 纳米晶体的吸收光谱

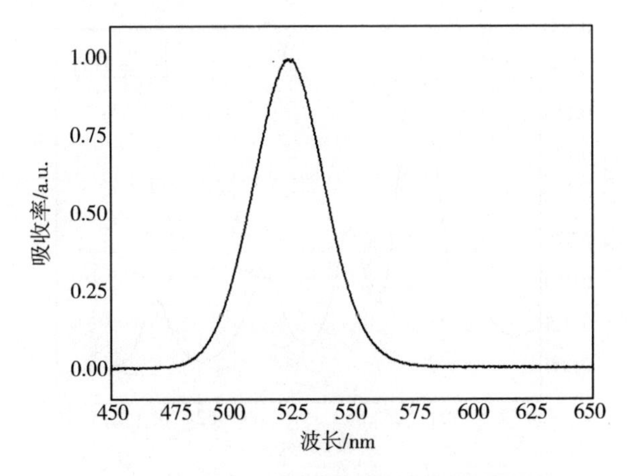

(b) CdSe/ZnS 纳米晶体的归一化发射光谱

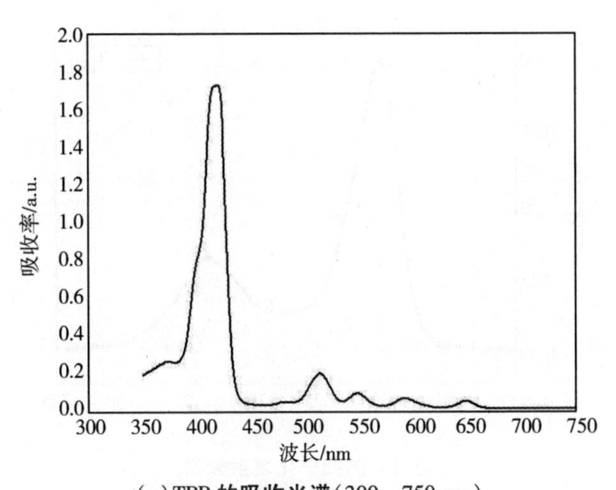

(c) TPP 的吸收光谱(300 ~ 750 nm)

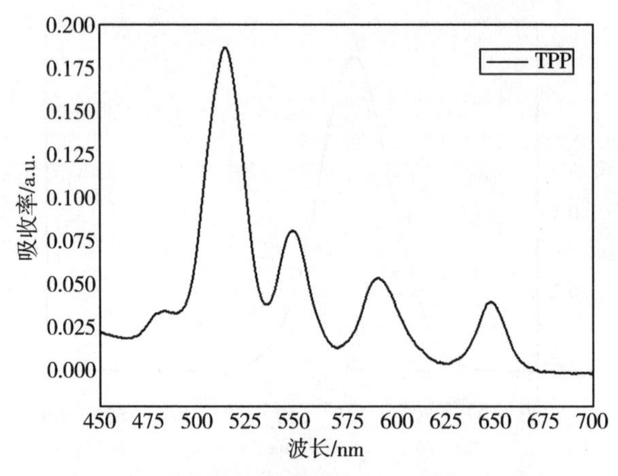

(d)TPP **的吸收光谱**(450 ~ 700 nm)

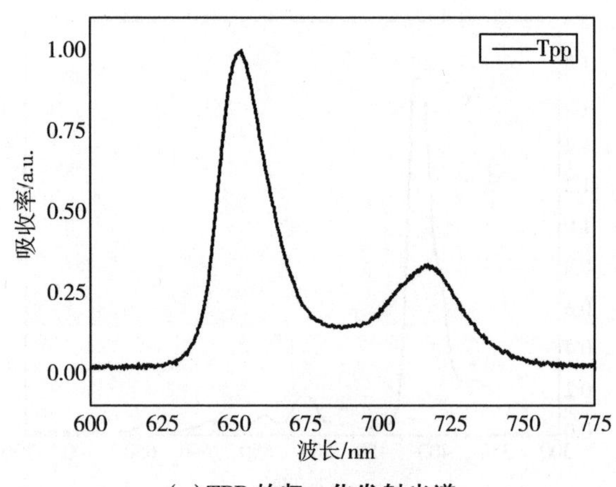

(e)TPP **的归一化发射光谱**

图 12 - 3 光谱图

为了考察不同受体/供体浓度比的能量转移特性,选择使用激发波长 375 nm的激发光激发不同浓度的 CdSe/ZnS 纳米晶体 - TPP 复合体系,得到其稳态荧光光谱。如图 12 - 4 所示,其中曲线 *B* 为 CdSe/ZnS 纳米晶体甲苯溶液,可以看到在 534 nm 处有一个荧光峰,而曲线 *C*、*D*、*E*、*F*、*G* 均是 CdSe/ZnS 纳米晶体 - TPP 复合体系的荧光光谱(其中曲线 *C* 中 TPP 浓度为 1×10^{-6} mol/L,曲线 *D* 中 TPP 浓度为 1×10^{-5} mol/L,曲线 *E* 中 TPP 浓度为 1×10^{-4} mol/L,曲线 *F* 中 TPP 浓度为 2×10^{-4} mol/L,曲线 *G* 中 TPP 浓度为 3×10^{-4} mol/L)。可以观

察到，在 534 nm、654 nm 以及 718 nm 处有荧光峰，并且随着混合溶液中受体 TPP 浓度的增大，CdSe/ZnS 纳米晶体在 534 nm 处的荧光强度逐渐减小，而 TPP 的荧光强度逐渐增大。通过对受体与给体之间的发光强度的变化的分析，可以得知 TPP 的荧光强度增加是因为纳米晶体的激发态能量通过某种通道转移到了卟啉的激发态，CdSe/ZnS 纳米晶体的能量是通过非辐射的形式转移给 TPP 的。

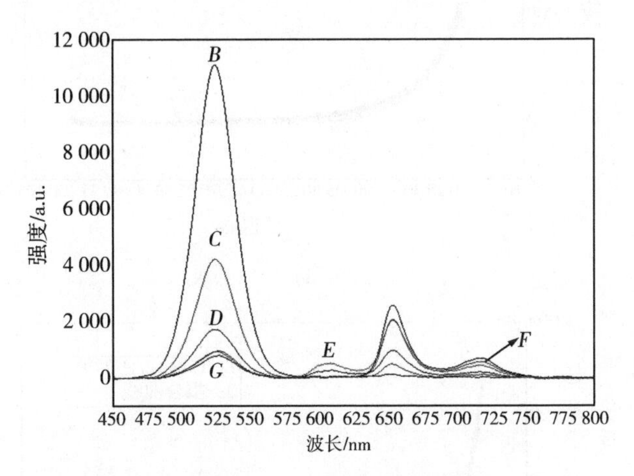

图 12 - 4　CdSe/ZnS - TPP 复合体系的荧光光谱

12.2.2　时间分辨荧光光谱

本节采用 TCSPC 技术获得所需样品的纳秒时间分辨荧光光谱，来研究寿命的动力学过程以及受体与给体荧光衰减动力学过程。图 12 - 5 给出的是 CdSe/ZnS 纳米晶体与 TPP 混合前后的荧光衰减过程。图(a)、(b)分别为 TPP 混合前后荧光衰减动力学数据，对其数据进行单 e 指数拟合；图(c)、(d)分别为 CdSe/ZnS 纳米晶体混合前后的荧光衰减动力学数据。可以看出纳米晶体激发态的衰减是个多组分衰减过程，当对其数据进行双 e 指数拟合时，拟合的曲线可以与实验数据进行很好的重叠，在图中用对数坐标可以把两个组分清晰地分析出来，如图中的 2 号曲线所示，其中短寿命的组分对应纳米晶体的激发态发光，而长寿命的组分对应纳米晶体的诱捕态发光。表 12 - 1 是根据图 12 - 5 对数据拟合而得到的混合前后 CdSe/ZnS 纳米晶体与 TPP 的激发态荧光寿命。

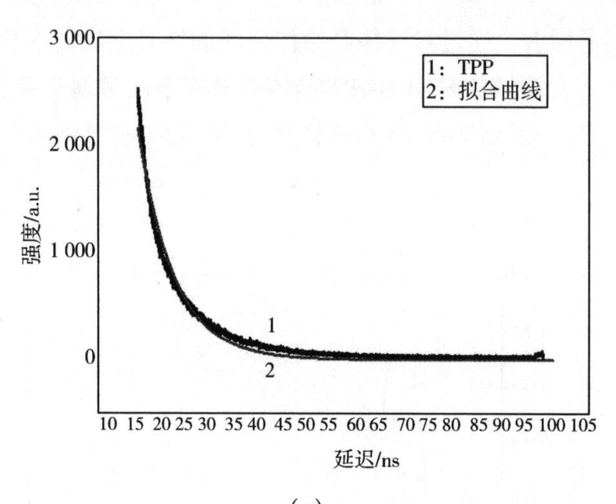

(a)

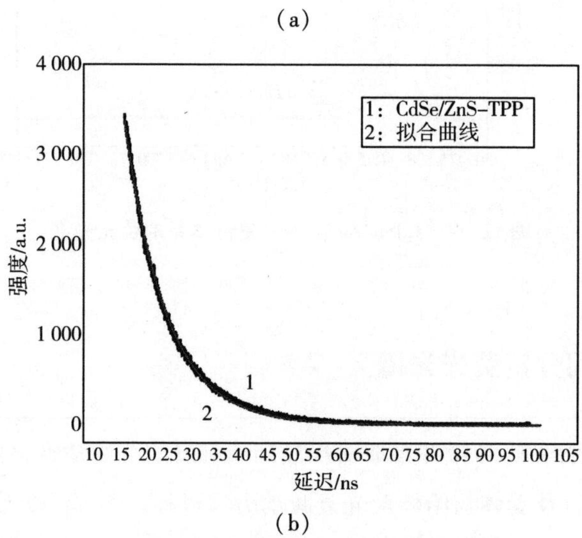

(b)

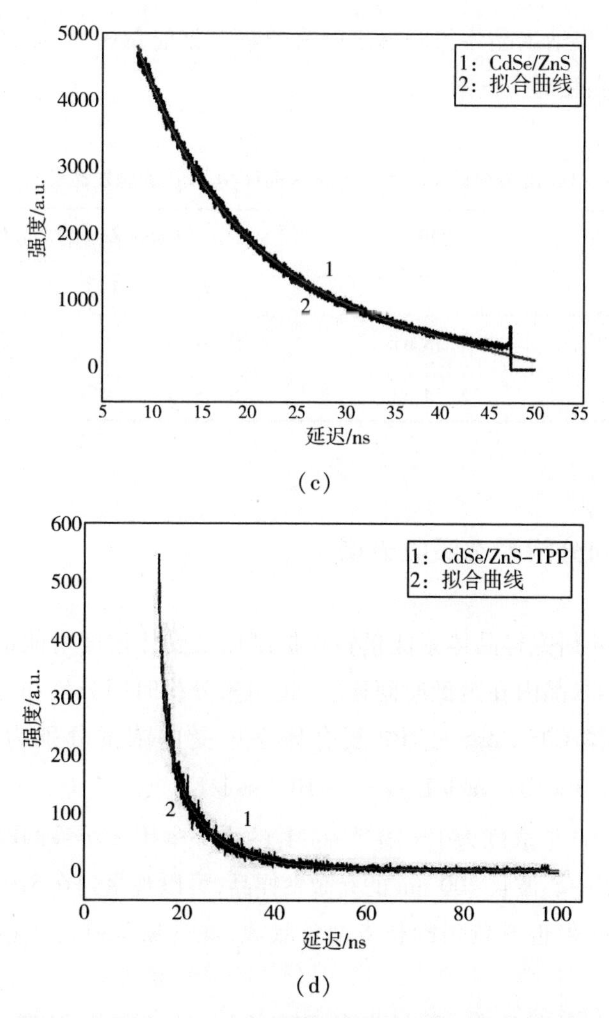

图 12 - 5　(a)、(b)混合前后 TPP 激发态衰减动力学曲线，
(c)、(d)混合前后 CdSe/ZnS 纳米晶体激发态衰减动力学曲线

通过对图 12 - 5 与表 12 - 1 混合前后的数据进行分析可以看出，纳米晶体混合后的动力曲线比混合前要陡很多，纳米晶体的激发态荧光寿命在缩短，而 TPP 的荧光寿命在延长，这是由于纳米晶体与 TPP 之间发生了能量转移，通过此过程，纳米晶体激发态能级增加了一条弛豫途径，通过此途径，纳米晶体就可以把能量转移给 TPP，从而使得纳米晶体的荧光寿命缩短，而 TPP 的寿命延长。通过对纳米晶体给体与 TPP 受体的稳态荧光光谱及时间分辨荧光光谱特征的观察,也可以看出纳米晶体与卟啉之间是非辐射型能量转移,二者之间的能量转移过程发生在相对应的激发态上。

表 12－1 混合前后 CdSe /ZnS 纳米晶体和 TPP 的激发态荧光寿命

	TPP	CdSe/ZnS 纳米晶体	
	τ	τ_1	τ_2
混合前	7.28 ns	9.24 ns	2.48 ns
混合后	8.54 ns	8.33 ns	1.39 ns

12.2.3 时间分辨瞬态吸收光谱

为了进一步研究样品体系能量转移机制以及受体浓度对能量转移动力学的影响,以及纳米晶内在弛豫时间途径,我们来分析时间分辨动力学。在此实验中,纳米晶体 CdSe/ZnS－TPP 复合体系中受体浓度分别为:$c_1 = 5.2 \times 10^{-5}$ mol/L,$c_2 = 3 \times 10^{-5}$ mol/L,$c_3 = 1 \times 10^{-6}$ mol/L。

图 12－6(b)是浓度为 1×10^{-4} mol/L 的纯卟啉甲苯溶液的时间分辨瞬态吸收光谱,使用中心波长 400 nm 的光激发样品,可以观察到在 519 nm、549 nm、590 nm、650 nm 附近有较强的长寿命负吸收,此现象与基态漂白和受激发射有关。

对于能量转移的研究,所有样品(TPP,CdSe/ZnS 和 CdSe/ZnS－TPP 复合物)在 400 nm 激光下激发,在这个波长附近,CdSe/ZnS 有强烈的吸收,使用 400 nm以上的光激发 CdSe/ZnS,瞬态吸收光谱如图 12－6(a)所示。可以观察到在 475～509 nm有较强的负吸收,与纳米晶体表面态填充的跃迁有关,表现在激子跃迁的漂白中。而图 12－6(c)为 CdSe/ZnS－TPP 复合物的瞬态吸收光谱,与 CdSe/ZnS 的光谱相比,在 519 nm、549 nm、590 nm、650 nm 附近有新的负吸收变化,并且与纯 TPP 光谱相比,其吸光度较弱。另外观察到 CdSe/ZnS 的相关信号更快地衰减,这说明在 CdSe/ZnS－TPP 复合体系中存在能量转移(c_2和c_3的瞬态吸收具有相似的光谱特征,仅在时间演化和信号振幅方面有所不同)。

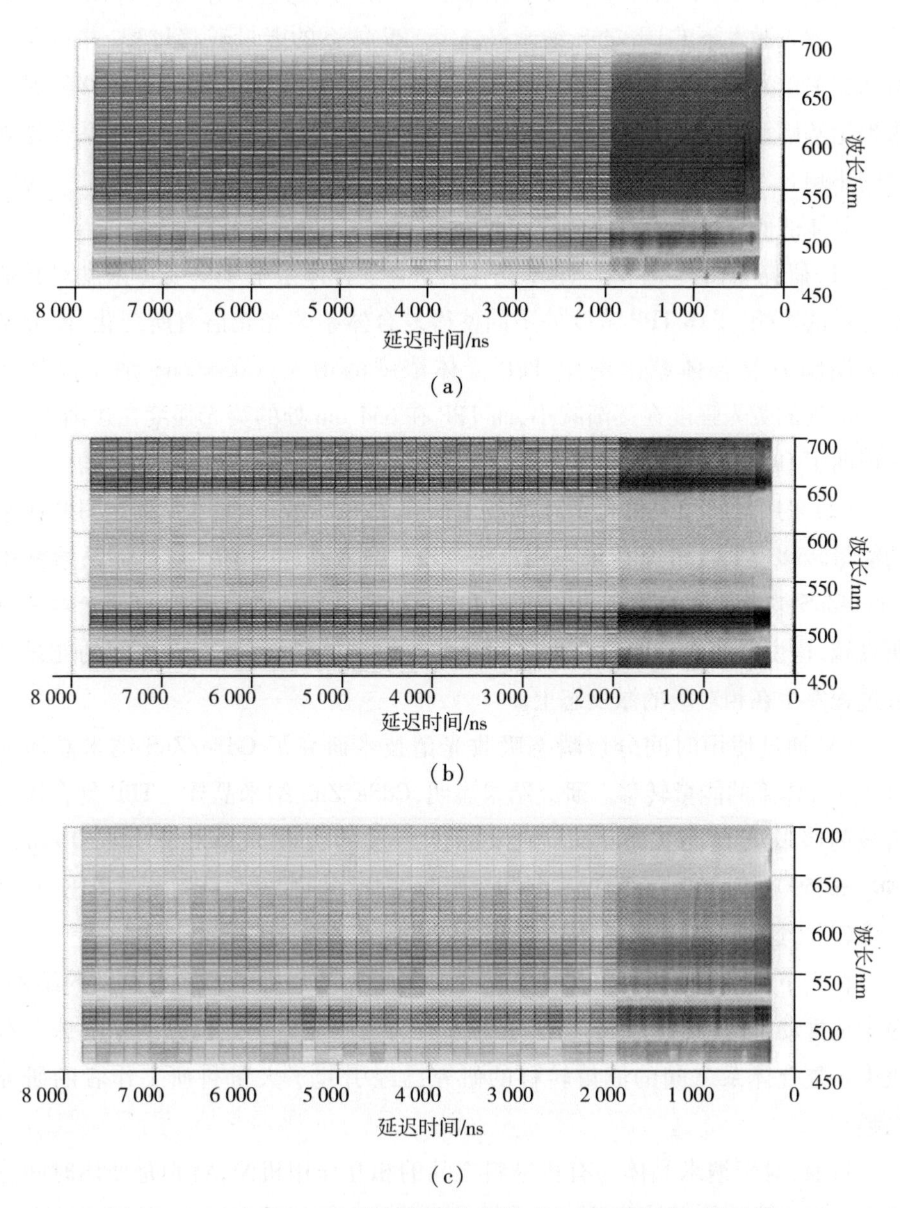

图 12-6　(a)CdSe/ZnS 的瞬态吸收光谱,(b)TPP 的瞬态吸收光谱,(c)TPP - CdSe /ZnS 复合体系的瞬态吸收光谱

在这一章中,采用飞秒时间分辨瞬态吸收技术,研究了中心波长在 400 nm 的飞秒激光激发下 CdSe/ZnS 纳米晶体 – TPP 体系的能量转移过程,并且通过时间相关单光子计数技术,测得样品的荧光寿命。以荧光共振能量转移的原理为理论基础,又研究了 TPP 受体浓度对 CdSe/ZnS 纳米晶体 – TPP 体系荧光光谱的影响。

具体的研究结果有以下几个方面:

(1)研究了在 CdSe/ZnS 纳米晶体 – TPP 复合体系中 TPP 受体浓度对其荧光光谱的影响,受体 TPP 浓度的不同使得复合体系荧光光谱有所变化,研究结果表明随着复合体系溶液中 TPP 受体浓度的增大,CdSe/ZnS 纳米晶体在 534 nm处的荧光强度在逐渐减小,而 TPP 在 654 nm 处的荧光强度在逐渐增大。这说明了 CdSe/ZnS 纳米晶体的能量是通过非辐射的形式转移给 TPP 的。

(2)采用时间相关单光子计数技术研究了 CdSe/ZnS 纳米晶体 – TPP 体系的能量转移现象。研究结果表明,CdSe/ZnS 纳米晶体 – TPP 复合体系溶液中 CdSe/ZnS 纳米晶体的荧光寿命比纯 CdSe/ZnS 纳米晶体溶液中的荧光寿命有所衰减,这说明纳米晶体与卟啉之间是非辐射型能量转移,二者之间的能量转移过程发生在相对应的激发态上。

(3)通过使用时间分辨瞬态吸收光谱技术研究了 CdSe/ZnS 纳米晶体 – TPP 复合体系的能量转移。研究结果表明,CdSe/ZnS 纳米晶体 – TPP 复合体系溶液的吸收光谱与 CdSe/ZnS 纳米晶体溶液的吸收光谱相比,在 519 nm、549 nm、590 nm、650 nm 附近有新的负吸收变化,并且与纯 TPP 光谱相比,其吸光度较弱,这说明了纳米晶体与 TPP 之间进行了能量转移。

在当下,对纳米晶体和有机染料的应用研究已经有了很多有意义的结果,极大地推动了两种材料体系在医学等方面的发展。关于光诱导纳米晶体 – 有机染料复合体系之间的能量转移的研究已经引起了大量科研工作者的研究兴趣。

目前,对于纳米晶体与有机染料之间的相互作用机制,特别是使用时间分辨光谱技术研究能量转移超快动力学过程还处在初级阶段,国内外对于这方面的研究的相关报道很少见,对于纳米晶体 – 有机染料复合体系相互作用物理机制的研究方法大多停留在紫外可见吸收和稳态荧光光谱上。本章对纳米晶体有机染料复合体系的能量转移的超快动力学理论模型进行初步研究,并且揭示其能量转移的物理机制。

纳米晶体与有机染料都有自己的特点,两个材料体系合起来使用,组成的复合体系不仅可以使激发光源有更宽的选择范围,而且可以产生较高的单线态量子产率。同时利用纳米晶体较宽的吸收截面,可以提高有机染料的激发效率。对混合体系的作用机制和发光特性进行研究,可以为新兴材料的发展提供理论和实验依据。

本章中选用的纳米晶体是以宽带隙的半导体为壳材料、窄带隙的半导体为核材料构成的,外表面缺陷捕获激子的概率较小,这样可以使其发光效率和荧光稳定性有明显的提高。

近些年来,人们开始利用飞秒瞬态吸收光谱技术来研究液相体系超快动力学。与稳态荧光光谱技术相比,飞秒瞬态吸收光谱技术结合了飞秒泵浦探测技术和稳态吸收光谱技术的优点,如稳态吸收光谱技术的普遍适用性,以及飞秒量级的时间分辨。很多化学反应都是发生在飞秒时间尺度的。因此我们可以使用飞秒瞬态吸收光谱技术实验方法对纳米晶体与有机染料的复合体系来进行研究,获得能量转移的时间分辨动力学信息和物理机制。

纳米晶体光谱可以进行调节,且有着较高的发光效率,将这些性质利用在使用瞬态吸收光谱技术对能量转移的研究过程中,可以使能量转移的分辨率更高。这样使能量转移技术应用范围更广,而且在其他的科研领域也可以对此技术加以利用。

本章中只是对纳米晶体 - 卟啉的转移类型进行了研究,在未来的研究工作中可以进一步对影响其体系能量转移的各种因素进行研究,或者改变纳米晶体 - 卟啉的作用方式,或者改变相应的溶剂来提高能量的转换效率。可以使用时间分辨瞬态光谱技术对体系进行研究,并将其应用到生物样本的光动力治疗以及荧光标记中。近年来,物理学家对光诱导纳米晶体 - 有机染料复合体系的荧光共振能量转移过程的研究逐渐增多。从应用的角度出发,可将基于纳米晶体 - 有机染料的新型光敏剂和生物荧光探针应用于生物医疗、癌症检测等领域。

第13章　拉曼光谱在能量转移过程中的应用

13.1　拉曼光谱简介

早在1802年,科学家Richter发现了光的散射现象,即散射光的方向、强度、偏振态、频率等因素也许都与入射光的相应因素有所不同。散射分为两个方面:一种是弹性散射,一种是非弹性散射。在1928年,印度科学家拉曼首次发现了拉曼散射光谱的存在,并因此获得诺贝尔奖。拉曼散射光谱是一种非弹性散射谱,即散射光的频率不全与入射光的频率相等。自发拉曼散射现象是最早发现的拉曼散射现象,在这种现象中散射出来的光谱包含三种散射光,即散射光频率与入射光频率相等的光,散射光频率比入射光频率小的光,以及散射光频率比入射光频率大的光。我们通常称散射光频率比入射光频率小的光为斯托克斯拉曼散射,称散射光频率比入射光频率大的光为反斯托克斯拉曼散射。由于粒子数布居的关系,在通常情况下,斯托克斯拉曼散射光的强度要比反斯托克斯拉曼散射光的强度大几个数量级。由于拉曼散射光比较弱,在早一些的时候,关于拉曼散射光谱的发展和应用受到了很大限制,一直到将激光器用于研究拉曼光谱技术,才使得拉曼光谱技术的发展迅速起来;随着电子与计算机技术的迅速发展,激光拉曼光谱学领域也发展出了很多用于测量物质各项特性的新的技术分支,并且可以对体积微小的或者是变化迅速的样品进行分子结构的分析。拉曼散射光谱技术经历了多个阶段的发展,其中包括自发拉曼散射光谱技术、傅里叶变换拉曼光谱技术、表面增强拉曼光谱技术、反斯托克斯拉曼散射光谱技术、受激拉曼散射光谱技术等阶段。本书讨论的主要内容包括自发拉曼散射过程、受激拉曼散射过程和相干反斯托克斯拉曼散射过程。自发拉曼散射的激发光非常弱，因此不会引起物质的光学特性发生变化，物质产生的感生电偶极矩线性依赖于入射光场，极化强度 $P = \varepsilon_0 \chi E$ ，所以自发拉曼散射效应是线性效应。自发拉曼散射是非相干技术，是用单一频率为 ω_1 的光作用于样品而使其散射出频率为 ω_2 的光，并且 ω_2 不等于 ω_1 ，自发拉曼散射信号分布在整个空间立体角范围内，方向性不好，并且带有荧光干扰。受激拉曼散射和相干反斯托克斯拉曼散射属于非线性效应，是用强光场作用到介质上，这样会引起物质的光学特性的变化，物质产生的感生电偶极矩非线性地依赖于入射光场，电极化强度 $P = \varepsilon \cdot [\chi^{(1)} E + \chi^{(2)} EE + \chi^{(3)} EEE] + \cdots$ ，因此受激拉曼散射和相干反斯托克斯拉曼散射属于非线性效应。受激拉曼散射和相干反斯托克斯拉曼散射属于相干拉曼技术，相干拉曼技术是指频率为 ω_1 与 $\omega_2(\omega_1 \neq \omega_2)$ 的两种光共同作用于物质，引起依赖于 $\Delta\omega = \omega_1 - \omega_2$ 的相干振动。设 ω_v 为物质的低频振动模式，如果说 $\Delta\omega = \omega_v$ ，那么也许就可以使用两个高频场的差来探测物质分子内部或者原子核内部振动的低频振动模式。受激拉曼散射信号的探测方向只沿着探测光这一个方向，单向性好，并且能够避免荧光的干扰，这意味着受激拉曼散射的收集效率和抗干扰能力要优于自发拉曼散射。相干反斯托克斯拉曼散射与受激拉曼散射的不同点是它的信号收集方向不一定沿着探测光的方向，而且其物理机制也与受激拉曼散射的物理机制有所不同。近来，在超快光谱学过程的研究中，飞秒激光的应用促进了相干非平衡态光谱学的发展。飞秒受激拉曼散射技术（FSRS）就是利用一束谱带较宽的光（如白光）作为探测光，用一束能量较高的光作为泵浦光，探测光与泵浦光共同作用到物质上，导致受激拉曼过程的发生。因为探测光谱是超连续的，所以在信号光中包含了很多振动能级，这样就可以探测到很多分子内部细节部分的振动。在对于化学反应动力学结构的研究方面，飞秒受激拉曼散射的分辨率要优于皮秒时间尺度下的分辨率。

在实验中，影响材料的物理与化学变化过程的重要物理量有很多，温度就是其中之一，但是在有关于分子动力学的研究过程中，测量温度是极其困难的一件事情。在凝聚态材料的研究领域，如何准确测量材料的温度至今为止仍然是一个极其困难的问题，但是，测量体系温度或者是体系温度的变化趋势对于含能材料的研究又是至关重要的。很久以前，科学家们就意识到了精确测量材料体系温度的重要性，并且用了很多年的时间来应用光学知识进行测量材料体系的高温实验，但是在其他条件下，特别是在低温条件下测温的实验方法是十分罕见的。此外，存在一些应用时间分辨的拉曼光谱来测量低温的研究，一些人应用时间分辨拉曼散射光谱的方法测量了凝聚态物质的温度，随后这些人又改进了时间分辨拉曼光谱测温的实验结构，提高了采集到的信号的信噪比，大大地减小了测温误差。1942 年，出现了利用自发拉曼散射信号的反斯托克斯拉曼散射强度与斯托克斯拉曼散射强度的比值来测量温度的实验，并且实验结果与理论期望相符合，然而正如前面所提到的，应用自发拉曼散射来测温存在很多缺点，对于这些不利因素，可以应用飞秒受激拉曼散射的测温方法来予以解决。2011 年，N. C. Dang 等证明了应用飞秒受激拉曼散射技术能够测量凝聚态材料的瞬态温度，这对于有机分子间能量转移过程的研究来说是非常有意义的。

现代的超快光谱技术提供了全新的机会去研究液体以及固体中的化学反应动力学，分子振动能量转移的研究是观察振动激发分子和周围的溶剂分子间的能量流动的一种很先进的手段。研究与含能材料相关的能量转移机理对于科学的发展是很有价值的，目前有大量关于含能材料和有机材料的物理以及化学性质的研究。含能材料分子间的能量转移过程是一种超快过程，其速度可以达到皮秒甚至是飞秒量级，因此目前对含能材料的分子动力学研究的主要方法是建立物理化学模型和进行物理量之间的理论计算，例如从头算法等，很少通过实验研究来直接观测分子间的动力学过程。硝基甲烷是最典型也最简单的含能材料之一，对于硝基甲烷分子与其他样品分子间的能量转移的研究目前为止还不够全面，所以本书采用硝基甲烷作为主要样品。通过在硝基甲烷中掺杂染料，观察其拉曼光谱的变化，可以推测出其温度的变化趋势，温度的变化情况可以反映有机分子间的能量转移过程。

13.2　拉曼光谱学相关理论研究的进展

13.2.1　拉曼光谱学的发展

光谱学是光学的一个分支学科，是研究各种物质的光谱的产生及其同物质之间相互作用的一门科学。拉曼散射光谱是一种非弹性散射谱，非弹性散射是指散射光的频率与入射光的频率不相等的散射，即 $\omega_{散} = \omega_{入} + \Delta\omega(\Delta\omega \neq 0)$。拉曼散射是介质内部的粒子发生振动或转动所导致的，本书主要考虑的是分子的振动所导致的拉曼散射，忽略分子的转动所导致的拉曼散射。

1928 年，科学家 C. V. Raman 用甲苯（透明液体）作为样品第一次发现了拉曼散射现象，随后又用其他物态的透明材料进行了大量关于散射的实验，从而得到了拉曼散射具有普遍性的结论。在他观察到的散射光谱中，除了原频率的光之外，还出现了频率与原频率不相等的散射光，频率变小的散射光为斯托克斯拉曼散射光，频率变大的散射光为反斯托克斯拉曼散射光。因为自发拉曼散射的信号非常弱，当时的各方面技术水平也不是很高，所以早期的拉曼散射光谱的发展和应用受到了很大的限制。直到在实验中引入了激光器，并且各方面技术也日趋成熟，拉曼光谱技术的发展才迅速、丰富起来。

1964 年，Chantry 等提出可以把傅里叶变换的方法应用到拉曼光谱技术中，此后，傅里叶变换的方法就经常被应用在工业上，因为它可以避免荧光干扰，傅里叶变换拉曼光谱在医学领域也得到了广泛的应用。但是这种技术有很强的瑞利散射干扰，这是它的主要缺点之一。

Fleischmann 等在 1974 年首次测得了银电极上吡啶分子的表面增强拉曼散射光谱，随后表面增强拉曼光谱技术引起了许多科研工作者的关注，但是表面增强拉曼光谱技术在细节的控制上存在着很大的困难。

近年来，相干反斯托克斯拉曼散射技术对于拉曼影像学的发展做出了很大的贡献，应用面也非常广泛，实时地观测生物体的状态就是它的应用之一。

时间分辨共振拉曼散射光谱被广泛地应用于分子动力学结构和生物相互反应的研究中。由于转换限制的作用，时间分辨共振拉曼散射光谱只局限于皮秒时间间隔内,红外辐射的飞秒脉冲可以打破这个局限。因此,可以研究分子反应动力学的泵浦-探测方法和在较短时间尺度内提供材料内部粒子结构的信息的多维技术得到了广泛的应用。

红外光谱技术是非常有应用价值的,在氢键动力学的研究中尤为显著。但是,红外光谱技术只能给出较高频波段的信息,不能给出较低频波段的信息,并且泵浦-探测方法的时间分辨率与探测光的周期相比较低。这表明在分子反应动力学的较重要反应时间段进行观测不是一件容易的事。

近年来,出现了一种测量拉曼散射光谱的新方法,即飞秒受激拉曼散射法(FSRS)。FSRS是利用两束光来激发拉曼过程的转换。此方法避免了荧光干扰,采集数据的效率也提高了很多。由于FSRS的时间间隔非常小,所以很适用于研究材料的分子动力学过程。

研究拉曼散射光谱对于很多领域来说都是非常重要的,因为它能够揭示物质的微观结构变化,能够用来检测物质的超快反应过程,因此近几年利用拉曼光谱来研究材料特性的科研工作也逐渐增多。此技术包含了样品的很多重要信息,例如振动结构、变化过程等,拉曼散射光谱技术的特殊性和灵敏程度使得它在研究分子间的动力学过程方面成为一种有效并且必不可少的工具之一。尽管拉曼散射光谱技术已经日趋成熟,但是这种技术的应用仍然存在很大的发展空间。

13.2.2 分子间能量转移的拉曼光谱学

伊利诺伊大学香槟分校的Dana D. Dlott等学者从很早就开始研究分子间的能量转移机理,在其1990年发表的文章中提出了doorway模式。声子是整个分子的平移和摆动震荡的外部激发,分子振动是小幅度的高频模型,化学键的振动,包括分子框架的内部激发。大幅度的分子失真模型叫作doorway模式,这种模式把分子的内部振动和声子的振动紧密结合。

其在1992年发表的文章中提出了一种能量从染料分子转移到基质分子的模型,用一组方块去描述一个由液体或固体基质掺杂了低浓度的分子点加热源(可能也同时是测温计)系统的超快温度变化实验。关于这个模型的简化假设是:在同一个方块中的每个能级都有相同的准温度,即每个方块中的能级是准平衡的;方块间的能量传输过程用速率常数 k 来描述;分子振动集中在个体分子上;基质的振动、分子和声子间的能量转移主要是通过 doorway 模式发生的。随着加热计分子的电子激发,内转换(IC)激发了一些(但不是所有的)分子振动。在大分子中,分子内的振动能量在有或者没有声子帮助的情况下进行快速的再分配(IVR),激发内部振动的随机化,机械能通过振动冷却(VC)从加热计分子中损失。当激发 doorway 模式通过非共振耦合产生声子时,振动冷却发生。一个好的分子加热计将有效率地进行内部转换、再分配、振动冷却过程,声子的准温度会因为多声子向上泵浦而下降。在向上泵浦的过程中,内部的冷分子从热声子中吸收能量。在图 13 – 1 中,声子首先用速率常数 k_{up} 激发了 doorway 模式,后来有了更高频率的振动,速率常数为 k'_{up}。当分子振动泵浦到高能级的时候,就导致化学反应发生。多声子向上泵浦对于热化学反应中的分子振动来说是非常重要的,对于含能材料的冲击爆炸也是很重要的。

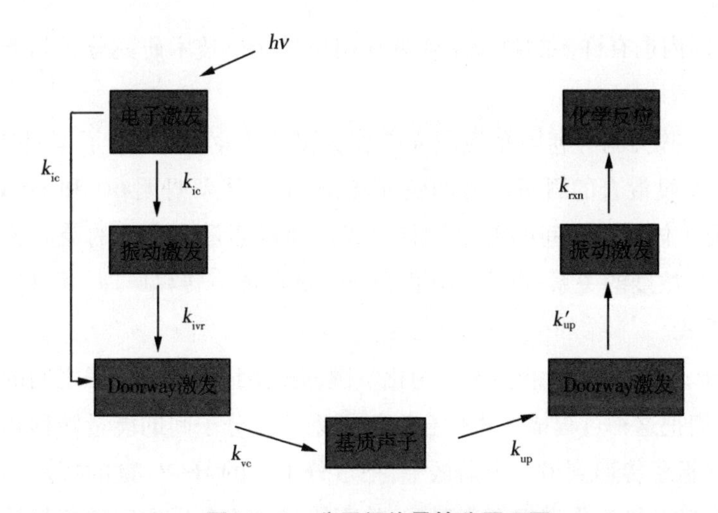

图 13 – 1　分子间能量转移原理图

他们把硝基甲烷作为基质样品,用 IR – 165 以及 Rh_6G 作为分子加热计和测温计,搭建反射式自发拉曼散射光路来采集数据,随后又通过理论计算验证了结果的正确性。

在其 1992 年发表的另一篇文章中,用 YAG 激光器在 1.064 μs 处发射半峰宽为 100 ns 的脉冲,并且用氦氖激光器发出的 0.633 μs 的与之共线的脉冲激光做探测光,用分子测温计通过激光烧蚀直接测量了高分子聚合物的温度。

1995 年,在 David E. Hare 等发表的一篇文章中,采用相干拉曼技术测量了高分子聚合物薄膜在皮秒激光烧蚀时的压力和温度。

同样在 1995 年,Xiaoyu Hong 等进行了分子间的振动能量转移实验。起初,他们想试着发展一下定性的涉及不同的振动热分子和硝基甲烷的 IVET 过程,但是他们却意外地发现了 NO_2对于含能材料的重大用途。

1998 年,John 等用红外拉曼光谱技术对硝基甲烷进行了实验,进一步加深了对硝基甲烷分子间的振动能量再分配的理解。

2011 年, N. C. Dang 等在自发拉曼光谱技术和相干拉曼光谱技术上,利用受激拉曼散射光谱技术测量了 0.5 mm 厚的 $CaCO_3$单晶(100)从低温到室温的温度,证明了在分子振动能级水平上,可以利用拉曼增益与拉曼损失的比值来测量凝聚态物质的温度,这种方法只限用于受激拉曼光谱,不适用于其他的相干拉曼光谱。

当然,国内也有许多的科学工作者在用拉曼光谱技术研究分子间能量转移的机理。

1986 年,陈文驹等利用氮气激光器作为激光发射源,测量了罗丹明 6G 和 DMTC 不同浓度混合的酒精溶液的荧光光谱,证明了罗丹明 6G 和 DMTC 组成的施主 - 受主体系分子间的能量转移过程。通过测量 DMTC 的荧光光谱强度和罗丹明 6G 浓度的关系,讨论了它们分子之间的能量转移原理,并且推导出了相应的关系式。

2006 年,赵林等利用谐振子作为化学键的模型描述了水分子之间的能量转移过程,他们把这种过程描述为耦合谐振子系统。分子间的能量转移相当于能量从一个谐振子传递到另一个谐振子,把水分子中的 H—O 键的振动和水分子间的氢键振动分别当作谐振子来对待,从而描述了水分子之间的能量转移机理与过程。通过理论预测和实验验证有效地描述了水分子间的能量转移过程。

2007 年,杨文琴等采用双光栅单色仪,用氩离子激光器的 488 nm 波长激发,在室温下测得了激光平行与垂直于晶体入射时的 Tm^{3+}、Ho^{3+}单掺和双掺钒酸钇晶体的拉曼散射光谱。他们对检测结果进行了分析,并且探讨了不同情况对能量转移过程的影响。

在拉曼光谱技术以及时间分辨光谱技术日益完善的基础上,各国科学家相继开始运用拉曼光谱技术来研究大量有机材料的性质，其中包括含能材料与非含能材料，此技术大大地加快了军工业以及民用商品发展的速度，但是在直接加热有机材料和间接加热有机材料的研究方面钻研得还不够深入，还存在着相当大的发展空间。

13.3 硝基甲烷的拉曼散射过程研究进展

硝基甲烷是最简单的有机含能材料之一，化学式为 CH_3NO_2，是有刺激性气味的油状液体，溶于水、醇。可用于有机合成，制取炸药，也可作为有机溶剂使用，易燃易爆，激烈撞击时有爆炸危险，闪点为 35 ℃，沸点 101.2 ℃，分子结构如图 13－2 所示。

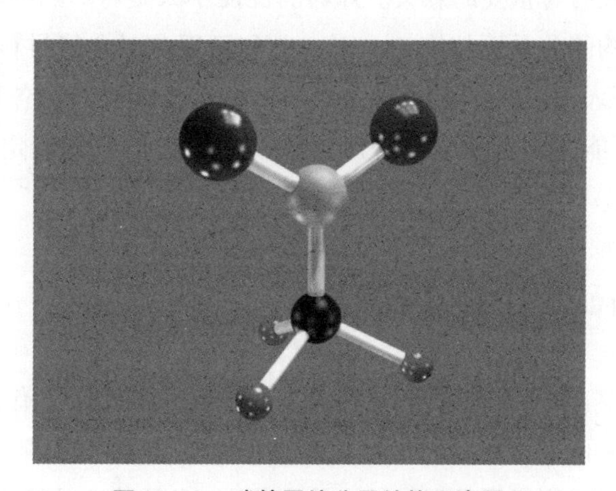

图 13－2 硝基甲烷分子结构示意图

因为硝基甲烷是结构最简单的有机含能材料之一，所以对于硝基甲烷的物理化学性质以及能量转移特性的研究成果比比皆是。例如，在高压条件下研究硝基甲烷的光谱特性，或者是研究固相硝基甲烷的相变，等等。由于研究硝基甲烷对于含能材料的发展是很重要的，因此硝基甲烷的物理性质以及化学性质被广泛研究，硝基甲烷的拉曼光谱研究也受到了很大的关注。

2007 年，A. S. Krauze 等通过拉曼光谱和量子论的计算研究了二甲亚砜与硝基甲烷混合物的分子缔合关系。通过这两种物质的分子偶极子和氢键的相互作用来研究分子间的结合，并运用“从头计算法”去确定最佳的基态几何学，正确的指认了新的振动谱带。

2008 年，R. Ouillon 等用拉曼光谱和红外光谱观测了室温下的固态硝基甲烷的内部模式行为。他们用金刚石压腔来改变压强，通过压力诱导的频移与近期文献中的计算相符合。红外波段形状的连续变化揭示了在压缩过程中较弱的分子失真，在一定的压强下，也观测到了拉曼光谱带较强的变动。

2010 年，Hebert 等研究了在金刚石压腔下的硝基甲烷的拉曼光谱变化。结果表明，除了温度与压强的影响，剪切应变也在含能材料的分解机制中起了很重要的作用。因此，他们提出了一个利用压强和剪切应变来研究硝基甲烷的性质的方法，通过改变压强与剪切应变来观察硝基甲烷的拉曼光谱变化。

对硝基甲烷的拉曼散射光谱的温度依赖性的研究，对于加深了解含能材料的物理化学性质有着重要的意义。炸药的性能不只是与炸药的晶体结构有关，与炸药分子结构的关系更加密切。军工业和民用业对含能材料的要求越发迫切，应该更加深入地研究含能材料的分子结构，与含能材料的各种性能相结合，理论结合实验，能为加深研究与理解含能材料的起爆机理奠定好理论与实验基础。

13.4 目前研究中存在的问题

在已有的文献中，尽管关于材料的拉曼散射光谱的研究有很多，但是应用拉曼散射光谱来研究含能材料温度依赖性的研究还不是很多。虽然有关利用受激拉曼散射光谱测量样品温度的实验有很多，但是其中的理论基础部分较为薄弱，以至于对拉曼散射光谱测量温度的理论过程不是很清楚。目前，对于应用拉曼散射光谱研究硝基甲烷的实验还不够完善，关于用拉曼散射光谱来研究硝基甲烷温度依赖性的实验也不是很全面，主要缺乏以下几个方面的研究：

(1)硝基甲烷的温度依赖性原理研究；

(2)硝基甲烷的 CARS 光谱与 TG 光谱实验研究；

(3)硝基甲烷与掺杂染料的硝基甲烷的 CARS 光谱和 TG 光谱对比研究。

基于以上几点可以得知，关于硝基甲烷的拉曼散射光谱的研究还有很大的空间。含能材料的分子动力学研究对于现代科技发展来说是非常重要的。含能材料的粒子在作用下压缩，整个体系的压力、温度等会迅速变化，如何有效地观测含能材料体系在冲击压缩过程中温度、压力等特性的变化是研究含能材料分子反应动力学的一项难题。为了解决这些技术难题，拉曼光谱技术作为研究分子反应动力学的一种技术手段被广泛应用，主要基于以下几个方面：拉曼光谱能够瞬时测量反应材料体系的动态温度；拉曼光谱能够直接反映分子化学键的振动特性，使材料分子内部结构的变化表现得更加清晰；拉曼光谱在监测材料体系动态温度的同时，还可以体现出材料体系在冲击压缩作用下的分子反应动力学过程。以硝基甲烷和多种染料作为样品，主要讨论的内容如下：

(1)自发拉曼散射的物理过程与温度依赖性理论关系推导；

(2)受激拉曼散射和相干反斯托克斯拉曼散射的物理过程与温度依赖性理论关系推导；

(3)关于硝基甲烷与掺杂不同浓度染料的硝基甲烷的 CARS 实验结果对比；

关于掺杂 Rh 101 染料的硝基甲烷与纯硝基甲烷的瞬态光栅实验结果对比。

从拉曼光谱的发展史可以看出，目前飞秒受激拉曼散射的应用前景非常可观。在凝聚态材料的研究领域，精确测量材料的温度仍旧是一个不小的挑战，同时，测温对于凝聚态材料的研究来说也是十分重要的。通过在样品中掺杂其他物质，可以观察其拉曼光谱的变化，进而推测出其温度的变化趋势，温度的变化情况可以反映有机分子间的能量转移过程。在拉曼光谱技术以及时间分辨光谱技术日益完善的基础上，各国科学家相继开始运用拉曼光谱技术来研究大量有机材料的性质，其中包括含能材料与非含能材料，此技术大大地加快了军工业以及民用商品发展的速度，但是在直接加热有机材料和间接加热有机材料的研究方面还钻研得不够深入，还存在着相当大的发展空间。在对硝基甲烷的研究进展中，发现研究硝基甲烷的拉曼散射光谱的温度依赖性的文献较少，因此，着重讨论硝基甲烷的拉曼散射光谱的温度依赖性，进而观测其分子间能量转移过程，对于加深了解含能材料的物理化学性质有着重要的意义，理论结合实验，能为加深研究与理解含能材料的起爆机理奠定好理论与实验基础。

第 14 章　自发拉曼散射过程的基础理论

14.1　自发拉曼散射的物理过程

拉曼散射的能级图如图 14－1 所示。斯托克斯拉曼散射可以看作一个入射光子和一个在初始能级的分子的非弹性碰撞,碰撞后产生了一个低能量的光子,并且初始能级的分子跳跃到了更高的能级上,与此过程相反的过程即为反斯托克斯拉曼散射。

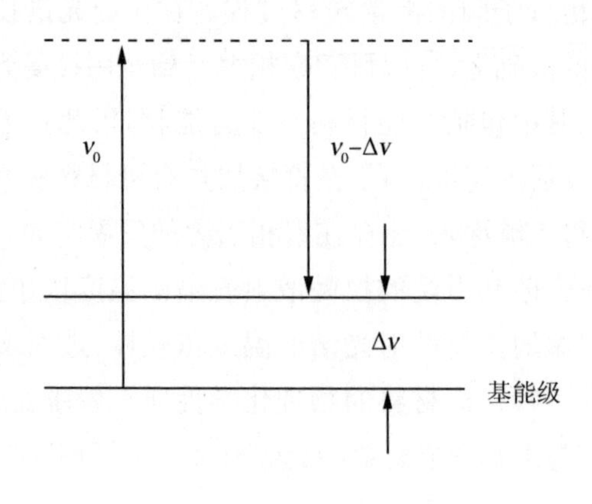

(a)斯托克斯拉曼散射

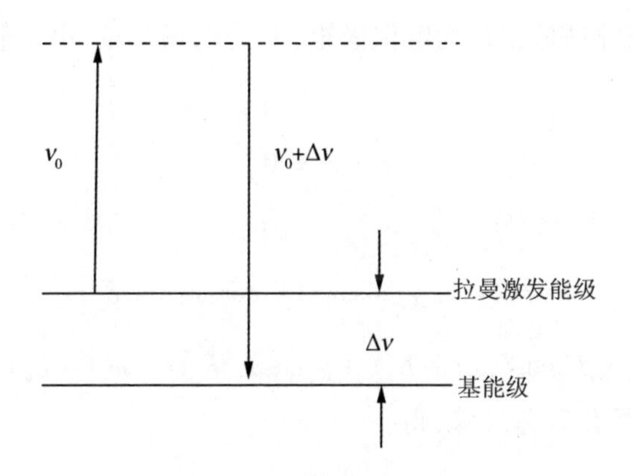

(b) 反斯托克斯拉曼散射

图 14－1　拉曼散射能级图

在自发拉曼散射中，斯托克斯拉曼散射的过程是分子吸收一个光子，由基态跃迁到与第二激发态有关的虚能级，再从虚能级跃迁到第一激发态，发射一个斯托克斯光子；而反斯托克斯拉曼散射的过程是处于第一激发态的分子吸收一个光子，跃迁到虚能级，再从虚能级跃迁到基态，发射一个反斯托克斯光子。热平衡时，各能级的分子数按照玻尔兹曼分布律分布，处于基态的分子数远大于处在第一激发态的分子数。因此产生的斯托克斯光子远多于反斯托克斯光子，导致斯托克斯拉曼散射的光强远大于反斯托克斯拉曼散射的光强。

从电子论的角度也可以解释自发拉曼散射的物理过程，如果粒子（原子或分子）以一个固有频率 ω_ν 振动，那么粒子的极化率将不再是常数，其极化率也会随着 ω_ν 做周期性变化，这时粒子的极化率可以写为：

$$\chi = \chi_0 + \chi_\nu \cos\omega_\nu t \tag{14-1}$$

其中，χ_0 是粒子静止时的极化率，χ_ν 是粒子振动所导致的极化率的振幅变化，将上式代入式

$$\vec{P} = \chi\vec{E} \tag{14-2}$$

$$\vec{E} = \vec{E}_0\cos(\omega_p t - \vec{k}\cdot\vec{r} + \delta_p) \tag{14-3}$$

得：

$$\vec{P} = (\chi_0 + \chi_\nu\cos\omega_\nu t)\vec{E} = (\chi_0 + \chi_\nu\cos\omega_\nu t)\vec{E}_0\cos(\omega_p t - \vec{k}\cdot\vec{r} + \delta_p) \tag{14-4}$$

式中，δ_p 表示初相位。$\vec{P}$ 为电偶极矩，$\vec{E}$ 为电场矢量，由于假设粒子的位置固定，所以

$$\vec{k} \cdot \vec{r} = 0 \tag{14-5}$$

因此，式(14-4)变为：

$$\begin{aligned}\vec{P} &= (\chi_0 + \chi_\nu \cos\omega_\nu t)\vec{E}_0\cos(\omega_p t + \delta_p) \\ &= \chi_0\vec{E}_0\cos(\omega_p t + \delta_p) + \chi_\nu\cos\omega_\nu t\vec{E}_0\cos(\omega_p t + \delta_p)\end{aligned} \tag{14-6}$$

将上式进行积化和差计算，得：

$$\begin{aligned}\vec{P} = \chi_0\vec{E}_0\cos(\omega_p + \delta_p) + \frac{1}{2}\chi_\nu\vec{E}_0\cos[(\omega_p + \omega_\nu)t + \delta_p] + \\ \frac{1}{2}\chi_\nu\vec{E}_0\cos[(\omega_p - \omega_\nu)t + \delta_p]\end{aligned} \tag{14-7}$$

观察式(14-17)，可以了解到散射光有三种频率：ω_p，$\omega_p + \omega_\nu$，$\omega_p - \omega_\nu$。第一项的散射光的频率没有改变，为瑞利散射，它的相位也与入射光的相位相同，是相干散射，对应非弹性散射的过程。第二项与第三项的散射光频率发生了改变，分别为反斯托克斯拉曼散射和斯托克斯拉曼散射，它们的相位和因散射分子不同而不同，所以是非相干散射。

本章主要分析自发拉曼散射的物理过程和其温度依赖性。自发拉曼散射是一阶线性极化效应，产生的散射光的强度比较弱，散射光为非相干光。在自发拉曼散射理论中，通常利用经典理论方法解释散射原因，认为散射主要是由电偶极子的振荡所引起的，入射电磁场诱导了振荡分子的产生。除了电偶极子的振荡外，还有其他的振荡源，但是由于其他振荡源的贡献比电偶极子的贡献小几个数量级，因此在考虑只用电偶极子来定义的电荷分布时，其他振荡源可以忽略，即以感生振荡电偶极子作为散射源。

14.2 简正坐标及泰勒展开的意义

简正坐标以及泰勒展开是自发拉曼散射理论推导的出发点和理论基础，因此要了解简正坐标和泰勒展开对于推导过程的意义。

首先引入一个耦合振子模型，将光滑水平面上的两个弹簧振子用另一个劲

度系数不同的弹簧连接起来，如图 14－2 所示。

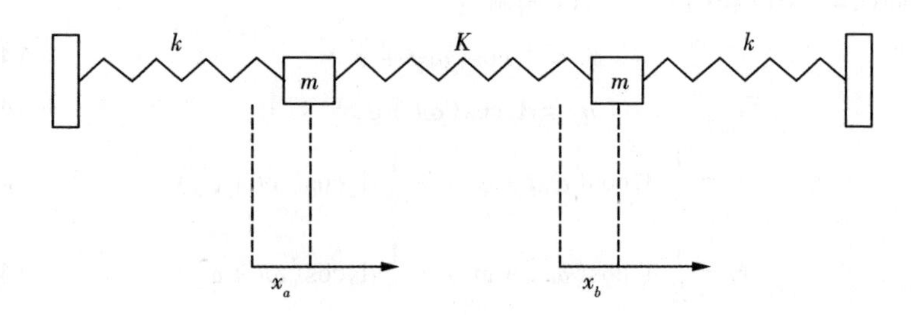

图 14－2　耦合振子模型

振子质量为 m，弹簧振子的劲度系数为 k，连接两个弹簧振子的弹簧的劲度系数为 K，取每个弹簧各自的原长处为坐标零点，那么得到的运动方程为：

$$m\ddot{x}_a = -kx_a + K(x_b - x_a) \tag{14-8}$$

$$m\ddot{x}_b = -kx_b + K(x_b - x_a) \tag{14-9}$$

从上面这两个方程可以看出，每个振子的加速度都与另一个振子相关联，即它们的运动是彼此相关的，那么就可以说这两个振子之间存在着耦合关系。

分别相加和相减式（14－8）和（14－9），可以得到：

$$\frac{\mathrm{d}^2(x_a + x_b)}{\mathrm{d}t^2} = -\frac{k}{m}(x_a + x_b) \tag{14-10}$$

$$\frac{\mathrm{d}^2(x_a - x_b)}{\mathrm{d}t^2} = -\left(\frac{k}{m} + \frac{2K}{m}\right)(x_a - x_b) \tag{14-11}$$

解上面这两个方程，令：

$$x_a + x_b = q_1 \tag{14-12}$$

$$x_a - x_b = q_2 \tag{14-13}$$

$$x_a = \frac{1}{2}(q_1 + q_2) \tag{14-14}$$

$$x_b = \frac{1}{2}(q_1 - q_2) \tag{14-15}$$

那么方程（14－10）和（14－11）可以简化为：

$$\frac{\mathrm{d}^2 q_1}{\mathrm{d}t^2} = -\frac{k}{m}q_1 \tag{14-16}$$

$$\frac{d^2q_1}{dt^2} = -\left(\frac{k}{m} + \frac{2K}{m}\right)q_2 \tag{14-17}$$

方程(14－16)和(14－17)的通解为:

$$q_1 = A_1\cos(\omega_0 t + \varphi_1) \tag{14-18}$$

$$q_2 = A_2\cos(\omega t + \varphi_2) \tag{14-19}$$

$$x_a = \frac{1}{2}A_1\cos(\omega_0 t + \varphi_1) + \frac{1}{2}A_2\cos(\omega t + \varphi_2) \tag{14-20}$$

$$x_b = \frac{1}{2}A_1\cos(\omega_0 t + \varphi_1) + \frac{1}{2}A_2\cos(\omega t + \varphi_2) \tag{14-21}$$

式中,A_1,A_2,φ_1,φ_2 由耦合振子的初始条件决定。

如上所述,我们可以了解到在耦合振子系统中存在着两个特征圆频率:

$$\omega_0 = \sqrt{\frac{k}{m}}$$

$$\omega = \sqrt{\frac{k}{m} + \frac{2K}{m}}$$

对于一定的初始条件来说,系统中的每个振子都必然能以这两个特征圆频率中的来振动。在系统中,各个振子以相同的频率做简谐振动的方式称为这个系统的简正模,每个简正模对应的频率称为简正频率。式(14－16)和(14－17)是关于独立变量 q_1 和 q_2 的振动方程,这两个方程描述了耦合振子系统中的两种独立的运动,即简正模的另一种表述方法,其中,q_1 和 q_2 称为简正坐标。

式(14－20)和(14－21)表明,每一个振子的坐标都可以表示为 q_1 和 q_2 的线性组合。简正坐标是数学上常用的一种处理方式,它是将各个粒子的原始物理坐标进行线性的组合,从而消除了各个原子的原始坐标相互之间的耦合(它反映了物理量之间的相互作用关系),用这种方式在数学上处理起来非常方便。

泰勒公式是英国数学家布鲁克·泰勒在 1712 年提出的,是一个用函数在某点的信息来描述其附近取值的公式。泰勒公式可以用函数的导数值作为系数,来构建一个多项式近似函数在这一点的邻域中的值,泰勒级数展开是为了用多项式来代替已有的函数,使之处理起来更加简单、方便、直观。

14.3 自发拉曼散射的温度依赖性理论分析

入射电场频率为 ω_1 ,在入射电场的诱导下,分子产生振荡的电偶极子,辐射方向与电偶极矩夹角为 θ 的散射光的辐射强度为 I（单位立体角内的辐射功率），如图 14－3 所示。

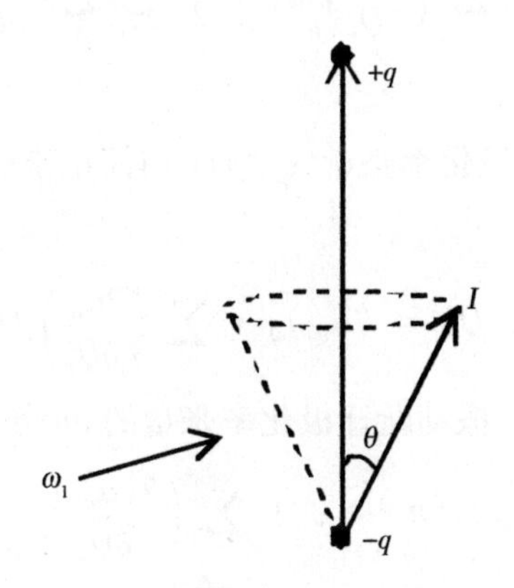

图 14－3　电偶极子与散射光的辐射方向示意图

其理论关系用公式表示如下：

$$I = k_{\omega}\omega_s^4\vec{P}_s^2\sin^2\theta \tag{14-22}$$

其中，

$$k_{\omega} = \frac{1}{32\pi^2\varepsilon_0 c_0^3} \tag{14-23}$$

在上面的两个式子中，ω_s 与 ω_1 可能相等，也可能不等，所以下面通常使用频率 ω 来进行理论描述，$\vec{P}_s$ 是频率为 ω_s 的感生电偶极矩的振幅。在某些强调谱带位置而不是强调谱带强度的情况下，通常使用波数 $\tilde{v}$ 来描述谱带。因此，式（14－22）和式（14－23）可以写作：

$$I = k_{\tilde{v}}\tilde{v}_s^4\vec{P}_s^2\sin^2\theta \tag{14-24}$$

其中，

$$k_{\tilde{v}} = \frac{\pi^2 c_0}{2\varepsilon_0} \tag{14-25}$$

$$\tilde{v}_s = \frac{\omega_s}{2\pi c_0} \tag{14-26}$$

本书引入了一种特殊的简谐振动跃迁，令极化率张量 $\alpha_{ab}(Q)$ 为简正坐标 Q 的函数，把 $\alpha_{ab}(Q)$ 进行泰勒级数展开，得：

$$\alpha_{ab}(Q) = (\alpha_{ab})_0 + \sum_v \left(\frac{\partial \alpha_{ab}}{\partial Q_v}\right)_0 Q_v + \frac{1}{2}\sum_v \sum_\eta \left(\frac{\partial^2 \alpha_{ab}}{\partial Q_v \partial Q_\eta}\right)_0 Q_v Q_\eta + \cdots \tag{14-27}$$

对于很小的核位移，极化率张量 $\alpha_{\rho\sigma}(Q)$ 与简正坐标 Q 呈线性关系，即一级拉曼效应，可以得到：

$$\alpha_{ab}(Q) = (\alpha_{ab})_0 + \sum_v \left(\frac{\partial \alpha_{ab}}{\partial Q_v}\right)_0 Q_v \tag{14-28}$$

从能级 n_i 跃迁到 n_f，振动跃迁极化率张量的 ab 分量是：

$$(\alpha_{ab})_{n^f n^i} = (\alpha_{ab})_0 \langle n^f \mid n^i \rangle + \sum_v \left(\frac{\partial (\alpha_{ab})}{\partial Q_v}\right)_0 \langle n^f \mid Q_v \mid n^i \rangle \tag{14-29}$$

总的振动波函数 $\mid n\rangle$ 在简谐振子的近似中由简正振动模式的谐振子波函数 n_k 组成，那么谐振波函数 $\mid n^i\rangle$ 与 $\mid n^f\rangle$ 可写为：

$$\mid n^i \rangle = \prod_v \mid n_v^i \rangle \tag{14-30}$$

$$\mid n^f \rangle = \prod_v \mid n_v^f \rangle \tag{14-31}$$

其中，$\mid n_v^i\rangle$ 与 $\mid n_v^f\rangle$ 是与简正坐标 Q_v 相对应的谐振波函数；n^i 代表初态的振动量子数，n^f 代表末态的振动量子数。

把式(14－30)、(14－31)代入式(14－29)中，得：

$$(\alpha_{ab})_{n^f n^i} = (\alpha_{ab})_0 \langle \prod_v n_v^f \mid \prod_v n_v^i \rangle + \sum_v \left(\frac{\partial \alpha_{ab}}{\partial Q_v}\right)_0 \langle \prod_v n_v^f \mid Q_v \mid \prod_v n_v^i \rangle \tag{14-32}$$

由二次量子化表示 Q_k，得：

$$Q_v = b_{n_v}(\hat{a} + \hat{a}^+)$$

$$b_{n_v} = \left(\frac{\hbar}{2\omega_v}\right)^{\frac{1}{2}} = \left(\frac{\hbar}{2 \cdot 2\pi c_0 \tilde{\upsilon}_v}\right)^{\frac{1}{2}} = \left(\frac{\hbar}{4\pi c_0 \tilde{\upsilon}_v}\right)^{\frac{1}{2}} = \left(\frac{\frac{h}{2\pi}}{4\pi c_0 \tilde{\upsilon}_v}\right)^{\frac{1}{2}} = \left(\frac{h}{8\pi^2 c_0 \tilde{\upsilon}_v}\right)^{\frac{1}{2}} \tag{14-33}$$

上面提到的谐振子波函数的性质如下：

$$\langle n_v^f \mid n_v^i \rangle = \begin{cases} 0, n_v^f \neq n_v^i \\ 1, n_v^f = n_v^i \end{cases} \tag{14-34}$$

$$\langle n_v^f \mid Q_v \mid n_v^i \rangle = \begin{cases} 0, & n_v^f = n_v^i \\ (n_v^i + 1)^{\frac{1}{2}} b_{n_v}, & n_v^f = n_v^i + 1 \\ (n_v^i)^{\frac{1}{2}} b_{n_v}, & n_v^f = n_v^i - 1 \end{cases} \tag{14-35}$$

这里需要对式(14-32)中的各项进行说明。第一项与瑞利散射相关,由于波函数具有正交性,所以这一项不为零的条件为 $n_v^f = n_v^i$,并且对于所有 v 都满足条件。又因为波函数具有归一化的性质,所以第一项是 $(\alpha_{ab})_0$ 。在平衡位置,系统的极化率的组分不可以同时等于零,所以总会发生瑞利散射。第二项与拉曼散射有关,其不为零的条件为除了第 v 个振动模式外的全部其他振动模式在初态和终态的振动量子数相等,那么 $n_j^f = n_j^i, j \neq v$ 。第 v 个振动模式的终态的振动量子数一定要较其初态的振动量子数有所变化,并且变化量为 1,即 $n_v^f = n_v^i \pm 1$ 。下面只考虑第 v 个振动模式。

将式(14-35)代入式(14-32)中,可知,当 $n_v^f = n_v^i + 1$ 时,相应的斯托克斯拉曼散射的振动跃迁极化率张量的分量是:

$$(\alpha_{\rho\sigma})_{n_v^i+1, n_v^i} = \left(\frac{\partial \alpha_{ab}}{\partial Q_v}\right)_0 (n_v^i + 1)^{\frac{1}{2}} b_{n_v} = (n_v^i + 1)^{\frac{1}{2}} b_{n_v} (\alpha'_{ab})_{v0} \tag{14-36}$$

当 $n_v^f = n_v^i - 1$ 时,相应的反斯托克斯拉曼散射的振动跃迁极化率张量的分量是:

$$(\alpha_{ab})_{n_v^i-1, n_v^i} = (n_v^i)^{\frac{1}{2}} b_{n_v} (\alpha'_{ab})_{v0} \tag{14-37}$$

其中, $n_v^i \neq 0$ 。

在拉曼散射过程中,一个振动量子数的跃迁也能被观测到,这种跃迁通常对应的是斯托克斯拉曼散射($n_v^i = 0$),偶尔也会对应其他情况($n_v^i = 1,2,\cdots$)。这里需要说明的是,第 k 个振动模式的拉曼散射发生的条件 $n_v^f = n_v^i \pm 1$ 不是充要条件,而是必要条件,并且有大于等于一个极化率分量的导数不等于零,符合经典理论解释。

为了便于下面的推导,从式(14-22)、(14-23)出发:

$$I = k_\omega \omega_s^4 \vec{P}_s{}^2 \sin^2\theta$$
$$k_\omega = \frac{1}{32\pi^2 \varepsilon_0 c_0^3} \tag{14-38}$$

进一步代入,得:

$$I_{n_f n^i} = k_\omega \omega_{s(as)}^4 (|\alpha| \vec{E})^2 \sin^2\theta = k_\omega \omega_{s(as)}^4 |\alpha|^2 \vec{E}^2 \sin^2\theta \tag{14-39}$$

$$= \frac{1}{32\pi^2 \varepsilon_0 c_0^3} \sin^2\theta \cdot \vec{E}^2 \omega_{s(as)}^4 |\alpha|^2 = A \cdot I_0 \cdot \omega_{s(as)}^4 |(\alpha_{ab})_{n_f n^i}|^2 \tag{14-40}$$

A 为可变化的常数。将式(14－36)代入上式,可得单个分子的斯托克斯拉曼散射强度为:

$$I'_s = A \cdot I_0 \cdot (\omega_p - \omega_v)^4 \left[(n_v^i + 1)^{\frac{1}{2}} b_{n_v} (\alpha'_{ab})_{v0} \right]^2$$
$$= A \cdot I_0 \cdot (\omega_p - \omega_v)^4 \frac{\hbar}{2\omega_v} (n_v^i + 1) |(\alpha'_{ab})_v|^2 \tag{14-41}$$

由于在解释简谐振动的时候运用的是量子力学的方法,其中产生了量子数的概念,所以在这个体系中,N 个分子的散射强度不是单个分子散射强度的 N 倍。在室温下,基态和高能态上均存在粒子,故 N 个分子从能级 $n_v^i \to n_v^i + 1$ 跃迁的斯托克斯拉曼散射强度是:

$$I''_s = N p_{n_v^i} \cdot I'_s \tag{14-42}$$

其中,$p_{n_v^i}$ 为分子处在振动态 n_v^i 的概率,其满足玻尔兹曼分布律:

$$p_{n_v^i} = \frac{\exp\left\{-\left(n_v^i + \frac{1}{2}\right) h c_0 \tilde{v}_v\right\} / kT}{\sum_i \exp\left\{-\left(n_v^i + \frac{1}{2}\right) h c_0 \tilde{v}_v\right\} / kT} \tag{14-43}$$

其中,$\tilde{v}_v$ 为第 v 个非简并振动模式从基态到第一激发态跃迁所对应的波数,T 为绝对温度。在简谐近似中,在相邻能级间的振动跃迁所对应的波数是相同的。对于一个给定的模式 k,总的斯托克斯拉曼散射的强度要对所有的 n_v^i 进行求和计算,所以,总的斯托克斯拉曼散射强度为:

$$I_s = \sum_i I''_s \tag{14-44}$$

将式(14－41)、(14－42)代入式(14－44),得:

$$
\begin{aligned}
I_s &= \sum_i Np_{n_v^i} \cdot I'_s \\
&= N\sum_i p_{n_v^i} \cdot A \cdot I_0 (\omega_p - \omega_v)^4 \frac{\hbar}{2\omega_v}(n_v^i + 1) \mid (\alpha'_{ab})_v \mid^2 \qquad (14-45) \\
&= A \cdot I_0 \cdot N\sum_i (n_v^i + 1)p_{n_v^i} (\omega_p - \omega_v)^4 \frac{\hbar}{2\omega_v} \mid (\alpha'_{ab})_v \mid^2
\end{aligned}
$$

依照上面的方法,同样可以推出总的反斯托克斯拉曼散射强度公式:

$$
I_{as} = A \cdot I_0 \cdot N\sum_i (n_v^i)p_{n_v^i} (\omega_p + \omega_v)^4 \frac{\hbar}{2\omega_v} \mid (\alpha'_{ab})_v \mid^2 \qquad (14-46)
$$

将式(14-43)式代入 $N\sum_i (n_v^i)p_{n_v^i}$ 并运用等比数列求和公式,计算 $(n_v^i = 0,1,2,\cdots)$,得:

$$
N\sum_i (n_v^i)p_{n_v^i} = N\sum_i n_v^i \frac{\mathrm{e}^{\frac{-(n_v^i+\frac{1}{2})hc_0\tilde{v}_v}{kT}}}{\sum_i \mathrm{e}^{\frac{-(n_v^i+\frac{1}{2})hc_0\tilde{v}_v}{kT}}} = N\sum_i n_v^i \frac{\mathrm{e}^{\frac{-(n_v^i+\frac{1}{2})hc_0\tilde{v}_v}{kT}}}{\dfrac{\mathrm{e}^{\frac{-\frac{1}{2}hc_0\tilde{v}_v}{kT}}}{1-\mathrm{e}^{-\frac{hc_0\tilde{v}_v}{kT}}}}
$$

$$
= N\sum_i n_v^i \frac{\mathrm{e}^{\frac{-(n_v^i+\frac{1}{2})hc_0\tilde{v}_v}{kT}}(1-\mathrm{e}^{-\frac{hc_0\tilde{v}_v}{kT}})}{\mathrm{e}^{\frac{-\frac{1}{2}hc_0\tilde{v}_v}{kT}}}
$$

$$
= N\sum_i n_v^i \frac{\mathrm{e}^{\frac{-(n_v^i+\frac{1}{2})hc_0\tilde{v}_v}{kT}} - \mathrm{e}^{\frac{-(n_v^i+\frac{1}{2})hc_0\tilde{v}_v - hc_0\tilde{v}_v}{kT}}}{\mathrm{e}^{-\frac{hc_0\tilde{v}_v}{2kT}}} = N\sum_i n_v^i \frac{\mathrm{e}^{\frac{-(n_v^i+\frac{1}{2})hc_0\tilde{v}_v}{kT}} - \mathrm{e}^{\frac{-(n_v^i+\frac{3}{2})hc_0\tilde{v}_v}{kT}}}{\mathrm{e}^{-\frac{hc_0\tilde{v}_v}{2kT}}}
$$

$$
= N\sum_i n_v^i[\mathrm{e}^{\frac{-n_v^i hc_0\tilde{v}_v}{kT}} - \mathrm{e}^{\frac{-(n_v^i+1)hc_0\tilde{v}_v}{kT}}] = N\sum_i n_v^i[\mathrm{e}^{\frac{-n_v^i hc_0\tilde{v}_v}{kT}} - \mathrm{e}^{\frac{-n_v^i hc_0\tilde{v}_v}{kT}} \cdot \mathrm{e}^{-\frac{hc_0\tilde{v}_v}{kT}}]
$$

$$
= N\sum_i n_v^i[(1-\mathrm{e}^{-\frac{hc_0\tilde{v}_v}{kT}})\mathrm{e}^{\frac{-n_v^i hc_0\tilde{v}_v}{kT}}] = N\sum_i n_v^i \mathrm{e}^{\frac{-n_v^i hc_0\tilde{v}_v}{kT}}(1-\mathrm{e}^{-\frac{hc_0\tilde{v}_v}{kT}})
$$

$$
= N(1-\mathrm{e}^{-\frac{hc_0\tilde{v}_v}{kT}})\sum_i n_v^i \mathrm{e}^{\frac{-n_v^i hc_0\tilde{v}_v}{kT}}
$$

令

$$
N(1-\mathrm{e}^{-\frac{hc_0\tilde{v}_v}{kT}}) = N_c
$$

$$
\frac{hc_0\tilde{v}_v}{kT} = x
$$

则：

$$\text{上式} = N_c \sum_i n_v^i e^{-n_v^i x} = N_c[e^{-x} + 2e^{-2x} + 3e^{-3x} + \cdots]$$

$$= N_c\begin{bmatrix} e^{-x} + e^{-2x} + e^{-3x} + \cdots \\ + e^{-2x} + e^{-3x} + \cdots \\ + e^{-3x} + \cdots \end{bmatrix} = N_c\left[\frac{e^{-x}}{1-e^{-x}} + \frac{e^{-2x}}{1-e^{-x}} + \frac{e^{-3x}}{1-e^{-x}} + \cdots\right]$$

$$= N_c\left[\frac{e^{-x}}{(1-e^{-x})^2}\right] = N(1-e^{-x})\frac{e^{-x}}{(1-e^{-x})^2}$$

$$= N\frac{e^{-x}}{1-e^{-x}} = N\frac{1}{e^x - 1} = \frac{N}{e^x - 1} \tag{14-47}$$

$$= \frac{N}{e^{\frac{hc_0 \tilde{v}_v}{kT}} - 1} = N \cdot \bar{n}_v^i$$

$$N\sum_i (n_v^i + 1)p_{n_v^i} = N\sum_i (n_v^i)p_{n_v^i} + N\sum_i p_{n_v^i} = N \cdot \bar{n}_v^i + N = N(\bar{n}_v^i + 1) \tag{14-48}$$

其中，$\bar{n}_v^i = \left[\exp\left(\frac{hc_0\tilde{v}_v}{kT}\right) - 1\right]^{-1}$ 为分子热平衡布居数。

把式(14－40)、(14－41)代入式(14－38)、(14－39)，可知：

$$I_s \propto (\bar{n}_v^i + 1)(\omega_p - \omega_v)^4 \,|(\alpha'_{ab})_v|^2 \tag{14-49}$$

$$I_{as} \propto \bar{n}_v^i \cdot (\omega_p + \omega_v)^4 \,|(\alpha'_{ab})_v|^2 \tag{14-50}$$

利用$\omega = 2\pi c_0 \tilde{v}$，可以得到：

$$\frac{I_s}{I_{as}} = \frac{(\tilde{v}_p - \tilde{v}_v)^4}{(\tilde{v}_p + \tilde{v}_v)^4} \cdot \frac{\left[\exp\left(\frac{hc_0\tilde{v}_v}{kT}\right) - 1\right]^{-1} + 1}{\left[\exp\left(\frac{hc_0\tilde{v}_v}{kT}\right) - 1\right]^{-1}} \tag{14-51}$$

$$= \frac{(\tilde{v}_p - \tilde{v}_v)^4}{(\tilde{v}_p + \tilde{v}_v)^4} \cdot \left(e^{\frac{hc_0\tilde{v}_v}{kT}} - 1\right)\frac{e^{\frac{hc_0\tilde{v}_v}{kT}}}{e^{\frac{hc_0\tilde{v}_v}{kT}} - 1} = \frac{(\tilde{v}_p - \tilde{v}_v)^4}{(\tilde{v}_p + \tilde{v}_v)^4}e^{\frac{hc_0\tilde{v}_v}{kT}}$$

其中，k 是玻尔兹曼常数，h 为普朗克常数，T 为绝热温度，ω_p 为入射光角频率，ω_v 为分子振动特征角频率，$\tilde{\upsilon}_v$ 为振动波数。

从上面的推导可以看出，如果温度改变，斯托克斯拉曼散射强度和反斯托克斯拉曼散射强度都发生变化，并且斯托克斯拉曼散射强度与反斯托克斯拉曼散射强度的比值也在发生变化。在实验中，也会相应地看到物质的拉曼散射光谱的变化，这也验证了理论的正确性。通过式(14－51)结合实验可以计算出样品的瞬时温度，即不直接接触样品就可测量样品的温度，并且此方法已被证实正确并广为流传。了解到样品的瞬时温度或者温度的变化趋势，就可以推测出样品内部的能量变化，从而加深对分子间能量转移过程的理解。自发拉曼散射实验的缺点是其散射效率非常低，方向性也不好，并且伴随着荧光干扰。

本章在一开始介绍了自发拉曼散射的物理模型，主要从量子角度和电子论角度对自发拉曼散射进行了理论解释，说明了产生斯托克斯拉曼散射和反斯托克斯拉曼散射的原因，在经典理论方面做了比较简略的解释。由于在推导自发拉曼散射的温度依赖性时主要从简正坐标与泰勒展开出发，因此简略地介绍了简正坐标的意义以及泰勒展开的原因。最后，推导了自发拉曼散射的温度依赖性，得知斯托克斯拉曼散射强度和反斯托克斯拉曼散射强度都发生变化，并且斯托克斯拉曼散射强度与反斯托克斯拉曼散射强度的比值也在发生变化，自发拉曼散射的强度与温度有关。加深理解了自发拉曼散射的相关理论以及研究分子间能量转移的入手点，验证了以往实验的正确性。但是自发拉曼散射实验仍然存在着不小的缺陷，其散射效率非常低，方向性也不好，并且经常伴随着荧光的干扰。

第15章　受激拉曼散射及相干反斯托克斯拉曼散射的基础理论

15.1　非线性介质波函数

受激拉曼散射(SRS)和相干反斯托克斯拉曼散射(CARS)均为非线性效应,非线性介质中的光波应当由麦克斯韦方程组来描述,由于介质中无自由电荷与自由电流,故介质中的麦克斯韦方程组描述为:

$$\nabla\times\vec{H}=\frac{\partial\vec{D}}{\partial t}\text{；}\nabla\cdot\vec{D}=0$$

$$\nabla\times\vec{E}=-\frac{\partial\vec{B}}{\partial t}\text{；}\nabla\cdot\vec{H}=0 \tag{15-1}$$

$$\vec{D}=\xi_0\vec{E}+\vec{P}\text{；}\vec{B}=\mu_0\vec{H}$$

将上面的式子演变为平面波方程,得:

$$\nabla\times\nabla\times\vec{E}=\nabla\times\left(-\frac{\partial\vec{B}}{\partial t}\right)=\nabla\times\left(-\mu_0\frac{\partial\vec{H}}{\partial t}\right)=-\mu_0\frac{\partial}{\partial t}\nabla\times\vec{H} \tag{15-2}$$

运用关系$\nabla\times(\nabla\times\vec{E})=\nabla(\nabla\cdot\vec{E})-\nabla^2\vec{E}$,可知:

$$\nabla(\nabla\cdot\vec{E})-\nabla^2\vec{E}=-\mu_0\frac{\partial}{\partial t}\nabla\times\vec{H}=-\mu_0\frac{\partial^2\vec{D}}{\partial t^2}$$
$$=-\mu_0\frac{\partial^2(\varepsilon_0\vec{E}+\vec{P})}{\partial t^2}=-\mu_0\varepsilon_0\frac{\partial^2\vec{E}}{\partial t^2}-\mu_0\frac{\partial^2\vec{P}}{\partial t^2}\tag{15-3}$$

又因为 $\nabla\cdot\vec{D}=0$，即 $\nabla\cdot\vec{E}=0$，且 $c=\frac{1}{\sqrt{\mu_0\varepsilon_0}}$，可以得到：

$$-\nabla^2\vec{E}=-\frac{1}{c^2}\frac{\partial^2}{\partial t^2}\vec{E}-\mu_0\frac{\partial^2}{\partial t^2}\vec{P}$$

$$\nabla^2\vec{E}-\frac{1}{c^2}\frac{\partial^2}{\partial t^2}\vec{E}=\mu_0\frac{\partial^2}{\partial t^2}\vec{P}\tag{15-4}$$

这里利用平面波的近似关系：

$$\vec{E}(\omega_4,\vec{z},t)=\frac{1}{2}\{\vec{E}(\omega_4,\vec{z})\exp[\mathrm{i}(\vec{k}_4\vec{z}-\omega_4 t)]+c.c\}\tag{15-5}$$

可以计算出：

$$\nabla^2\vec{E}=\frac{1}{2}\frac{\mathrm{d}^2}{\mathrm{d}\vec{z}^2}\{\vec{E}(\omega_4,\vec{z})\exp[\mathrm{i}(\vec{k}_4\vec{z}-\omega_4 t)]\}+c.c$$

$$=\frac{1}{2}\frac{\mathrm{d}}{\mathrm{d}\vec{z}}\left[\frac{\mathrm{d}\vec{E}(\omega_4,\vec{z})}{\mathrm{d}\vec{z}}\mathrm{e}^{\mathrm{i}(\vec{k}_4\vec{z}-\omega_4 t)}+\mathrm{i}\vec{k}_4\vec{E}\mathrm{e}^{\mathrm{i}(\vec{k}_4\vec{z}-\omega_4 t)}\right]+c.c$$

$$=\frac{1}{2}\left[\begin{array}{l}\frac{\mathrm{d}^2\vec{E}(\omega_4,\vec{z})}{\mathrm{d}\vec{z}^2}\mathrm{e}^{\mathrm{i}(\vec{k}_4\vec{z}-\omega_4 t)}+\mathrm{i}\vec{k}_4\frac{\mathrm{d}\vec{E}(\omega_4,\vec{z})}{\mathrm{d}\vec{z}}\mathrm{e}^{\mathrm{i}(\vec{k}_4\vec{z}-\omega_4 t)}\\+\frac{\mathrm{d}\vec{E}(\omega_4,\vec{z})}{\mathrm{d}\vec{z}}\mathrm{e}^{\mathrm{i}(\vec{k}_4\vec{z}-\omega_4 t)}+\mathrm{i}^2\vec{k}_4^2\vec{E}(\omega_4,\vec{z})\mathrm{e}^{\mathrm{i}(\vec{k}_4\vec{z}-\omega_4 t)}\end{array}\right]+c.c$$

$$=\frac{1}{2}\left[\frac{\mathrm{d}^2}{\mathrm{d}\vec{z}^2}\vec{E}(\omega_4,\vec{z})+2\mathrm{i}\vec{k}_4\frac{\mathrm{d}}{\mathrm{d}\vec{z}}\vec{E}(\omega_4,\vec{z})-\vec{k}_4^2\vec{E}(\omega_4,\vec{z})\right]\exp[\mathrm{i}(\vec{k}_4\vec{z}-\omega_4 t)]+c.c\tag{15-6}$$

运用慢变包络近似，可以得到：

$$\left|\frac{\mathrm{d}^2\vec{E}(\vec{z})}{\mathrm{d}\vec{z}^2}\right|\ll\left|\vec{k}\frac{\mathrm{d}\vec{E}(\vec{z})}{\mathrm{d}\vec{z}}\right|\tag{15-7}$$

即式(15 -6)中的第一项可以忽略,去掉式(15 -5)、(15 -6)中的 $c.c$ 项,代入式(15 -3),可以得到:

$$\mathrm{i}\vec{k}_4 \frac{\mathrm{d}}{\mathrm{d}\vec{z}}\vec{E}(\omega_4,\vec{z}) - \frac{1}{2}\vec{k}_4^2\vec{E}(\omega_4,\vec{z}) + \frac{\omega_4^2}{2c^2}\vec{E}(\omega_4,\vec{z}) = \mu_0 \frac{\partial^2}{\partial t^2}\vec{P}\exp[-\mathrm{i}(\vec{k}_4\vec{z} - \omega_4 t)] \tag{15-8}$$

因为在各向同性的介质中没有二阶非线性效应,所以可将极化强度大致上分为线性效应和三阶非线性效应,那么:

$$\vec{P} = \vec{P}(\omega_4,\vec{z},t) = \vec{P}^{(1)}(\omega_4,\vec{z},t) + \vec{P}^{(3)}(\omega_4,\vec{z},t) = \varepsilon_0\chi^{(1)}\vec{E}(\omega_4,\vec{z},t) + \vec{P}^{(3)}(\omega_4,\vec{z},t) \tag{15-9}$$

由于 $\omega = ck$,所以式(15 -8)可以写为:

$$\mathrm{i}\vec{k}_4 \frac{\mathrm{d}}{\mathrm{d}\vec{z}}\vec{E}(\omega_4,\vec{z}) = \mu_0 \frac{\partial^2}{\partial t^2}\vec{P}\exp[-\mathrm{i}(\vec{k}_4\vec{z} - \omega_4 t)]$$

将三阶非线性极化强度代入上式,得:

$$\mathrm{i}\vec{k}_4 \frac{\mathrm{d}}{\mathrm{d}\vec{z}}\vec{E}(\omega_4,\vec{z}) = \mu_0\left[\frac{\partial^2}{\partial t^2}\vec{P}^{(3)}(\omega_4,\vec{z},t)\right]\exp[-\mathrm{i}(\vec{k}_4\vec{z} - \omega_4 t)] \tag{15-10}$$

三阶非线性极化强度的第 i 个组分可以写为:

$$\vec{P}_i^{(3)}(\omega_4,\vec{z},t) = \frac{6}{8}\chi_{ijkl}^{(3)}(-\omega_4;\omega_1,-\omega_2,\omega_3)\vec{E}_j(\omega_1,\vec{z})\vec{E}_k^*(\omega_2,\vec{z})\vec{E}_l(\omega_3,\vec{z})\cdot \exp\{-i[\omega_4 t - (\vec{k}_1 - \vec{k}_2 + \vec{k}_3)\vec{z}]\} + c.c \tag{15-11}$$

将式(15 -11)代入式(15 -10),可以得到:

$$\mathrm{i}\vec{k}_4\frac{\mathrm{d}}{\mathrm{d}\vec{z}}\vec{E}(\omega_4,\vec{z}) = \mu_0\left[\frac{\partial^2}{\partial t^2}\vec{P}^{(3)}(\omega_4,\vec{z},t)\right]\exp[-\mathrm{i}(\vec{k}_4\vec{z}-\omega_4 t)]$$

$$=\mu_0\frac{\partial}{\partial t}\begin{bmatrix}\frac{3}{4}\chi_{ijkl}^{(3)}(-\omega_4;\omega_1,-\omega_2,\omega_3)\vec{E}_j(\omega_1,\vec{z})\vec{E}_k^*(\omega_2,\vec{z})\vec{E}_l(\omega_3,\vec{z})\cdot\\(-i\omega_4)\cdot\exp\{-\mathrm{i}[\omega_4 t-(\vec{k}_1-\vec{k}_2+\vec{k}_3)\vec{z}]\}\end{bmatrix}\cdot$$

$$\exp[-\mathrm{i}(\vec{k}_4\vec{z}-\omega_4 t)]$$

$$=\mu_0\left[\frac{3}{4}\chi^{(3)}\vec{E}_j\vec{E}_k^*\vec{E}_l(-\mathrm{i}\omega_4)^2\exp\{-\mathrm{i}[\omega_4 t-(\vec{k}_1-\vec{k}_2+\vec{k}_3)\vec{z}]\}\right]\cdot$$

$$\exp[-\mathrm{i}(\vec{k}_4\vec{z}-\omega_4 t)]$$

$$=-\frac{3}{4}\mu_0\chi^{(3)}\vec{E}_j\vec{E}_k^*\vec{E}_l\omega_4^2\exp[-\mathrm{i}(\omega_4 t-\vec{k}_1\vec{z}+\vec{k}_2\vec{z}-\vec{k}_3\vec{z})-\mathrm{i}\vec{k}_4\vec{z}+\mathrm{i}\omega_4 t]$$

$$=-\frac{3}{4}\mu_0\chi_{ijkl}^{(3)}(-\omega_4;\omega_1,-\omega_2,\omega_3)\vec{E}_j(\omega_1,\vec{z})\vec{E}_k^*(\omega_2,\vec{z})\vec{E}_l(\omega_3,\vec{z})\omega_4^2\cdot$$

$$\exp[\mathrm{i}(\vec{k}_1-\vec{k}_2+\vec{k}_3-\vec{k}_4)\vec{z}]$$

$$=-\frac{3}{4}\mu_0\omega_4^2\chi_{ijkl}^{(3)}(-\omega_4;\omega_1,-\omega_2,\omega_3)\vec{E}_j(\omega_1,\vec{z})\vec{E}_k^*(\omega_2,\vec{z})\vec{E}_l(\omega_3,\vec{z})\exp(\mathrm{i}\overrightarrow{\Delta k z})$$

(15－12)

其中，

$$\Delta\vec{k}=\vec{k}_1-\vec{k}_2+\vec{k}_3-\vec{k}_4 \quad (15-13)$$

利用关系式 $|\vec{k}_4|=\frac{\omega_4}{v_{\text{speed}}}, v_{\text{speed}}=\sqrt{\frac{1}{\mu_0\varepsilon_0\varepsilon_4}}$，式(15－12)可变为：

$$\mathrm{i}\frac{\omega_4}{c}\frac{\mathrm{d}}{\mathrm{d}\vec{z}}\vec{E}(\omega_4)=-\frac{3}{4}\mu_0\omega_4^2\chi^{(3)}\vec{E}_j\vec{E}_k^*\vec{E}_l\exp(\mathrm{i}\overrightarrow{\Delta k z})$$

$$\frac{\mathrm{d}}{\mathrm{d}\vec{z}}\vec{E}(\omega_4)=\frac{3}{4}\mathrm{i}\sqrt{\frac{1}{\mu_0\varepsilon_0\varepsilon_4}}\mu_0\omega_4\chi^{(3)}\vec{E}_j\vec{E}_k^*\vec{E}_l\exp(\mathrm{i}\overrightarrow{\Delta k z})$$

$$=\frac{3}{4}\mathrm{i}\omega_4\sqrt{\frac{\mu_0}{\varepsilon_0\varepsilon_4}}\chi_{ijkl}^{(3)}(-\omega_4;\omega_1,-\omega_2,\omega_3)\vec{E}_j(\omega_1)\vec{E}_k^*(\omega_2)\vec{E}_l(\omega_3)\exp(\mathrm{i}\overrightarrow{\Delta k z})$$

(15－14)

如上所述，式(15－14)即为各向同性介质中的单色波方程的一阶微分方程。

15.2 受激拉曼散射

15.2.1 受激拉曼散射的物理过程

1960 年第一台激光器诞生，在此后不久人们进行了一项研究，将克尔盒电光开关作为研究红宝石激光器输出光谱特性的调 Q 元件。在这项实验中，除了观测到已知波长为 694.3 nm 的受激发射谱线之外，还意外地观测到了另一条波长为 767 nm 的受激发射谱线，并且此谱线并不是红宝石本身的发光特性所导致的。不久之后，人们发现波长为 767 nm 的谱线恰好与克尔盒内的硝基苯液体最强的一条拉曼谱线吻合，从而知道了此谱线为克尔盒内硝基苯液体的受激拉曼散射。

从散射现象的表现形式看来，自发散射是弱光作用的结果，散射过程的规律与入射光子的简并度、光强均无关系；受激散射是强光作用的结果，散射过程的规律与入射光子的简并度、光强以及其他参数均有着十分紧密的关系，一般要求光子简并度远远大于一，并且由于受激散射的阈值很明显，所以受激散射只能在较强的入射光下产生。

受激拉曼散射的物理过程如图 15 - 1 所示。频率为 ω_p 的强激光入射介质，由于分子存在着振荡频率 ω_ν ，产生了频率为 $\omega_s = \omega_p - \omega_\nu$ 的斯托克斯拉曼散射光与频率为 $\omega_{as} = \omega_p + \omega_\nu$ 的反斯托克斯拉曼散射光。产生的斯托克斯拉曼散射光又与原来的入射光相互作用，这使得介质内部的频率为 $\omega_\nu = \omega_p - \omega_s$ 的分子振荡加剧，这导致了斯托克斯拉曼散射光的产生，进而雪崩式地产生了大量的拉曼散射光。

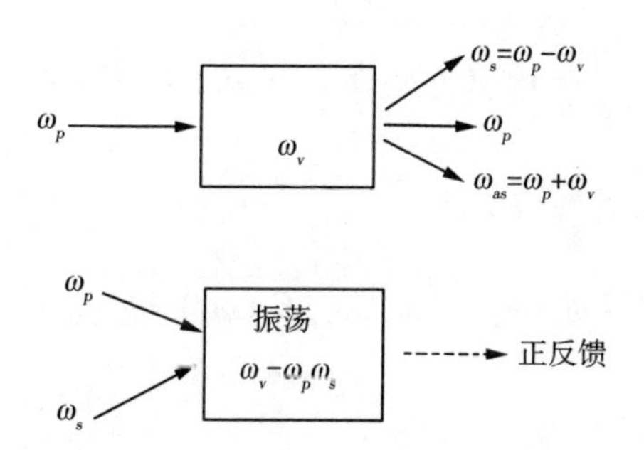

图 15-1　受激拉曼散射物理过程示意图

15.2.2　受激拉曼散射的温度依赖性分析

受激拉曼散射是非线性光学效应，受激拉曼散射的极化强度与泵浦光和探测光的偏振方向有关，在这里设探测光复振幅的偏振方向为 x 方向，则：

$$\vec{E}(\omega_2) = \vec{E}_x(\omega_2) \tag{15-15}$$

设泵浦光的表示形式为：

$$\vec{E}(\omega_1) = \vec{E}_i(\omega_1) \tag{15-16}$$

其中，

$$\vec{i} = (\vec{x},\vec{y})$$

由式(15-11)可知，三阶非线性极化强度的复振幅是：

$$\vec{P}_x^{(3)}(\omega_2) = \frac{6}{8}\chi_{xxii}^{(3)}(-\omega_2;\omega_2,-\omega_1,\omega_1)\vec{E}_x(\omega_2)\vec{E}_i^*(\omega_1)\vec{E}_i(\omega_1) \tag{15-17}$$

由式(15-14)，可知：

$$\frac{d}{dz}\vec{E}_x(\omega_2) = \frac{3}{4}i\omega_2\sqrt{\frac{\mu_0}{\varepsilon_0\varepsilon_2}}\chi_{xxii}^{(3)}(-\omega_2;\omega_2,-\omega_1,\omega_1)\vec{E}_x(\omega_2)\vec{E}_i^*(\omega_1)\vec{E}_i(\omega_1)\cdot$$

$$\exp[i(\vec{k}_2-\vec{k}_1+\vec{k}_1-\vec{k}_2)\vec{z}]$$

$$= \frac{3}{4}i\omega_2\sqrt{\frac{\mu_0}{\varepsilon_0\varepsilon_2}}\chi_{xxii}^{(3)}(-\omega_2;\omega_2,-\omega_1,\omega_1)\vec{E}_x(\omega_2)\ |\vec{E}_i(\omega_1)|^2 \tag{15-18}$$

利用公式 $n_2 = \sqrt{\varepsilon_2}$,解式(15－18),得:

$$\int_0^L \frac{d\vec{E}_x(\omega_2)}{\vec{E}_x(\omega_2)} = \int_0^L \frac{3}{4}i\omega_2\sqrt{\frac{\mu_0}{\varepsilon_0\varepsilon_2}}\chi_{xxii}^{(3)}(-\omega_2;\omega_2,-\omega_1,\omega_1)\ |\vec{E}_i(\omega_1)|^2 dz$$

$$\ln\vec{E}_x(\omega_2,L) = \frac{3\omega_2 L}{4n_2}\sqrt{\frac{\mu_0}{\varepsilon_0}}i\chi_{xxii}^{(3)}(-\omega_2;\omega_2,-\omega_1,\omega_1)\ |\vec{E}_i(\omega_1)|^2$$

$$\vec{E}_x(\omega_2,L) = \exp\left\{\frac{3\omega_2 L}{4n_2}\sqrt{\frac{\mu_0}{\varepsilon_0}}i\chi_{xxii}^{(3)}(-\omega_2;\omega_2,-\omega_1,\omega_1)\ |\vec{E}_i(\omega_1)|^2 + C\right\}$$

$$= \vec{E}_x(\omega_2,0)\exp\left\{\frac{3\omega_2 L}{4n_2}\sqrt{\frac{\mu_0}{\varepsilon_0}}i\chi_{xxii}^{(3)}(-\omega_2;\omega_2,-\omega_1,\omega_1)\ |\vec{E}_i(\omega_1)|^2\right\} \tag{15-19}$$

由于

$$I_i(\omega_1) = \frac{1}{2}n_1\varepsilon_0 c\ |\vec{E}_i(\omega_1)|^2 \tag{15-20}$$

$$c = \frac{1}{\sqrt{\mu_0\varepsilon_0}}$$

所以式(15－19)可以写为:

$$\vec{E}_x(\omega_2,L) = \vec{E}_x(\omega_2,0)\exp\left\{i\chi^{(3)}\ \frac{3\omega_2 L}{4n_2}\sqrt{\frac{\mu_0}{\varepsilon_0}}\ |\vec{E}_i(\omega_1)|^2\right\}$$

$$= \vec{E}_x(\omega_2,0)\exp\left\{i\chi^{(3)}\ \frac{3\omega_2 L}{4n_2}\sqrt{\frac{\mu_0}{\varepsilon_0}}\cdot\frac{2I_i(\omega_1)}{n_1\varepsilon_0\sqrt{\frac{1}{\mu_0\varepsilon_0}}}\right\} \tag{15-21}$$

$$= \vec{E}_x(\omega_2,0)\exp\left\{\frac{3\omega_2 L}{2n_1 n_2}\frac{\mu_0}{\varepsilon_0}i\chi_{xxii}^{(3)}(-\omega_2;\omega_2,-\omega_1,\omega_1)I_i(\omega_1)\right\}$$

把$\chi^{(3)} = \mathrm{Re}(\chi^{(3)}) + \mathrm{iIm}(\chi^{(3)})$代入式(3－21),得:

$$\vec{E}_x(\omega_2, L) = \vec{E}_x(\omega_2, 0)\exp\left\{\frac{3\omega_2 L}{2n_1 n_2}\frac{\mu_0}{\varepsilon_0}[\mathrm{iRe}(\chi^{(3)}) - \mathrm{Im}(\chi^{(3)})]I_i(\omega_1)\right\} \tag{15-22}$$

所以,相对光强的表示为:

$$I(\omega_2, L) = \vec{E}^* \cdot \vec{E} = I(\omega_2, 0)\exp\left\{\frac{3\omega_2 L}{2n_1 n_2}\frac{\mu_0}{\varepsilon_0}[-\mathrm{iRe}(\chi^{(3)}) - \mathrm{Im}(\chi^{(3)})]I_i(\omega_1)\right\}\cdot$$

$$\exp\left\{\frac{3\omega_2 L}{2n_1 n_2}\frac{\mu_0}{\varepsilon_0}[\mathrm{iRe}(\chi^{(3)}) - \mathrm{Im}(\chi^{(3)})]I_i(\omega_1)\right\}$$

$$= I(\omega_2, 0)\exp\left\{-\frac{3\omega_2 L}{n_1 n_2}\frac{\mu_0}{\varepsilon_0}\mathrm{Im}(\chi_{xxii}^{(3)})I_i(\omega_1)\right\} \tag{15-23}$$

其中,μ_0 为真空磁导率,ε_0 为真空介电常数,n_1 、n_2 分别为频率为 ω_1 、ω_2 的入射光的折射率,L 为样品长度。

下面开始求 $\mathrm{Im}\chi_{xxii}^{(3)}$ 。对于受激散射增益过程,频率为 ω_1 的泵浦光子会衰减,这个衰减的极化强度可以表示为:

$$\vec{P}_i^{(3)}(\omega_1) = \frac{3}{4}\chi_{iixx}^{(3)}(\omega_1; -\omega_1, \omega_2, -\omega_2)\,|\vec{E}_x(\omega_2)|^2\vec{E}_i^*(\omega_1) \tag{15-24}$$

同理,我们可以得到:

$$I(\omega_1, \vec{z}) = I(\omega_1, 0)\exp\{-\kappa_1 \vec{z} I(\omega_2)\} \tag{15-25}$$

$$\kappa_1 = \frac{3\omega_1}{n_1 n_2}\frac{\mu_0}{\varepsilon_0}\mathrm{Im}(\chi_{iixx}^{(3)}) \tag{15-26}$$

对应的解是式(15－25)的微分方程为:

$$\frac{\mathrm{d}}{\mathrm{d}\vec{z}}I(\omega_1, \vec{z}) = -\kappa_1 I(\omega_1, \vec{z})I(\omega_2) \tag{15-27}$$

光强可以用体积 V 内的平均光子数 m 表示(光强为单位时间通过单位横截面积的能量),即:

$$I(\omega_\beta) = \frac{m_\beta h\nu_\beta c}{n_\beta V} = \frac{m_\beta \hbar\omega_\beta c}{n_\beta V} \tag{15-28}$$

其中,

$$\omega_\beta = 2\pi\nu_\beta$$

将式(15－28)代入式(15－27),得:

$$\frac{\mathrm{d}}{\mathrm{d}z}\left(\frac{m_1\hbar\omega_1 c}{n_1 V}\right) = -\kappa_1\frac{m_1 m_2\omega_1\omega_2\hbar f^2 c^2}{n_1 n_2 V^2}$$

由于 m_1 与 z 有关,所以:

$$\frac{\mathrm{d}}{\mathrm{d}z}m_1 = -\kappa_1\left(\frac{\hbar\omega_2 c}{n_2 V}\right)m_1 m_2 = -\kappa_1' m_1 m_2 \tag{15-29}$$

$$\kappa_1' = \kappa_1\left(\frac{\hbar\omega_2 c}{n_2 V}\right) \tag{15-30}$$

由

$$\omega_2 = \omega_1 - \omega_1 + \omega_2 = \omega_1 - (\omega_1 - \omega_2) = \omega_1 - \omega_\nu$$

可知吸收一个频率为 ω_1 的泵浦光子会释放出一个频率为 ω_2 的斯托克斯光子和一个频率为 ω_ν 的振动量子。设泵浦光子数为 m_1 ,斯托克斯光子数为 m_2 ,振动量子数为 m_v ,它们的关系表示如下:

$$\frac{\mathrm{d}}{\mathrm{d}z}m_1 = -\kappa_1' m_1(m_2+1)(m_v+1) \tag{15-31}$$

如果 $m_2 \ll 1$,解法为:

$$\frac{\mathrm{d}}{\mathrm{d}z}m_1 = -\kappa_1' m_1(m_\nu+1)$$

$$\frac{\mathrm{d}m_1}{m_1} = -\kappa_1'(m_\nu+1)dz$$

$$\ln m_1 = -\kappa_1' z(m_\nu+1)$$

$$m_1(z) = m_1(0)\exp[-\kappa_1'(m_\nu+1)z]$$

将式(15－26)、(15－30)代入上式,得其解为:

$$m_1(z) = m_1(0)\exp[-N\sigma_{xi}' z] \tag{15-32}$$

$$\sigma_{xi}' = \frac{3\omega_1\omega_2\hbar\mu_0}{n_1 n_2^2 vN\varepsilon_0}(m_v+1)\mathrm{Im}(\chi_{iixx}^{(3)}) \tag{15-33}$$

其中, N 为分子的密度, σ_{xi}' 为每个分子的峰值拉曼散射截面,它表示沿 x 方向偏振的频率为 ω_1 的光子沿 z 轴方向散射后,变为沿 i 方向偏振的频率为 ω_2 的斯托克斯光子。

设单位体积 V 内的电磁波模式数为 η ,可知单位立体角 $\mathrm{d}\Omega$ 内的单位角频

率 $d\omega_2$ 中可以散射为斯托克斯模式的光子数为：

$$\frac{d^2\eta}{d\Omega d\omega_2} = \frac{\omega_2^2 n_2^3}{(2\pi c)^3} \tag{15-34}$$

设 σ_{xi} 为体积 V 内所有分子的总散射截面，即

$$\sigma_{xi} = NV\sigma'_{xi}$$

由式(15－33)、(15－34)可得峰值拉曼散射截面的微分方程为：

$$\begin{aligned}\frac{d^2\sigma_{xi}}{d\Omega d\omega_2} &= \sigma_{xi}\frac{d^2\eta}{d\Omega d\omega_2} = NV\sigma'_{xi}\frac{d^2\eta}{d\Omega d\omega_2}\\ &= NV\frac{3\omega_1\omega_2\hbar\mu_0}{n_1 n_2^2 VN\varepsilon_0}\cdot\frac{\omega_2^2 n_2^3}{8\pi^3 c^3}(m_v+1)\mathrm{Im}(\chi_{iixx}^{(3)})\\ &= \frac{3\hbar\omega_1\omega_2^3 n_2\mu_0}{8\pi^3 c^2 n_1\varepsilon_0}(m_v+1)\mathrm{Im}(\chi_{iixx}^{(3)})\end{aligned} \tag{15-35}$$

可以得出：

$$\begin{aligned}\mathrm{Im}(\chi_{iixx}^{(3)}) &= \frac{8\pi^3 c^2 n_1\varepsilon_0}{3\hbar\omega_1\omega_2^3 n_2\mu_0}\cdot\frac{1}{m_\nu+1}\cdot\frac{d^2\sigma_{xi}}{d\Omega d\omega_2}\\ &= \frac{8\pi^3 c^2 n_1\varepsilon_0 c^2\varepsilon_0}{3\hbar\omega_1\omega_2^3 n_2}\cdot\frac{1}{m_\nu+1}\cdot\frac{d^2\sigma_{xi}}{d\Omega d\omega_2}\\ &= \frac{8\pi^3 c^4 n_1\varepsilon_0^2}{3n_2\hbar\omega_1\omega_2^3}\frac{d^2\sigma_{xi}}{d\Omega d\omega_2}\frac{1}{(m_v+1)}\end{aligned} \tag{15-36}$$

又已知在透明介质中，$\mathrm{Im}(\chi^{(3)})$ 仅仅是频率差（$\Delta\omega = \omega_1 - \omega_2$）的函数，所以得出：

$$\mathrm{Im}[\chi_{iixx}^{(3)}(\omega_1;-\omega_1,\omega_2,-\omega_2)] = -\mathrm{Im}[\chi_{xxii}^{(3)}(-\omega_2;\omega_2,-\omega_1,\omega_1)] \tag{15-37}$$

将式(15－37)代入式(15－36)中，得：

$$\mathrm{Im}(\chi_{xxii}^{(3)}) = -\frac{8\pi^3 c^4 n_1\varepsilon_0^2}{3n_2\hbar\omega_1\omega_2^3}\frac{d^2\sigma_{xi}}{d\Omega d\omega_2}\frac{1}{(m_v+1)} \tag{15-38}$$

因为受激拉曼散射的过程为超快过程，所以它不会破坏振动分子所处的热平衡状态，所以：

$$m_v = \frac{1}{\exp\left[\frac{\hbar(\omega_1-\omega_2)}{kT}\right]-1} \tag{15-39}$$

$$\omega_1(\text{pump}) > \omega_2(\text{probe})$$

运用式(15 -23)、(15 -38),得拉曼散射的增益光谱为:

$$\begin{aligned}
I_{\text{gain}} &= \frac{I(\omega_2,L)}{I(\omega_2,0)} = \exp\left\{-\frac{3\omega_2 L}{n_1 n_2}\frac{\mu_0}{\varepsilon_0}\text{Im}(\chi_{xxii}^{(3)})I(\omega_1)\right\} \\
&= \exp\left\{\frac{3\omega_2 L}{n_1 n_2}\frac{\mu_0}{\varepsilon_0}\frac{8\pi^3 c^4 n_1 \varepsilon_0^2}{3n_2\hbar\omega_1\omega_2^3}\frac{\mathrm{d}^2\sigma_{xi}}{\mathrm{d}\Omega\mathrm{d}\omega_2}\frac{1}{m_\nu+1}I(\omega_1)\right\} \\
&= \exp\left\{8\pi^2\frac{\pi c^4 L\mu_0\varepsilon_0}{\hbar\omega_1\omega_2^2 n_2^2}\frac{\mathrm{d}^2\sigma_{xi}}{\mathrm{d}\Omega\mathrm{d}\omega_2}\frac{1}{m_\nu+1}I(\omega_1)\right\} \qquad (15-40) \\
&= \exp\left\{C_{\text{gain}}\frac{1}{m_\nu+1}\right\} = \exp\left\{C_{\text{gain}}\frac{1}{\frac{1}{e^{\frac{\hbar(\omega_1-\omega_2)}{kT}}-1}+1}\right\}
\end{aligned}$$

从式(15 -40)可以看出,受激拉曼散射的拉曼增益强度随着温度的增加而逐渐变小。

此外,还可以从另一个角度推导受激拉曼散射的温度依赖性。

动量算符 $\hat{p}_x$ 与坐标算符 $\hat{x}$ 通常遵守对易关系 $[\hat{p}_x,\hat{x}] = \mathrm{i}\hbar$,如果用谐振子的湮灭算符 $\hat{a}$ 与谐振子的产生算符 $\hat{a}^+$ 来代替动量算符 $\hat{p}_x$ 与坐标算符 $\hat{x}$,那么可以得到:

$$\hat{x} = \left(\frac{\hbar}{2\omega}\right)^{\frac{1}{2}}(\hat{a}^+ + \hat{a}) \qquad (15-41)$$

$$\hat{p}_x = \mathrm{i}\left(\frac{\hbar\omega}{2}\right)^{\frac{1}{2}}(\hat{a}^+ - \hat{a}) \qquad (15-42)$$

在一定体积内的任意电磁场 $E(r,t)$ 和 $H(r,t)$ 可用简正膜 E_a 和 H_a 来展开:

$$\begin{cases} E = \sum\limits_a e_a E_a \\ H = \sum\limits_a h_a H_a \end{cases} \qquad (15-43)$$

利用式(15 -43),分别用 $-p_a(t)/\sqrt{\varepsilon}$ 和 $\omega_a q_a(t)/\sqrt{\mu}$ 来代替 e_a 和 h_a,得:

$$\begin{cases} e_a(t) = -\dfrac{1}{\sqrt{\varepsilon}} p_a(t) \\ h_a(t) = \dfrac{1}{\sqrt{\mu}} \omega_a q_a(t) \end{cases} \tag{15-44}$$

在这里考虑一个由三个频率分量所组成的电场：

$$E = E_p \cos\omega_p t + E_s \cos\omega_s t + E_{as} \cos\omega_{as} t \tag{15-45}$$

将式(15 -42)与式(15 -44)应用于平面波情况，可以写出平面波量子化场方程，有：

$$E_{py} = -\mathrm{i}\sqrt{\frac{\hbar\omega_p}{V\varepsilon}}(\hat{a}_p^+ - \hat{a}_p)\sin k_p z \tag{15-46}$$

$$H_{px} = -\sqrt{\frac{\hbar\omega_p}{V\mu}}(\hat{a}_p^+ + \hat{a}_p)\cos k_p z \tag{15-47}$$

把式(15 -46)代入式(15 -45)，给出 E 的形式为：

$$E = A(\hat{a}_p^+ - \hat{a}_p)\omega_p^{\frac{1}{2}} + B(\hat{a}_s^+ - \hat{a}_s)\omega_s^{\frac{1}{2}} + C(\hat{a}_{as}^+ - \hat{a}_{as})\omega_{as}^{\frac{1}{2}} \tag{15-48}$$

由式(15 -41)可以了解到谐振子的简正坐标符合：

$$X \propto (\hat{a}_v^+ + \hat{a}_v) \tag{15-49}$$

微扰哈密顿量产生拉曼散射的项为：

$$\hat{H}_{\mathrm{Raman}} = -\left(\frac{\partial\alpha}{\partial X}\right)_0 \varepsilon_0 X E^2 \tag{15-50}$$

现在把式(15 -48)和式(15 -49)代入式(15 -50)，可以得到：

$$\hat{H}_{\mathrm{Raman}} \propto (\hat{a}_v^+ + \hat{a}_v)\left[A\omega_p^{\frac{1}{2}}(\hat{a}_p^+ - \hat{a}_p) + B\omega_s^{\frac{1}{2}}(\hat{a}_s^+ - \hat{a}_s) + C\omega_{as}^{\frac{1}{2}}(\hat{a}_{as}^+ - \hat{a}_{as})\right]^2 \tag{15-51}$$

在式(15 -51)中，含有 $\hat{a}_p$、$\hat{a}_s^+$、$\hat{a}_v^+$ 的项，表示发射一个斯托克斯光子的过程；含有 $\hat{a}_p$、$\hat{a}_{as}^+$、$\hat{a}_v$ 的项，表示发射一个反斯托克斯光子的过程。

现在设发射斯托克斯光子的速率为 $W_{s发}$，那么有：

$$W_{s发} \propto |\langle n_p - 1\ n_s + 1\ 1 \mid \hat{a}_p \hat{a}_s^+ \hat{a}_v^+ \mid n_p\ n_s\ 0\rangle|^2 = n_p(n_s + 1) \tag{15-52}$$

其中，n_s 为斯托克斯光子数，n_p 为激光辐射膜的光子数。与式(15 -61)相反的过程是吸收一个频率为 ω_s 的光子，发射一个频率为 ω_p 的激光光子。设其

吸收率为 $W_{s吸}$，那么就有：

$$W_{s吸} \propto |\langle n_p+1\ n_s-1\ 0 \mid \hat{a}_p^+ \hat{a}_s \hat{a}_v \mid n_p\ n_s\ 1\rangle|^2 = (n_p+1)n_s \tag{15-53}$$

同理，可以得到相应的反斯托克斯公式：

$$W_{as发} \propto |\langle n_p-1\ n_{as}+1\ 0 \mid \hat{a}_p \hat{a}_{as}^+ \hat{a}_v \mid n_p\ n_{as}\ 1\rangle|^2 = (n_{as}+1)n_p \tag{15-54}$$

$$W_{as吸} \propto |\langle n_p+1\ n_{as}-1\ 1 \mid \hat{a}_p^+ \hat{a}_{as} \hat{a}_v^+ \mid n_p\ n_{as}\ 0\rangle|^2 = n_{as}(n_p+1) \tag{15-55}$$

在上面的式子中，$W_{as发}$ 为发射反斯托克斯光子的速率，$W_{as吸}$ 为吸收反斯托克斯光子的速率，n_{as} 为反斯托克斯光子数。

从上面的分析可见，有产生(反)斯托克斯光子的过程，也有吸收(反)斯托克斯光子的逆过程。现在假设分子处于基态的概率为 P_a，分子处于激发态的概率为 P_b，那么根据式(15-52)、(15-53)、(15-54)、(15-55)，可以得到：

$$\frac{\mathrm{d}n_s}{\mathrm{d}t} = D_s P_a n_p (n_s+1) - D_s P_b n_s (n_p+1) \tag{15-56}$$

$$\frac{\mathrm{d}n_{as}}{\mathrm{d}t} = D_{as} P_b n_p (n_{as}+1) - D_{as} P_a n_{as} (n_p+1) \tag{15-57}$$

其中，D_s 和 D_{as} 是待定常数。由于光子数守恒，所以有：

$$\frac{\mathrm{d}n_p}{\mathrm{d}t} = -\frac{\mathrm{d}n_s}{\mathrm{d}t} \tag{15-58}$$

$$\frac{\mathrm{d}n_p}{\mathrm{d}t} = -\frac{\mathrm{d}n_{as}}{\mathrm{d}t} \tag{15-59}$$

又因为对于受激拉曼散射来讲，$\langle n_s\rangle \gg 1$，$\langle n_{as}\rangle \gg 1$，因此式(15-56)和式(15-57)可以简化为：

$$\frac{\mathrm{d}n_s}{\mathrm{d}t} = D_s P_a n_p n_s - D_s P_b n_s n_p = D_s n_p n_s (P_a - P_b) \tag{15-60}$$

$$\frac{\mathrm{d}n_{as}}{\mathrm{d}t} = D_{as} P_b n_p n_{as} - D_{as} P_a n_{as} n_p = D_{as} n_p n_{as} (P_b - P_a) \tag{15-61}$$

或者是：

$$\frac{\mathrm{d}n_s}{\mathrm{d}z} = \frac{\mathrm{d}n_s}{\mathrm{d}t}\frac{\mathrm{d}t}{\mathrm{d}z} = \frac{D_s \eta(\omega_s)}{c}(P_a - P_b) n_p n_s \tag{15-62}$$

$$\frac{\mathrm{d}n_{as}}{\mathrm{d}z} = \frac{\mathrm{d}n_{as}}{\mathrm{d}t}\frac{\mathrm{d}t}{\mathrm{d}z} = \frac{D_{as}\eta(\omega_{as})}{c}(P_b - P_a)n_p n_{as} \tag{15-63}$$

在散射过程中,如果激光的光子数变化可以近似认为忽略不计,那么光子强度将随距离按照指数增长的规律变化,即:

$$I_s(z) = I_s(0)\mathrm{e}^{g_s z} \tag{15-64}$$

$$I_{as}(z) = I_{as}(0)\mathrm{e}^{g_{as} z} \tag{15-65}$$

其中:

$$g_s = \frac{D_s\eta(\omega_s)}{c}(P_a - P_b)n_p \tag{15-66}$$

$$g_{as} = \frac{D_{as}\eta(\omega_{as})}{c}(P_b - P_a)n_p \tag{15-67}$$

在上面的式子中,g_s 是斯托克斯拉曼散射光强度的放大系数,g_{as} 是反斯托克斯拉曼散射光强度的放大系数,$\eta(\omega_s)$ 为频率为 ω_s 的辐射的折射率,$\eta(\omega_{as})$ 为频率为 ω_{as} 的辐射的折射率。在热平衡的条件下,存在着如下关系:

$$\frac{P_a - P_b}{P_a} = 1 - \mathrm{e}^{-\frac{\hbar(\omega_p - \omega_s)}{KT}} \tag{15-68}$$

$$\frac{P_b - P_a}{P_b} = 1 - \mathrm{e}^{-\frac{\hbar(\omega_p - \omega_{as})}{KT}} \tag{15-69}$$

由于基态的光强与激发态的光强分别与分子处于基态的概率和分子处于激发态的概率成正比,基态的光强为斯托克斯光强,激发态的光强为反斯托克斯光强,因此可由式(15-68)与(15-69)得出下面的式子:

$$\frac{I_{as}}{I_s} = \mathrm{e}^{-\frac{\hbar(\omega_p - \omega_s)}{kT}} \tag{15-70}$$

$$\frac{I_s}{I_{as}} = \mathrm{e}^{-\frac{\hbar(\omega_p - \omega_{as})}{kT}} \tag{15-71}$$

不过,经过实验验证,式(15-70)与式(15-71)不能应用于三阶非线性导致的受激拉曼散射效应,故下面应用费米-狄拉克分布来推导信号强度与温度的关系,三阶非线性受激拉曼散射能级图如图 15-2 所示。

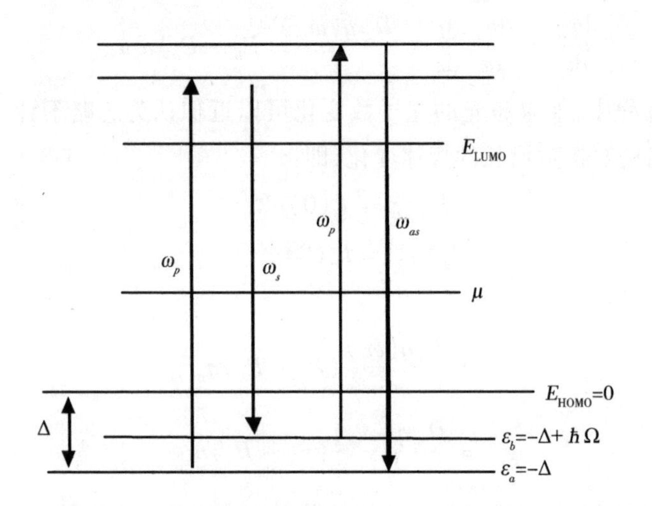

图 15－2　三阶非线性受激拉曼散射能级图(含费米能级)

由图 15－2 可知：

$$I_s \propto \left(\frac{1}{e^{\frac{-\Delta-\mu}{kT}}+1}\right)^2 \tag{15-72}$$

$$I_{as} \propto \left(\frac{1}{e^{\frac{-\Delta+\hbar\Omega-\mu}{kT}}+1}\right)^2 \tag{15-73}$$

根据式(15－72)与式(15－73)可知，当 $(\Delta+\mu) \gg \hbar\Omega$ 时，

$$I_s/I_{as} \propto (e\hbar\Omega/kT)^2$$

$$I_s \propto \left(\frac{1}{e^{\frac{-\hbar(\omega p-\Omega)-\mu}{kT}}+1}\right)^2 \tag{15-74}$$

式(15－74)即为光谱信号与温度的关系。

15.3　相干反斯托克斯拉曼散射

15.3.1　相干反斯托克斯拉曼散射的物理过程

所谓相干反斯托克斯拉曼散射(CARS)，是指频率为 ω_1 和 ω_2 的两束光共同作用于拉曼散射介质,在介质中相干地发射出一个频率为 $\omega_M = \omega_1 - \omega_2$ 的物质波,这个物质波与频率为 ω_1 的波混合,产生频率为 $\omega_3 = 2\omega_1 - \omega_2$ 的反斯托克斯光的相干输出过程,为典型的四波混频过程,如图 15 - 3 所示。

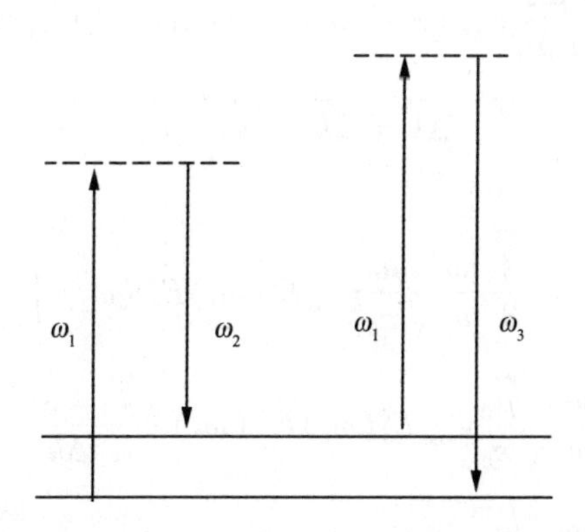

图 15 - 3　相干反斯托克斯拉曼散射

相干反斯托克斯拉曼散射有很多的特点:转换效率高,一般情况下转换效率大于等于百分之一;收集效率高,频率为 ω_3 的光波具有方向性,可以与频率为 ω_1 和 ω_2 的光波分散开来;能够有效地减少荧光干扰,荧光干扰一般在 ω_1 的长波长方向,即低频方向,但反斯托克斯散射光是在 ω_1 的短波长方向,即高频方向,所以利用滤光的方法就能容易地去掉荧光干扰;分辨率高,相干反斯托克斯拉曼光谱的分辨率是由激光的线宽来决定的,一般的拉曼光谱分辨率是由光谱仪来决定的。

15.3.2　相干反斯托克斯拉曼散射的温度依赖性分析

相干反斯托克斯拉曼散射过程满足能量和动量的守恒关系,即:

$$\omega_3 = \omega_1 + \omega_1 - \omega_2 \tag{15-75}$$

$$\vec{k}_3 = \vec{k}_1 + \vec{k}_1 - \vec{k}_2 \tag{15-76}$$

由式(15 - 41),三阶非线性极化强度的复振幅可以写为:

$$\vec{P}_x^{(3)}(\omega_3) = \frac{3}{8}\chi_{xxxx}^{(3)}(-\omega_3;\omega_1,-\omega_2,\omega_1)\vec{E}_x(\omega_1)\vec{E}_x^*(\omega_2)\vec{E}_x(\omega_1) \tag{15-77}$$

类比于式(15－14),可以得出:

$$\frac{\mathrm{d}}{\mathrm{d}z}\vec{E}(\omega_3) = \frac{3}{8}\mathrm{i}\omega_3\sqrt{\frac{\mu_0}{\varepsilon_0\varepsilon_3}}\chi_{xxxx}^{(3)}(-\omega_3;\omega_1,-\omega_2,\omega_1)\vec{E}_x^2(\omega_1)\vec{E}_x^*(\omega_2)\exp(\mathrm{i}\Delta\vec{k}z)$$

$$\Delta\vec{k} = 2\vec{k}_1 - \vec{k}_2 - \vec{k}_3 \tag{15-78}$$

解得:

$$\begin{aligned}
\vec{E}(\omega_3) &= \frac{3}{8}\frac{\mathrm{i}\omega_3}{n_3}\sqrt{\frac{\mu_0}{\varepsilon_0}}\chi_{xxxx}^{(3)}\vec{E}_x^2(\omega_1)\vec{E}_x^*(\omega_2)\int_{-\frac{L}{2}}^{\frac{L}{2}}\mathrm{e}^{\mathrm{i}\Delta kz}\mathrm{d}z \\
&= \frac{3}{8}\frac{\mathrm{i}\omega_3}{n_3}\sqrt{\frac{\mu_0}{\varepsilon_0}}\chi_{xxxx}^{(3)}\vec{E}_x^2(\omega_1)\vec{E}_x^*(\omega_2)\frac{\mathrm{e}^{\frac{\mathrm{i}\Delta kL}{2}}-\mathrm{e}^{-\frac{\mathrm{i}\Delta kL}{2}}}{\mathrm{i}\Delta k} \\
&= \frac{3}{8}\frac{\mathrm{i}\omega_3}{n_3}\sqrt{\frac{\mu_0}{\varepsilon_0}}\chi_{xxxx}^{(3)}\vec{E}_x^2(\omega_1)\vec{E}_x^*(\omega_2)\frac{\mathrm{e}^{\frac{\mathrm{i}\Delta kL}{2}}-\mathrm{e}^{-\frac{\mathrm{i}\Delta kL}{2}}}{2\mathrm{i}}\cdot\frac{2}{\Delta k} \\
&= \frac{3}{8}\frac{\mathrm{i}\omega_3}{n_3}\sqrt{\frac{\mu_0}{\varepsilon_0}}\chi_{xxxx}^{(3)}\vec{E}_x^2(\omega_1)\vec{E}_x^*(\omega_2)\sin\left(\frac{\Delta kL}{2}\right)\cdot\frac{2}{\Delta k} \\
&= \frac{3}{8}\frac{\mathrm{i}\omega_3}{n_3}\sqrt{\frac{\mu_0}{\varepsilon_0}}\chi_{xxxx}^{(3)}\vec{E}_x^2(\omega_1)\vec{E}_x^*(\omega_2)\frac{\sin\frac{\Delta kL}{2}}{\frac{\Delta kL}{2}}\cdot\frac{2L}{2} \\
&= \frac{3}{8}\frac{\mathrm{i}\omega_3}{n_3}\sqrt{\frac{\mu_0}{\varepsilon_0}}\chi_{xxxx}^{(3)}\vec{E}_x^2(\omega_1)\vec{E}_x^*(\omega_2)\,\mathrm{sinc}\left(\frac{\Delta kL}{2}\right)\cdot L \\
&= \frac{3}{8}\frac{\mathrm{i}\omega_3}{n_3}\sqrt{\frac{\mu_0}{\varepsilon_0}}\chi_{xxxx}^{(3)}(-\omega_3;\omega_1,-\omega_2,\omega_1)\vec{E}_x^2(\omega_1)\vec{E}_x^*(\omega_2)L\,\mathrm{sinc}\left(\frac{\Delta kL}{2}\right)
\end{aligned} \tag{15-79}$$

又因为:

$$I = \frac{1}{2}n\varepsilon_0 c\,|\vec{E}|^2 \tag{15-80}$$

$$c = \frac{1}{\sqrt{\mu_0\varepsilon_0}}$$

利用以上关系来推导相干反斯托克斯拉曼散射的信号强度,即由式(15－

76)变形:

首先,对式(15-79)进行平方,得:

$$\vec{E}^2(\omega_3) = \frac{9}{64}\frac{i^2\omega_3^2}{n_3^2}\frac{\mu_0}{\varepsilon_0}|\chi^{(3)}|^2\vec{E}_x^4(\omega_1)(i)^2\vec{E}_x^2(\omega_2)L^2\operatorname{sinc}^2\left(\frac{\Delta kL}{2}\right)$$

$$\frac{2I(\omega_3)}{n_3\varepsilon_0 c} = \frac{3}{64}\omega_3^2\frac{1}{n_3^2}\frac{\mu_0}{\varepsilon_0}|\chi^{(3)}|^2\frac{4I^2(\omega_1)}{n_1^2\varepsilon_0^2c^2}\frac{2I(\omega_2)}{n_2\varepsilon_0 c}L^2\operatorname{sinc}^2\left(\frac{\Delta kL}{2}\right)$$

可以推得相干反斯托克斯拉曼散射的信号强度为:

$$I(\omega_3) = \frac{9}{16}\frac{\omega_3^2}{n_1^2n_2n_3}\left(\frac{\mu_0}{\varepsilon_0}\right)^2 I^2(\omega_1)I(\omega_2)L^2\operatorname{sinc}^2\left(\frac{\Delta kL}{2}\right)\cdot|\chi^{(3)}|^2 \tag{15-81}$$

利用公式

$$\frac{N_t}{N_0} = e^{-\frac{h\nu}{kT}}$$

得到相干反斯托克斯拉曼散射效应的三阶极化率表达式:

$$\chi_{ijkl}^{(3)}(\omega_p,\omega_p,-\omega_s) = [\chi_{ijkl}^{(3)}(-\omega_p,-\omega_p,\omega_s)]^*$$

$$= \frac{N_0 - N_t}{\varepsilon_0 6\hbar^3}\frac{1}{\Delta\omega_r - (\omega_p - \omega_s) - i\Gamma_r}\cdot$$

$$\sum_b\left[\frac{(p_i)_{ob}(p_j)_{bt}}{\omega_{bo} - 2\omega_p + \omega_s} + \frac{(p_j)_{ob}(p_i)_{bt}}{\omega_{bo} + \omega_p}\right]\cdot\sum_b\left[\frac{(p_k)_{tb}(p_l)_{bo}}{\omega_{bo} + \omega_s} + \frac{(p_l)_{tb}(p_k)_{bo}}{\omega_{bo} - \omega_p}\right]$$

$$= \frac{N_0\left(1 - \frac{N_t}{N_0}\right)}{\varepsilon_0 6\hbar^3}\frac{1}{\Delta\omega_r - (\omega_p - \omega_s) - i\Gamma_r}\cdot$$

$$\sum_b\left[\frac{(p_i)_{ob}(p_j)_{bt}}{\omega_{bo} - 2\omega_p + \omega_s} + \frac{(p_j)_{ob}(p_i)_{bt}}{\omega_{bo} + \omega_p}\right]\cdot\sum_b\left[\frac{(p_k)_{tb}(p_l)_{bo}}{\omega_{bo} + \omega_s} + \frac{(p_l)_{tb}(p_k)_{bo}}{\omega_{bo} - \omega_p}\right]$$

$$= \frac{N_0(1 - e^{-\frac{h\nu}{kT}})}{\varepsilon_0 6\hbar^3}\frac{1}{\Delta\omega_r - (\omega_p - \omega_s) - i\Gamma_r}\cdot$$

$$\sum_b\left[\frac{(p_i)_{ob}(p_j)_{bt}}{\omega_{bo} - 2\omega_p + \omega_s} + \frac{(p_j)_{ob}(p_i)_{bt}}{\omega_{bo} + \omega_p}\right]\cdot\sum_b\left[\frac{(p_k)_{tb}(p_l)_{bo}}{\omega_{bo} + \omega_s} + \frac{(p_l)_{tb}(p_k)_{bo}}{\omega_{bo} - \omega_p}\right] \tag{15-82}$$

将式(15-82)代入式(15-81)中,得:

$$I(\omega_3) = \frac{9}{16}\frac{\omega_3^2}{n_1^2 n_2 n_3}\left(\frac{\mu_0}{\varepsilon_0}\right)^2 I^2(\omega_1) I(\omega_2) L^2 \mathrm{sinc}^2\left(\frac{\Delta k L}{2}\right)\cdot$$

$$\left| \frac{N_0(1 - \mathrm{e}^{-\frac{h\nu}{kT}})}{\varepsilon_0 6\hbar^3} \frac{1}{\Delta\omega_r - (\omega_p - \omega_s) - \mathrm{i}\Gamma_r} \cdot \sum_b \left[\frac{(p_i)_{ob}(p_j)_{bt}}{\omega_{bo} - 2\omega_p + \omega_s} + \frac{(p_j)_{ob}(p_i)_{bt}}{\omega_{bo} + \omega_p}\right] \cdot \sum_b \left[\frac{(p_k)_{tb}(p_l)_{bo}}{\omega_{bo} + \omega_s} + \frac{(p_l)_{tb}(p_k)_{bo}}{\omega_{bo} - \omega_p}\right] \right|^2 \quad (15-83)$$

其中，N_0 为基态粒子数密度，Γ_r 为介质拉曼跃迁的谱线宽度，$\Delta\omega_r = \omega_p - \omega_s$，$\omega_{bo}$ 表示从能级 b 跃迁到能级 o 的频率，$(p_i)_{ab}$ 这种形式表示电偶极矩的矩阵元。由式(15-83)可知，在其他条件不变的情况下，随着温度的升高，相干反斯托克斯拉曼散射的信号强度逐渐减小。

为了求出 CARS 的测温公式，就要同时考虑相干反斯托克斯拉曼散射信号和相干斯托克斯拉曼散射信号，通过相除来消掉未知项。相干反斯托克斯拉曼散射信号和相干斯托克斯拉曼散射信号的产生过程如图 15-4 所示。

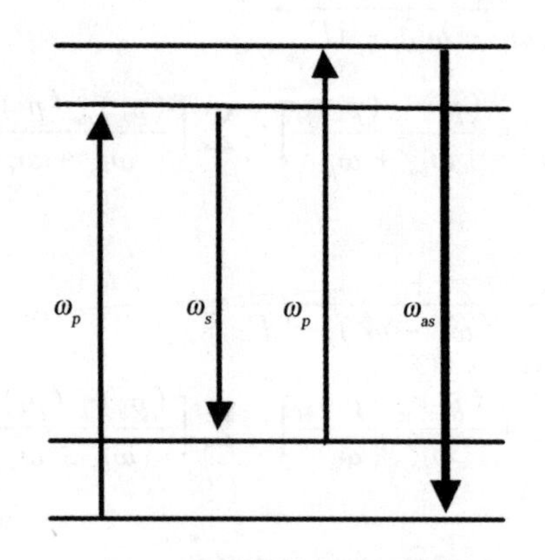

(a)相干反斯托克斯拉曼散射

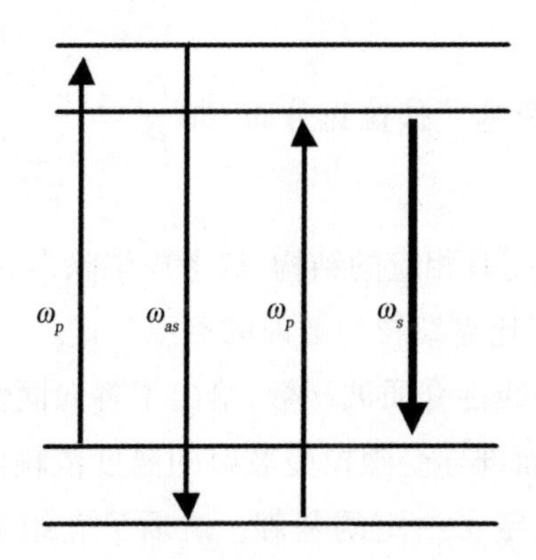

(b)相干斯托克斯拉曼散射

图 15－4　相干拉曼散射信号产生过程

对于图 15－4(a)，有 $\vec{k}_4 = \vec{k}_1 - \vec{k}_3 + \vec{k}_2$，$\omega_4 = \omega_p - \omega_s + \omega_p = \omega_{as}$；对于图 15－4(b)，有 $\vec{k}_4 = \vec{k}_1 - \vec{k}_3 + \vec{k}_2$，$\omega_4 = \omega_p - \omega_{as} + \omega_p = \omega_s$。由式(15－81)的形式，可知：

$$I_{\text{CARS}}(\omega_{as}) = \frac{9}{16}\frac{\omega_{as}^2}{\varepsilon_0^2 c^4}|\chi^{(3)}|^2 \frac{I_p(\omega_p)I_p(\omega_p)I_s(\omega_s)}{n_p(\omega_p)n_p(\omega_p)n_s(\omega_s)n_{as}(\omega_{as})}L^2 \frac{\sin^2\left(\frac{\Delta kL}{2}\right)}{\left(\frac{\Delta kL}{2}\right)^2} \tag{15-84}$$

同理可推出相应的相干斯托克斯拉曼散射信号强度公式：

$$I_{\text{CSRS}}(\omega_s) = \frac{9}{16}\frac{\omega_s^2}{\varepsilon_0^2 c^4}|\chi^{(3)}|^2 \frac{I_p(\omega_p)I_p(\omega_p)I_{as}(\omega_{as})}{n_p(\omega_p)n_p(\omega_p)n_{as}(\omega_{as})n_s(\omega_s)}L^2 \frac{\sin^2\left(\frac{\Delta kL}{2}\right)}{\left(\frac{\Delta kL}{2}\right)^2} \tag{15-85}$$

将式(15－84)与式(15－85)作比，可以得到：

$$\frac{I_{\text{CSRS}}(\omega_s)}{I_{\text{CARS}}(\omega_{as})} = \frac{\omega_s^2 P_2^2 I_{\text{whiteas}}(\omega_{as})}{\omega_{as}^2 P_1^2 I_{\text{whites}}(\omega_s)} \tag{15-86}$$

式中，$I_{\text{whiteas}}(\omega_{as})$ 与 $I_{\text{whites}}(\omega_s)$ 分别为白光在相应的反斯托克斯频率处与斯托克斯频率处的信号强度，P_1 为分子处于基态的概率，P_2 为分子处于激发态的概率,在这里均代入费米-狄拉克分布,即 $\frac{P_2}{P_1} = \frac{\frac{1}{e^{\frac{-\hbar f \Delta\omega}{kT}} + 1}}{\frac{1}{e^{\frac{\hbar\Delta\omega}{kT}} + 1}}$,其中 $\Delta\omega = \omega_p - \omega_s = \omega_{as} - \omega_p$。由于白光有相应的结构,故考虑消除白光对实验结果的影响,式(15-86)即为相干反斯托克斯拉曼散射的测温公式。

本章开篇介绍了非线性介质波函数,给出了各向同性介质中的单色波方程的一阶微分方程,为后面推导受激拉曼散射的温度依赖性与相干反斯托克斯拉曼散射的温度依赖性奠定了一定的基础。之后又介绍了受激拉曼散射的物理过程,简单地说,就是一束强激光入射介质,由于分子存在着振荡频率,产生了与入射光频率不同的斯托克斯拉曼散射光与反斯托克斯拉曼散射光。产生的斯托克斯拉曼散射光又与原来的入射光相互作用,这使得介质内部的分子振荡加剧,这更加导致了斯托克斯拉曼散射光的产生,进而雪崩式地产生了大量的拉曼散射光。而后通过分析受激拉曼散射的温度依赖性,推导出了新的受激拉曼散射温度依赖性公式,使得对分子间能量转移机理的理解更加透彻。之后,又简单介绍了相干反斯托克斯拉曼散射的物理过程,所谓相干反斯托克斯拉曼散射,是指频率为 ω_1 和 ω_2 的两束光共同作用于拉曼散射介质,在介质中相干地发射出一个频率为 $\omega_M = \omega_1 - \omega_2$ 的物质波,这个物质波与波长为 ω_1 的波混合,产生频率为 $\omega_3 = 2\omega_1 - \omega_2$ 的反斯托克斯光的相干输出过程,为典型的四波混频过程。最后经过分析,推导出了新的相干反斯托克斯拉曼散射的温度依赖性公式,进一步地理解了用相干反斯托克斯拉曼散射过程研究分子间能量转移机理的理论基础。

第16章 硝基甲烷与掺杂染料的硝基甲烷的拉曼光谱实验

如何在实验中有效地观测含能材料体系在冲击压缩过程中的温度、压力等特性的变化是研究含能材料分子反应动力学的技术难题。拉曼光谱能够实时反映材料体系的动态温度变化趋势,能够直接反映分子内部结构的振动特性,在监测材料体系动态温度的同时,还可以观察到材料体系在冲击压缩作用下的分子反应动力学过程。本章以硝基甲烷和多种染料作为样品,主要研究内容为硝基甲烷与掺杂不同浓度染料的硝基甲烷的 CARS 实验,以及硝基甲烷与掺杂不同种类染料的硝基甲烷的瞬态光栅(TG)实验。

16.1 硝基甲烷与掺杂 IR 780 的硝基甲烷的 CARS 对比实验

16.1.1 CARS 对比实验系统的设计

在做实验之前,首先测量了掺杂 IR 780 的硝基甲烷的吸收光谱与荧光光谱,吸收光谱如图 16-1 所示,荧光光谱如图 16-2 所示,样品厚度均为 1 mm。

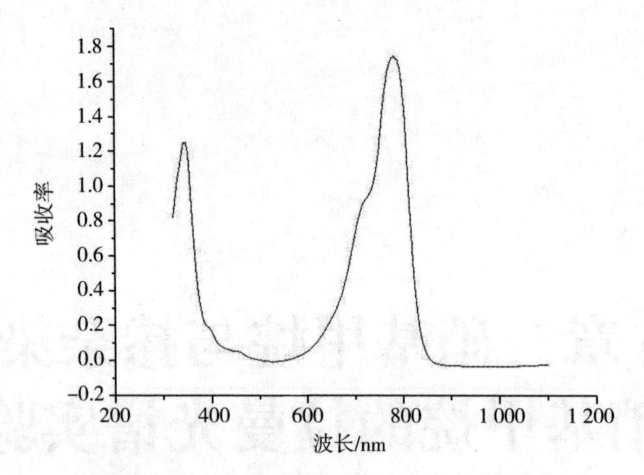

(a)硝基甲烷掺杂浓度为 0.000 05 g/mL 的 IR 780

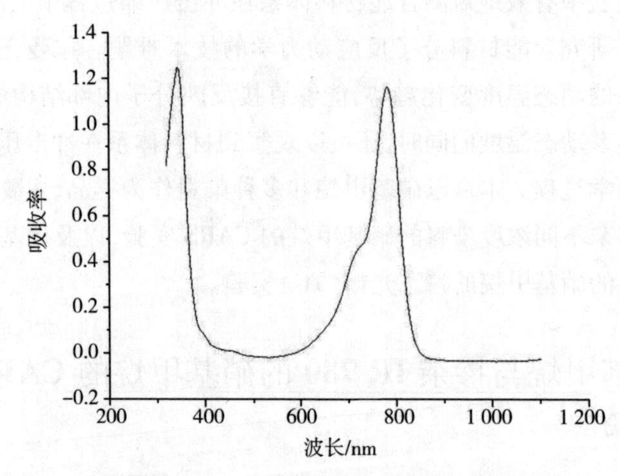

(b)硝基甲烷掺杂浓度为 0.000 025g/mL 的 IR 780

图 16-1　掺杂不同浓度 IR 780 的硝基甲烷的吸收光谱

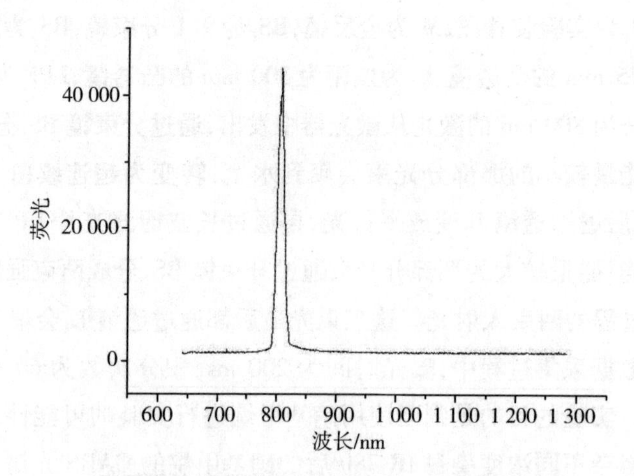

(a)硝基甲烷掺杂浓度为 0.000 05 g/mL 的 IR 780

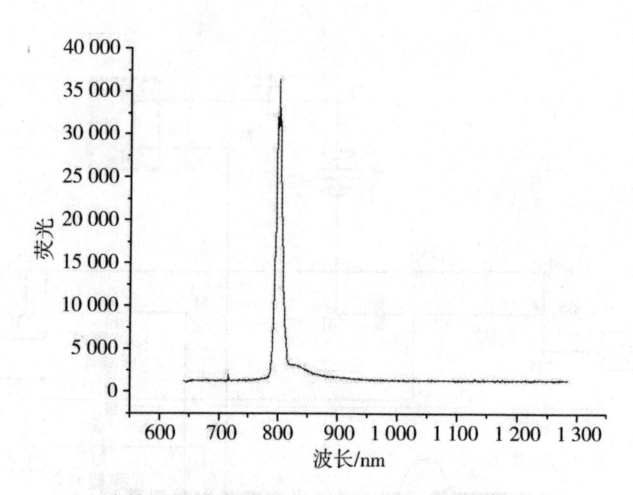

(b)硝基甲烷掺杂浓度为 0.000 025 g/mL 的 IR 780

图 16-2　掺杂不同浓度 IR 780 的硝基甲烷的荧光光谱

从图 16-1 可以看出,IR 780 在 780 nm 左右处有很强的吸收峰,因此用 IR 780来作为分子加热计是合适的。从图 16-2 可以看出,掺杂了 IR 780 的硝基甲烷基本上不会产生荧光,所以可以消除信号的荧光影响。因此,实验样品选择硝基甲烷、染料 IR 780。

实验器材包括中心波长为 800 nm 的飞秒激光器、光纤光谱仪、分光光度计、计算机、全反镜(铝镜)、透镜、二向色镜、800 nm 陷波滤光片。

图16－3为实验装置图，M为全反镜，BS_1为9∶1分束镜，BS_2为5∶5分束镜，L_1为焦距为75 mm的凸透镜，L_2为焦距为300 mm的凸透镜，LPF为长波通滤光片。中心波长为800 nm的激光从激光器中发出，通过分束镜BS_1分为光强不同的两束光。能量较小的那部分光束会聚到水上，转变为超连续白光光束，作为探测光束，而后通过透镜L_1变成平行光，再通过长波通滤光片LPF滤掉多余的短波长杂散光；能量较大的那部分光束通过分束镜BS_2分成两束强度相等的光，作为CARS过程的两束入射光。这三束光最后都通过透镜L_2会聚到样品上。

在实验数据采集过程中，曝光时间为200 ms，积分次数为60次，采用透射的收集方式。实验的目的是判断使用硝基甲烷进行实验的可能性，观测纯净的硝基甲烷与掺杂不同浓度染料IR 780后的硝基甲烷的CARS光谱的差异，研究其能量转移情况。

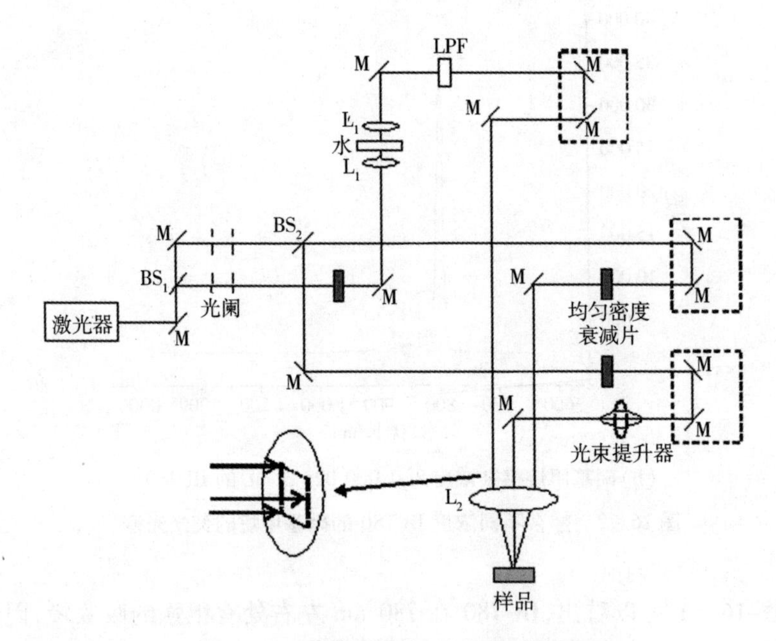

图16－3 硝基甲烷的CARS实验光路图

16.1.2 CARS对比实验的结果分析

根据上面的光路图进行实验，用数据处理软件对得到的数据进行处理，用

Origin 软件对得到的数据进行绘图，得到实验的原始数据图。如图 16－4 所示，坐标横轴表示波长，单位为纳米(nm)，坐标纵轴表示时间，单位为皮秒(ps)。

在图 16－4 中，颜色从蓝色到红色渐变，小于最小值的颜色为黑色，大于最大值的颜色为白色。颜色的渐变代表了光谱强度的渐变，其中，颜色越趋近于蓝色，光谱的强度越小，颜色越接近于红色，光谱的强度越大。根据数据图像显示可知，泵浦光大概在 790 nm 处。

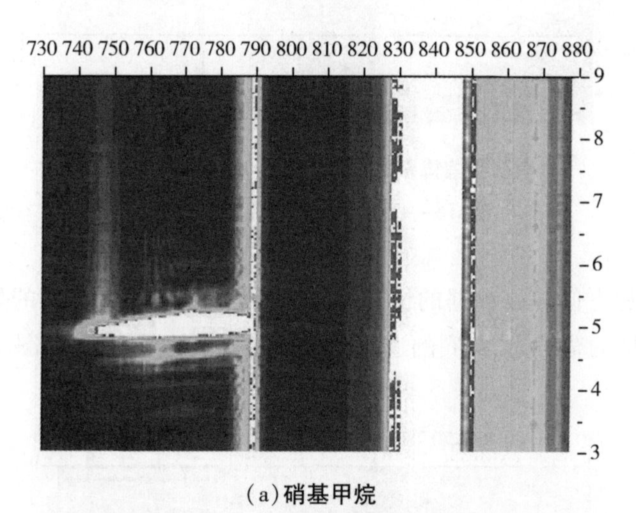

(a)硝基甲烷

(b)硝基甲烷掺杂浓度为 0.000 05 g/mL 的 IR 780

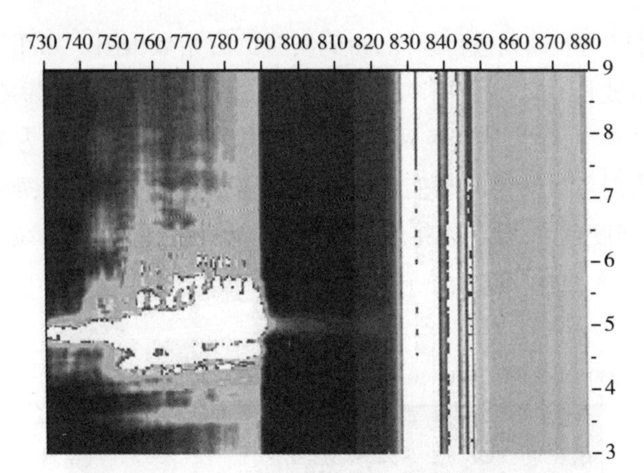

(c)硝基甲烷掺杂浓度为 0.000 025 g/mL 的 IR 780

图 16-4 CARS 实验原始数据图

为了更加方便观察数据的情况,对原始数据进行扣除背底的处理,即扣掉样品所处环境的杂散光,背底的选取为数据前五行的平均值,如图 16-5 所示。

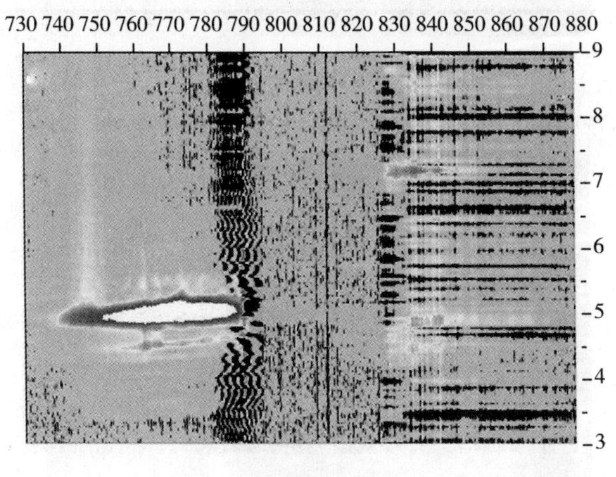

(a)

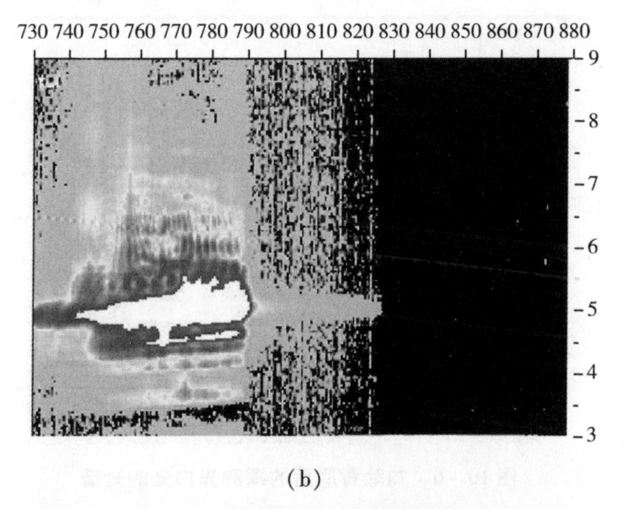

(b)

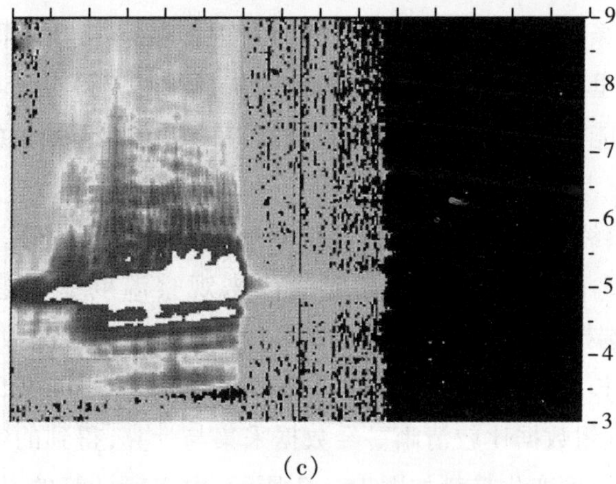

(c)

图 16 - 5　原始数据扣除背底后的图

(a)**硝基甲烷**

(b)**硝基甲烷掺杂浓度为 0.000 05 g/mL 的 IR 780**

(c)**硝基甲烷掺杂浓度为 0.000 025 g/mL 的 IR 780**

由于数据处理的需要,本实验也同时测量了探测光白光的光谱,并且扣除了背景光背底,如图 16 - 6 所示。

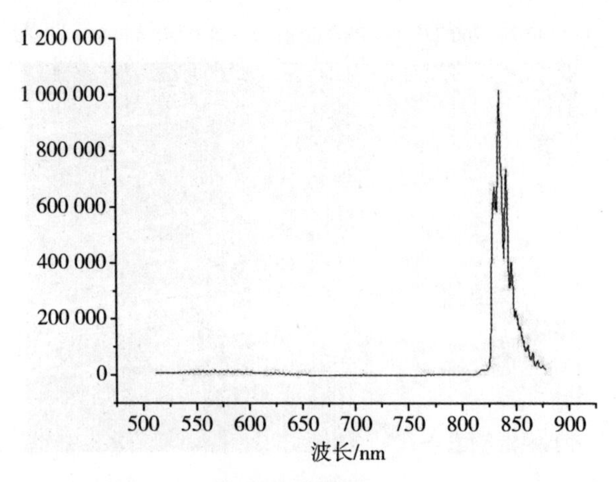

图 16－6　扣除背底后的探测光白光的光谱

由于实验条件有限，并且处理数据的方法有限，导致所求得的温度存在误差，因此，在这里只观察温度的变化趋势，用来判断 IR 780 分子与硝基甲烷分子间是否存在着能量转移过程，掺杂不同浓度 IR 780 的硝基甲烷的能量转移情况有何区别。

首先，观察纯硝基甲烷在泵浦光加热后的温度变化趋势。由于是超快过程，故只选择 5 ps 到 5.372 ps 的时间段来观察温度变化趋势，在 5 ps 到 5.372 ps之间选择若干个点进行数据采集。在纯硝基甲烷的数据中，挑选了波长与泵浦光波长（789.44 nm）对称 834.20 nm 与 749.23 nm 处的光信号来作为参考点，因为这组数据比较清晰。经数据采集与计算，得到的纯硝基甲烷在泵浦光作用后的温度变化趋势如图 16－7 所示，由于所计算的温度存在误差，所以在这里的温度为相对温度 ΔT 。

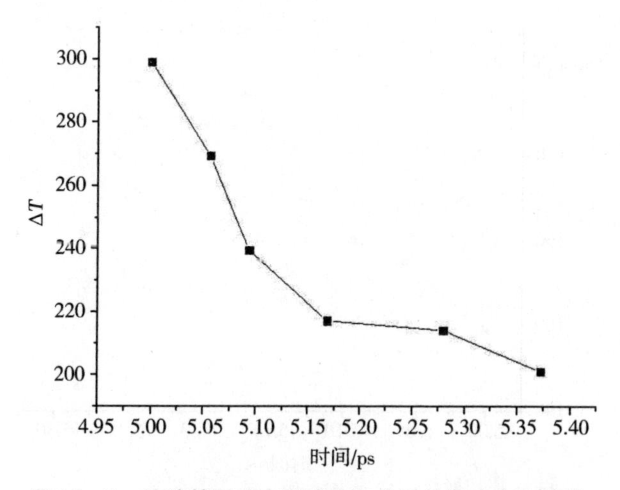

图 16－7　纯硝基甲烷在泵浦光加热后的温度变化趋势

从图 16－7 可知，硝基甲烷在泵浦光加热后的温度呈下降趋势，这说明硝基甲烷在泵浦光加热后渐渐冷却。下面对掺杂了浓度为 0. 000 05 g/mL 的 IR 780 的硝基甲烷的数据进行处理，在掺杂了染料 IR 780 的数据中，挑选了波长与泵浦光波长(789. 44 nm)对称 810. 03 nm 与 769. 92 nm 处的光信号来作为参考点，因为这组数据比较清晰，结果如图 16－8 所示。预期在泵浦光加热后，IR 780 对 790 nm 的光有强吸收，作为分子加热计将热量传递给硝基甲烷，导致体系温度升高。

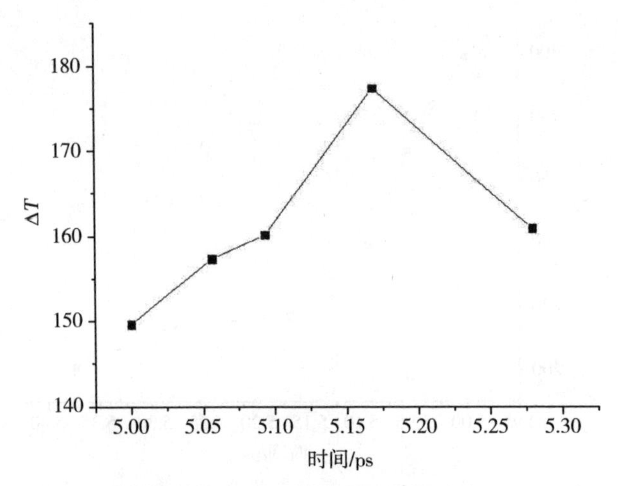

图 16-8　掺杂了浓度为 0.000 05 g/mL 的 IR 780 的硝基甲烷的温度变化趋势

由图 16-8 可知,掺杂了浓度为 0.000 05 g/mL 的 IR 780 的硝基甲烷的温度在泵浦光脉冲过后存在着一个温度上升的过程,而后冷却下来,与预期的结果相一致。为了观察掺杂 IR 780 的浓度多少对温度变化的影响,也对掺杂了浓度为 0.000 025 g/mL IR 780 的硝基甲烷的数据进行了处理,如图 16-9 所示。预期掺杂了低浓度的 IR 780 的硝基甲烷温度的上升趋势比掺杂了高浓度的 IR 780的硝基甲烷温度的上升趋势要缓和,并且上升尺度没有掺杂高浓度的 IR 780的硝基甲烷的尺度大。

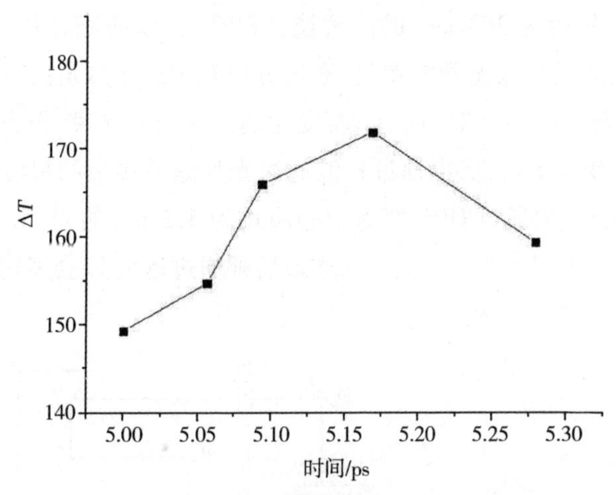

图16－9　掺杂了浓度为0.000 025 g/mL的IR 780的硝基甲烷的温度变化趋势

将图16－9与图16－8对比,可知预期的结果是正确的,这说明通过CARS信号来预测温度的变化趋势是可行的,也说明了掺杂分子加热计的浓度的大小也影响着温度的变化趋势,IR 780分子与硝基甲烷分子间存在着能量转移过程。

16.2　掺Rh 101染料的硝基甲烷与纯硝基甲烷的瞬态光栅对比实验

16.2.1　瞬态光栅对比实验系统的设计

实验器材包括中心波长为800 nm的飞秒激光器、光纤光谱仪、分光光度计、计算机、全反镜(铝镜)、透镜、二向色镜、532 nm陷波滤光片。实验样品包括硝基甲烷、OPA、染料罗丹明101(Rh 101)。

瞬态光栅实验光路图的结构与CARS实验光路图的结构大体相同,瞬态光栅实验光路图如图16－10所示。

图中,M为全反镜,BS_1为9∶1分束镜,BS_2为5∶5分束镜,L_1为焦距为75 mm

的凸透镜，L_2为焦距为 300 mm 的凸透镜，LPF 为长波通滤光片。中心波长为 800 nm 的激光从飞秒激光器中发出，通过分束镜 BS_1分为光强不同的两束光。能量较小的那部分光束会聚到水上，转变为超连续白光光束，作为探测光束，而后通过透镜 L_1变成平行光，再通过长波通滤光片滤掉多余的短波长杂散光；能量较大的那部分光束通过 OPA 变为中心波长为 532 nm 的光，分束镜 BS_2将这束光分成两束强度相等的光。这三束光最后都通过透镜 L_2会聚到样品上。

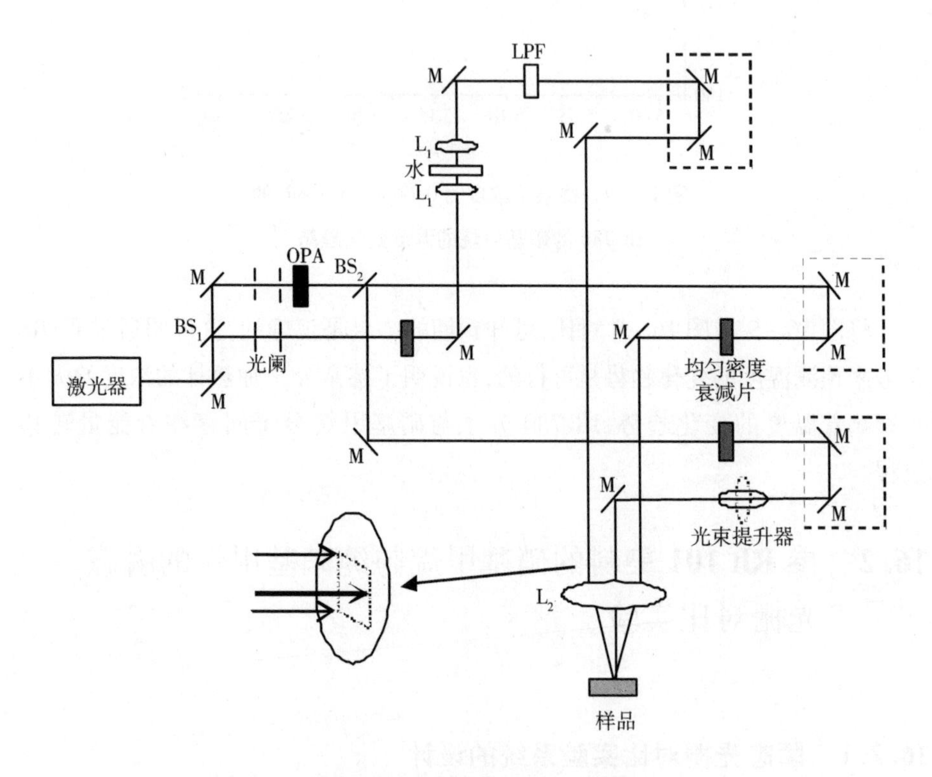

图 16-10 瞬态光栅实验光路图

在此次实验数据采集过程中，曝光时间为 200 ms，积分次数为 50 次，采用透射收集方式。实验的目的是观测纯净的硝基甲烷与掺杂罗丹明 101 后的硝基甲烷的瞬态光栅光谱差异，观测其能量转移情况。

16.2.2　瞬态光栅实验结果分析

根据上面的光路图进行实验，用数据处理软件对得到的数据进行处理并绘图，得到实验的原始数据图，如图 16－11 所示。横轴表示波长，单位为 nm，纵轴表示时间，单位为 fs。

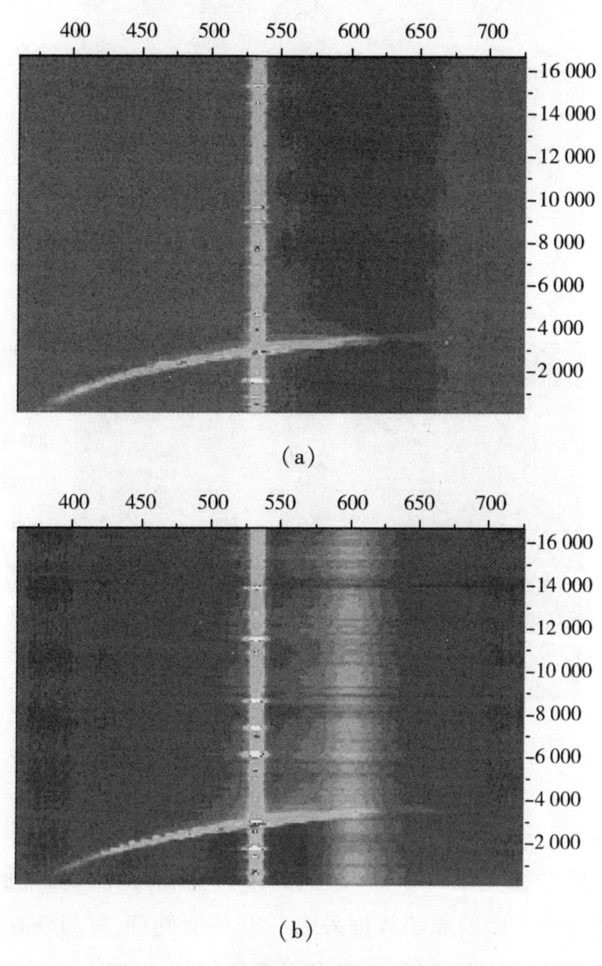

图 16－11　瞬态光栅实验原始数据图

(a)硝基甲烷；(b)硝基甲烷掺杂浓度为 0.000 02 g/mL 的罗丹明 101

为了去除背景噪声又不影响观察图像的动力学过程,在这里用原始数据的所有数据中的最小常数作为背底,扣掉这个常数,如图 16 - 12 所示。

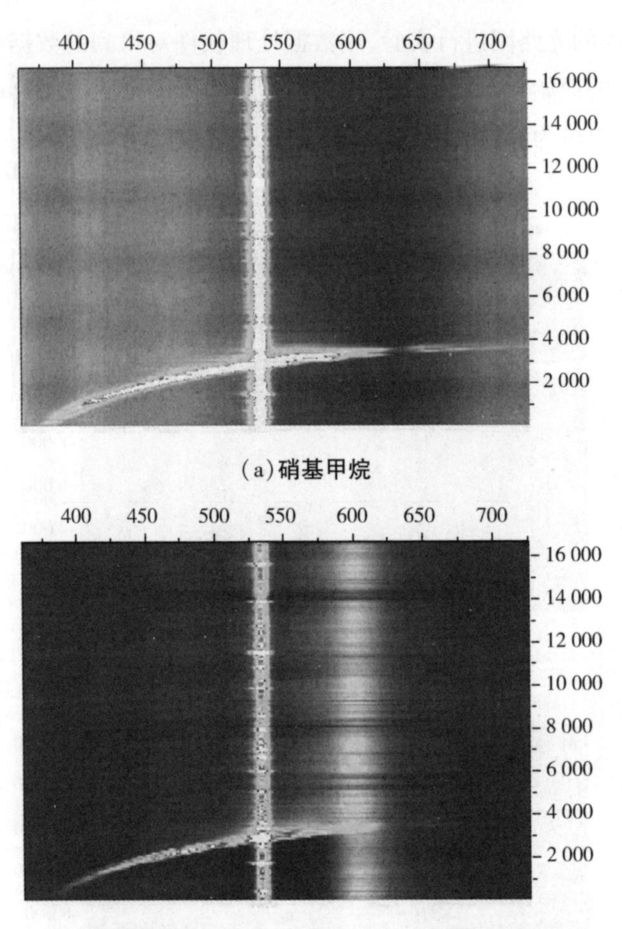

(a)硝基甲烷

(b)硝基甲烷掺杂浓度为 0.000 02 g/mL 的罗丹明 101

图 16 - 12　原始数据扣除背底的图

以泵浦光的谱线宽度为依据,根据其谱线宽度计算大概的脉冲持续时间,最终决定对扣除背底后的原始数据采取三点平滑处理,并且将用三点平滑处理的数据作为下面数据处理的基础,三点平滑处理数据如图 16 - 13 所示。

三点平滑处理数据的目的是让数据看起来更加平滑好看,以便于下面对数据的进一步分析。

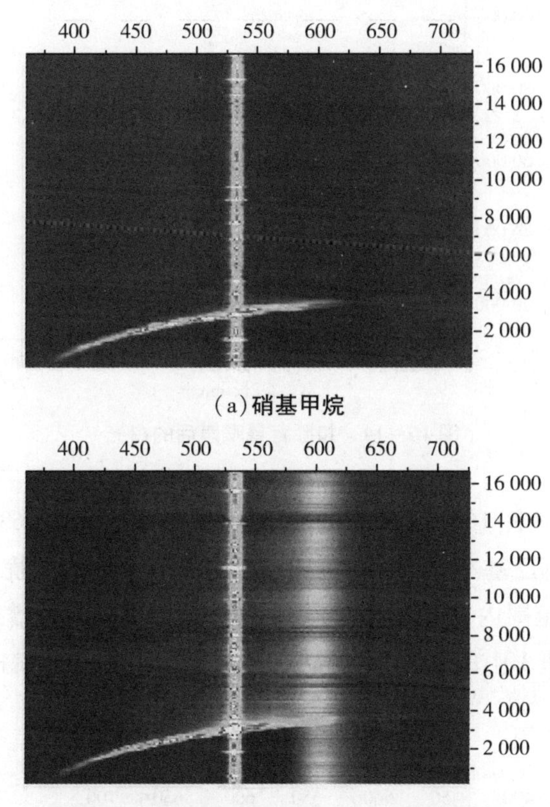

(a)硝基甲烷

(b)硝基甲烷掺杂浓度为 0.000 02 g/mL 的罗丹明 101

图 16－13　对扣除背底的原始数据进行三点平滑处理

此次实验采集到的白色背景光扣除环境噪声后如图 16－14 所示,图中的纵轴为相对强度,故没有写单位。从这张图片中可以看出,白光的起伏比较大,如果原始数据不消除白光影响的话,会对分析数据造成一定的阻碍,因此用三点平滑处理的原始数据除以白光数据来得到衍射效率,如图 16－15 所示。

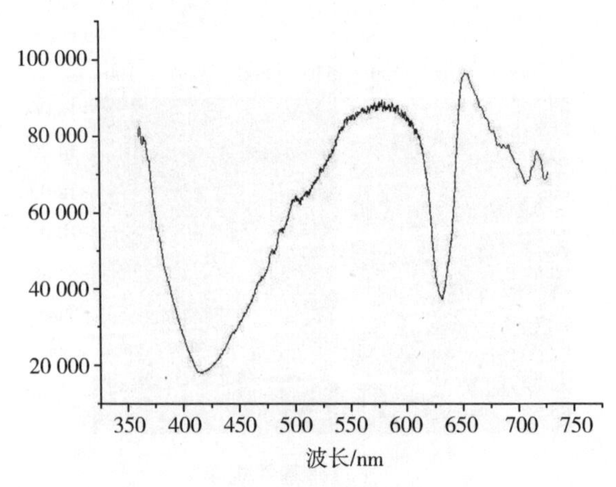

图 16 - 14　扣除背景噪声后的白光

通过仔细对比图 16 - 13 和图 16 - 15 可知,图 16 - 15 在 630 nm 左右的凹陷明显减小,数据已基本去除了白光大幅度变化所造成的干扰。由于染料 Rh 101 在有效数据范围内存在吸收,因此要去掉染料吸收的光谱所带来的干扰。本实验测量了 Rh 101 的吸光度 A,同时也测量了纯硝基甲烷的吸光度,如图 16 - 16 所示。

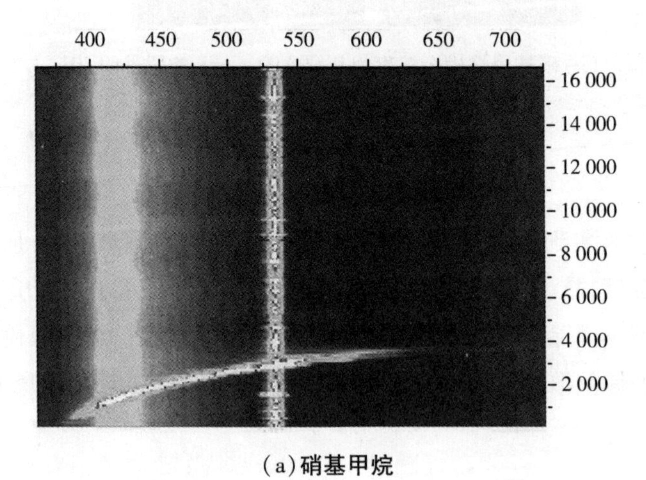

(a) **硝基甲烷**

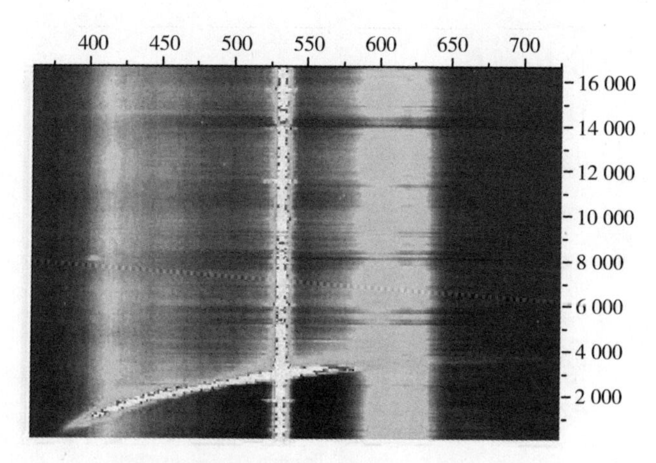

(b)硝基甲烷掺杂浓度为 0.000 02 g/mL 的罗丹明 101

图 16 - 15　衍射效率数据

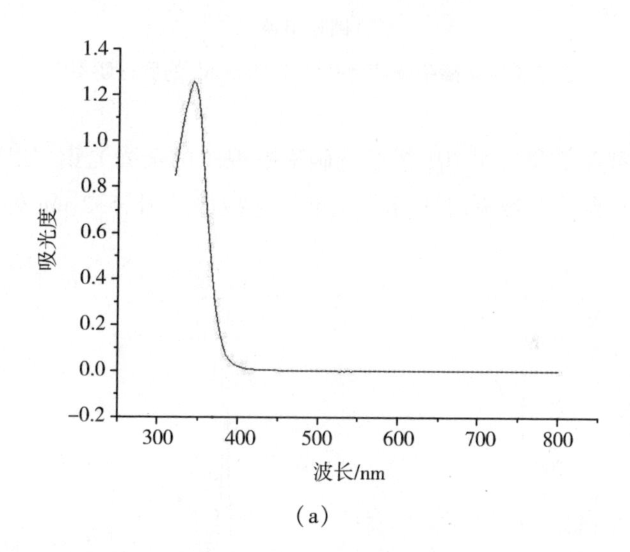

(a)

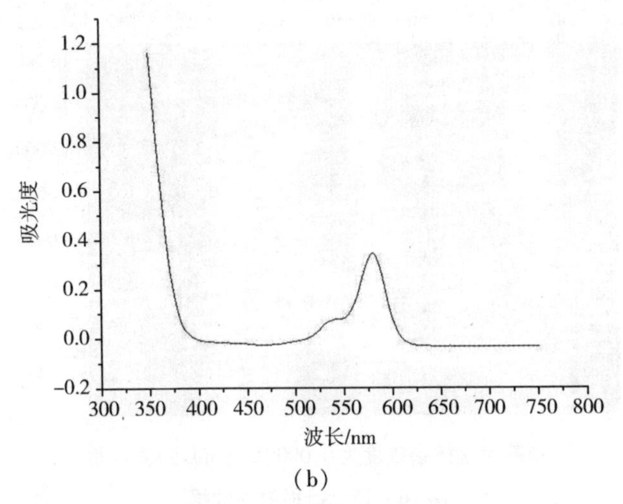

(b)

图 16－16　样品的吸光度

(a)硝基甲烷

(b)硝基甲烷掺杂浓度为 0.000 02 g/mL 的罗丹明 101

此外,还考虑了罗丹明 101 掺杂到硝基甲烷中的荧光光谱,如图 16－17 所示,以便于在观察分析数据时区分荧光干扰和拉曼信号,532 nm 处的荧光峰为激发光。

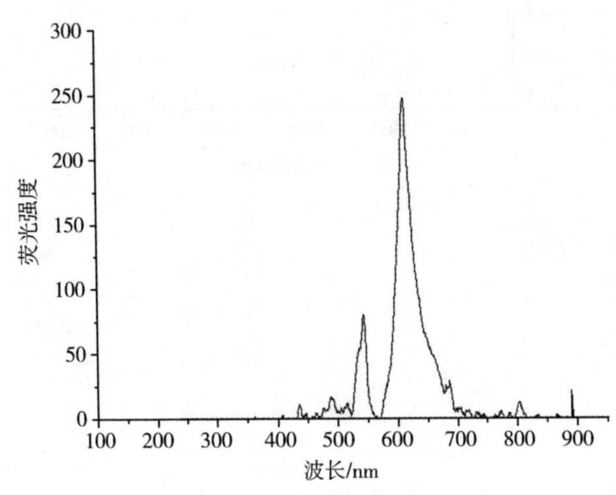

图 16－17　掺杂浓度为 0.000 02 g/mL 的

罗丹明 101 的硝基甲烷的荧光光谱

接下来,可以根据式(15－74)来计算温度的变化趋势。由于硝基甲烷在 532 nm 处没有强吸收,并且由图 16－15 可知,硝基甲烷的数据基本没有动力学变化,故推测其温度变化趋势也应类似于图 16－7 的趋势,因此在这里不再处理硝基甲烷的数据。由于没有直接导出信号强度与温度的换算关系,故设置参数来进行拟合测温。由于实验条件有限导致实验数据有微小偏差,并且参数是手动调节设置的,故所测量的温度存在偏差,只能得到温度的变化趋势。将所想要设置的参数代入式(15－74),得到:

$$I_s = \left[\frac{A}{e^{\frac{-\hbar(\omega_p-\Omega)-B}{kT}}+1}\right]^2 + C \tag{16-1}$$

上式中, A 、B 、C 均为参数,通过不断调节参数来拟合所得到的数据曲线。首先,将信号强度最强部分的数据取出,并设此时为初始时刻。将取出的数据进行调参拟合,最终得到的参数为 $A = 10\ 000$, $B = -3\ 400$, $C = 13$ 。虽然计算所得的温度存在误差,但是可以从中看到温度的变化趋势,了解分子间是否存在能量转移情况。将所得到的参数代入公式,得:

$$I_s = \left[\frac{10\ 000}{e^{\frac{-\hbar(\omega_p-\Omega)+3\ 400}{kT}}+1}\right]^2 + 13 \tag{16-2}$$

利用公式(16－2),根据数据来拟合温度。由于罗丹明 101 在 532 nm 处存在吸收,可以作为分子加热计,所以预期温度会有一个上升的过程,然后再慢慢冷却下来,所得到的拟合结果如图 16－18 所示。

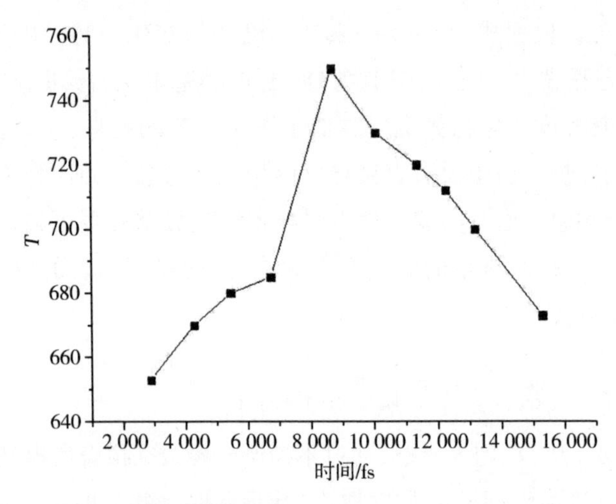

图 16－18 掺杂浓度为 0.000 02 g/mL 的罗丹明 101 的硝基甲烷的温度变化趋势拟合结果

由图 16－18 可知，拟合结果与预期的结果完全一致，故可以推测出瞬态光栅（受激拉曼过程）测量温度变化趋势的可行性，并且也证明了罗丹明 101 分子与硝基甲烷分子间存在着能量转移过程。

本章主要介绍了硝基甲烷与掺杂 IR 780 的硝基甲烷的 CARS 对比实验以及掺杂 Rh 101 染料的硝基甲烷与纯硝基甲烷的瞬态光栅对比实验，并且参照理论对实验结果进行了深入的分析。对硝基甲烷与掺杂 IR 780 的硝基甲烷的 CARS 对比实验进行了扣除背景噪声的处理，在公式中消除了白光对散射信号的影响，最终运用公式推测出了温度的变化趋势。对掺杂 Rh 101 染料的硝基甲烷与纯硝基甲烷的瞬态光栅同样进行了扣除背景噪声的处理，并且还进行了平滑处理，由于理论需要，故在处理实验数据的过程中消除了白光对数据的影响，得到了衍射效率数据，最后通过寻找参数推出公式，拟合出了温度的变化趋势。

温度是影响材料物理与化学变化过程的重要物理量之一，测温对于凝聚态材料的研究是十分重要的。在拉曼光谱技术以及时间分辨光谱技术日益完善的基础上，各国科学家相继开始运用拉曼光谱技术来研究大量有机材料的性质，其中包括含能材料与非含能材料，此技术大大地加快了军工业以及民用商品制造业发展的速度。硝基甲烷虽然是最典型也是最简单的含能材料之一，但是对于硝基甲烷分子与其他样品分子间的能量转移的研究目前为止还不够全面。

本章主要就硝基甲烷的拉曼散射光谱的温度依赖性进行了深入的研究，在理论上分析了自发拉曼散射强度、受激拉曼散射强度以及相干反斯托克斯拉曼散射强度对温度的依赖性，并且推导出了新的受激拉曼散射强度以及相干反斯托克斯拉曼散射强度对温度的依赖性公式，为后面的实验部分奠定了坚实的理论基础。设计了硝基甲烷与掺杂 IR 780 的硝基甲烷的 CARS 对比实验以及掺杂 Rh 101 染料的硝基甲烷与纯硝基甲烷的瞬态光栅对比实验，对实验数据进行了细致的处理，其结果能够很好地与理论公式和理论预测结果相符合，这两个实验证明了通过 CARS 信号和瞬态光栅（受激拉曼过程）信号预测温度变化趋势的可行性，也说明了掺杂分子加热计的浓度的大小也影响着温度的变化趋势，IR 780 分子与硝基甲烷分子间存在着能量转移过程，并且罗丹明 101 分子与硝基甲烷分子间也存在着能量转移过程。

本章主要讨论了应用拉曼光谱测量温度的变化趋势的过程，为更加深入了解含能材料的物理性质做出了一定的贡献。由于实验条件有限，实际情况在各方面都远比预想的理论情况要复杂很多，关于精确测量温度的研究还明显不足，还存在着很大的发展空间。

参考文献

[1]张志焜，崔作林. 纳米技术与纳米材料[M]. 北京:国防工业出版社，2000.

[2]张立德，牟季美. 纳米材料和纳米结构[M]. 北京:科学出版社，2001.

[3]B. O. Dabbousi, J. Rodriguez-viejo, F. V. Mikulec, et al. (CdSe)ZnS Core-shell Quantum Dots: Synthesis and Characterization of a Size Series of Highly Luminescent Nanocrystallites [J]. J. Phys. Chem. B, 1997, 101 (46): 9463 -9475.

[4]M. G. Bawendi, M. L. Steigerwald, L. E. Brus. The Quantum Mechanics of Larger Semiconductor Clusters "Quantum Dots" [J]. Annu. Rev. Phys. Chem. ,1990, 41: 477 -496.

[5] A. P. Alivisatos. Semiconductor Clusters, Nanocrystals, and Quantum Dots [J]. Science, 1996, 271: 933 -937.

[6]N. Chestnoy, T. D. Harris, R. Hull, et al. Luminescence and Photophysics of Cadmium Sulfide Semiconductor Clusters: the Nature of the Emitting Electronic State[J]. J. Phys. Chem. , 1986, 90(15): 3393 -3399.

[7]T. Vossmeyer, L. Katsikas, M. Giersig, et al. CdS Nanoclusters: Synthesis, Characterization, Size Dependent Oscillator Strength, Temperature Shift of the Excitonic Transition Energy, and Reversible Absorbance Shift[J]. J. Phys. Chem. , 1994, 98: 7665 -7673.

[8]Y. Kayanuma. Quantum-size Effects of Interacting Electrons and Holes in Semiconductor Microcrystals with Spherical Shape[J]. Phys. Rev. B, 1988, 38:

9797 - 9805.

[9]F. Wang, W. B. Tan, Y. Zhang, et al. Luminescent Nanomaterials for Biological Labelling[J]. Nanotechnology, 2006, 17: 1 - 13.

[10]A. P. Alivisatos, W. Gu, C. Larabell. Quantum Dots as Cellular Probes[J]. Annu. Rev. Biomed. Eng, 2005, 7: 55 - 76.

[11]X. Gao, Y. Cui, R. M. Levenson. In Vivo Cancer Targeting and Imaging with Semiconductor Quantum Dots[J]. Nature Biotechnology, 2004, 22(8): 969 - 976.

[12]X. Gao, L. Yang, J. A. Petros, et al. In Vivo Molecular and Cellular Imaging with Quantum Dots[J]. Curr Opin Biotechnol, 2005, 16(1): 63 - 72.

[13]J. K. Jaiswal, H. Mattoussi, J. M. Mauro, et al. Long-Term Multiple Color Imaging of Live Cells Using Quantum Dot Bioconjugates[J]. Nat. Biotechnol., 2003, 21: 47 - 51.

[14]B. R. Fischer, H. J. Eisler, N. E. Stott, et al. Emission Intensity Dependence and Single-exponential Behavior in Single Colloidal Quantum Dot Fluorescence Lifetimes[J]. J. Phys. Chem. B, 2004, 108: 143 - 148.

[15]D. Brunner, B. D. Gerardot, P. A. Dalgarno, et al. A Coherent Single-Hole Spin in a Semiconductor[J]. Science, 2009, 325: 70 - 72.

[16]K. W. Stone, K. Gundogdu, D. B. Turner, et al. Two-Quantum 2D FT Electronic Spectroscopy of Biexcitons in GaAs Quantum Wells[J]. Science, 2009, 324: 1169 - 1173.

[17]R. M. Westervelt. Applied Physics: Graphene Nanoelectronics[J]. Science, 2008, 320: 324 - 325.

[18]L. E. Brus. Electron-Electron and Electron-Hole Interactions in Small Semiconductor Crystallites: the Size Dependence of the Lowest Excited Electronic State[J]. J. Chem. Phys., 1984, 80: 4403 - 4409.

[19]M. L. Steigerwald, L. E. Brus. Synthesis, Stabilization and Electronic Structure of Quantum Semiconductor Nanoclusters. [J]. Annu. Rev. Mater. Sci., 1989, 19: 471 - 495.

[20]S. K. Poznyak, N. P. Osipovich, Eychlmüller, N. GaPonik, et al. Size-De-

pendent Electrochemical Behavior of Thiol – capped CdTe Nanocrystals in Aqueous Solution[J]. J. Phys. Chem. B, 2005, 109: 1094 – 1100.

[21] I. Robe, M. Kuno, P. V. Kamat. Size-Dependent Electron Injection from Excited Cdse Quantum Dots into TiO_2 NanoPartieles[J]. J. Am. Chem. Soc., 2007, 129: 4136 – 4137.

[22] M. Laferriēre, R. E. Galian, V. Maurel, et al. Non-linear Effects in the Quenching of Fluorescent Quantum Dots by Nitroxyl Free Radicals[J]. Chem. Commun., 2006, (3): 257 – 259.

[23] M. Bruchez, M. Moronne, P. Gin, et al. Semiconductor Nanocrystals as Fluorescent Biological Labels[J]. Science, 1998, 281: 2013 – 2015.

[24] W. C. W. Chan, D. J. Maxwell, X. Gao, et al. Luminescent Quantum Dots for Multiplexed Biological Detection and Imaging[J]. Curr. Opin. Biotechnol. 2002, 13: 40 – 46.

[25] L. E. Brus. Electronic Wave Functions in Semiconductor Clusters: Experiment and Theory[J]. J. Phy Louis Brus. Chem., 1986, 90(12): 2555 – 2560.

[26] P. Ball, L. Garwin. Science at the Atomic Scale[J]. Nature, 1992, 355: 761 – 766.

[27] W. P. Halperin. Quantum Size Effects in Metal Particles[J]. Rev. Modern Phys., 1986, 58: 533 – 606.

[28] M. V. Kovalenko, M. Scheele, D. V. Talapin. Colloidal Nanocrystals with Molecular Metal Chalcogenide Surface Ligands[J]. Science, 2009, 324: 1417 – 1420.

[29] P. Maksymovych, S. Jesse, P. Yu, et al. Polarization Control of Electron Tunneling into Ferroelectric Surfaces[J]. Science, 2009, 324: 1421 – 1425.

[30] P. Szuromi. Surface Science: Long Intervals in the Islands[J]. Science, 2007, 316: 1395.

[31] D. L. Feldheim. Chemistry. The New Face of Catalysis[J]. Science, 2007, 316: 699 – 700.

[32] M. V. Kovalenko, M. Scheele, D. V. Talapin. Colloidal Nanocrystals with Molecular Metal Chalcogenide Surface Ligands[J]. Science, 2009, 324:

1417 - 1420.

[33]N. H. Nahler, J. D. White, J. Larue, et al. Inverse Velocity Dependence of Vibrationally Promoted Electron Emission from a Metal Surface[J]. Science, 2008, 321: 1191 - 1194.

[34]X. L. Qi, R. Li, J. Zang, et al. Inducing a Magnetic Monopole with Topological Surface States[J]. Science, 2009, 323: 1184 - 1187.

[35]D. Hsieh, Y. Xia, L. Wray, et al. Observation of Unconventional Quantum Spin Textures in Topological Insulators[J]. Science, 2009, 323: 919 - 922.

[36]S. Giblin. Applied Physics. One Electron Makes Current Flow[J]. Science, 2007, 316: 1130 - 1131.

[37]M. C. LeMieux, M. Roberts, S. Barman, et al. Self-Sorted, Aligned Nanotube Networks for Thin-Film Transistors[J]. Science, 2008, 321: 101 - 104.

[38]C. M. Niemeyer. Nanoparticles, Proteins, and Nucleic Acids: Biotechnology Meets Materials Science [J]. Angew. Chem. Int. Ed., 2001, 40: 4128 - 4158.

[39]安利民. 可用于生物标记的半导体纳米微粒与有机、生物分子的界面效应研究[D]. 长春:东北师范大学硕士毕业论文, 2004.

[40]李凤生. 超细粉体技术[M]. 北京: 国防工业出版社, 2000.

[41]V. Graaf, M. A. Keizer, A. Burggraaf. Wet-Chemical Preparation of Zirconia Powders: their Microstructure and Mechanical Properties[J]. J. Science of Ceramics, 1980, 10: 83 - 92.

[42]Y. M. Zhou, H. G. Zhu, Z. X. Chen, et al. A Large 24 - Membered-Ring Germanate Zeolite-Type Open-Framework Structure with Three-Dimensional Intersecting Channels[J]. Angew. Chem. Int. Ed., 2001, 40: 2166 - 2168.

[43]L. D. Klayman, T. S. Griffin. Reaction of Selenium with Sodium Borohydride in Protic Solvents: A Facile Method for the Introduction of Selenium into Organic Molecules[J]. J. Am. Chem. Soc., 1973, 95:197 - 199.

[44]M. Boutonnet, J. Kizling, P. Stenuis. The Preparation of Monodisperse Colloidal Metal Particles from Microemulsions[J]. J. Colloid Surf., 1982, 5: 209 - 225.

[45] L. Spanhel, M. Haase, H. Weller, et al. Photochemistry of colloidal semiconoluctors. 20. Surface Modification and Stability of Strong Luminescing CdS Particles[J]. J. Am. Chem. Soc., 1987, 109:5649 – 5655.

[46] A. R. Kortan, R. Hull, R. L. Opila, et al. Nucleation and Growth of Cadmium Selendie on Zinc Sulfide Quantum Crystallite Seeds, and Vice Versa, in Inverse Micelle Media[J]. J. Am. Chem. Soc., 1990, 112: 1327 – 1332.

[47] M. A. Hines, P. Guyot-Sionnest. Synthesis and Characterization of Strongly Luminescing ZnS – Capped CdSe Nanocrystals[J]. J. Phys. Chem., 1996, 100: 468 – 471.

[48] C. B. Murray, D. J. Norris, M. G. Bawendi. Synthesis and Characterization of Nearly Monodisperse CdE (E = Sulfur, Selenium, Tellurium) Semiconductor Nanocrystallites [J]. J. Am. Chem. Soc., 1993, 115 (19): 8706 – 8715.

[49] L. H. Qu, Z. A. Peng, X. G. Peng. Alternative Routes toward High Quality CdSe Nanocrystals[J]. Nano. Letter., 2001, 1: 333 – 337.

[50] L. H. Qu, X. G Peng. Control of Photoluminescence Properties of CdSe Nanocrystals in Growth[J]. J. Am. Chem. Soc., 2002, 124: 2049 – 2055.

[51] Z. A. Peng, X. G. Peng. Formation of High-Quality CdTe, CdSe, and CdS Nanocrystals Using CdO as Precursor[J]. J. Am. Chem. Soc., 2001, 123: 183 – 184.

[52] B. Blackman, D. Battaglia, X. Peng. Bright and Water-Soluble Near IR – Emitting CdSe/CdTe/ZnSe Type – Ⅱ/Type – Ⅰ Nanocrystals, Tuning the Efficiency and Stability by Growth [J]. Chem. Mater., 2008, 20 (15): 4847 – 4853.

[53] J. Aldana, Y. A. Wang, X. Peng. Photochemical Instability of CdSe Nanocrystals Coated by Hydrophilic Thiols[J]. J. Am. Chem. Soc., 2001, 123 (36): 8844 – 8850.

[54] Z. A. Peng, X. Peng. Nearly Monodisperse and Shape-Controlled CdSe Nanocrystals via Alternative Routes: Nucleation and Growth[J]. J. Am. Chem. Soc., 2002, 124 (13): 3343 – 3353.

[55] L. Qu, X. Peng. Control of Photoluminescence Properties of CdSe Nanocrystals in Growth[J]. J. Am. Chem. Soc., 2002, 124 (9): 2049-2055.

[56] M. Shim, C. Wang, P. G. Sionnest. Charge-Tunable Optical Properties in Colloidal Semiconductor Nanocrystals [J]. J. Phys. Chem. B, 2001, 105 (12): 2369-2373.

[57] S. Xu, S. Kumar, T. Nann. Rapid Synthesis of High-Quality InP Nanocrystals[J]. J. Am. Chem. Soc., 2006, 128: 1054-1055.

[58] I. Mekis, D. V. Talapin, A. Kornowski, et al. One-pot Synthesis of Highly Luminescent CdSe/CdS Core-Shell Nanocrystals via Organometallic and "Greener" Chemical Approaches[J]. J. Phys. Chem. B, 2003, 107: 7454-7462.

[59] D. C. Pan, Q. Wang, S. C. Jiang, et al. Low-Temperature Synthesis of Oil-Soluble CdSe, CdS, and CdSe/CdS Core-Shell Nanocrystals by Using Various Water-Soluble Anion Precursors [J]. J. Phys. Chem. C, 2007, 111: 5661-5666.

[60] M. Danek, K. F. Jensen, C. B. Murray, et al. Synthesis of Luminescent Thin-Film CdSe/ZnSe Quantum Dot Composites Using CdSe Quantum Dots Passivated with an Overlayer of ZnSe [J]. Chem. Mater., 1996, 8: 173-180.

[61] S. W. Kim, J. P. Zimmer, S. Ohnishi, et al. Engineering $InAs_xP_{1-x}$/InP/ZnSe Ⅲ~Ⅴ Alloyed Core/Shell Quantum Dots for the Near-Infrared[J]. J. Am. Chem. Soc., 2005, 127: 10526-10532.

[62] A. W. Schill, C. S. Gaddis, W. Qian, et al. UltraFast Electronic Relaxation and Charge-Carrier Localization in CdS/CdSe/CdS Quantum-Dot Quantum-Well Heterostructures[J]. Nano. Lett., 2006, 6: 1940-1949.

[63] X. H. Zhong, Y. Y. Feng. Alloyed $Zn_xCd_{1-x}S$ Nanocrystals with Highly Narrow Luminescence Spectral Width [J]. J. Am. Chem. Soc., 2003, 125: 13559-13563.

[64] 范希武，单崇新，羊亿，等. 以 S-K 和 V-W 模式生长 ZnCdSe 和 ZnSeS 量子点及其特性[J]. 发光学报，2005，26(1)：9-14.

[65] Qian H., Qiu X., Li L., et al. Microwave-Assisted Aqueous Synthesis: A Rap id Approach to Prepare Highly Luminescent ZnSe(S) Alloyed Quantum Dots[J]. J. Phys. Chem. B., 2006, 110(18): 9034-9040.

[66] Franzl T., Müller J., Klar T. A., et al. CdSe: Te Nanocrystals: Band-Edge versus Te-Related Emission[J]. J. Phys. Chem. C, 2007, 111(7): 2974-2979.

[67] Zhong X., Liu S., Zhang Z., et al. Synthesis of High-Quality CdS, ZnS, and $Zn_xCd_{1-x}S$ Nanocrystals using Metal Salts and Elemental Sulfur[J]. J. Mater. Chem., 2004, 14: 2790-2794.

[68] Y. Gu, I. L. Kuskovsky, R. D. Robinson, et al. A Comparison between Optically Active CdZnSe ZnSe/CdZnSe/ZnBeSe Self-assembled Quantum Dots: Effect of Beryllium[J]. Solid State Communications, 2005, 134(10): 677-681.

[69] K. P. Korona, P. Wojnar, J. A. Gaj, et al. Influence of Quantum Dot Density on Excitonic Transport and Recombination in CdZnTe/ZnTe QD Structures [J]. Solid State Communications, 2005, 133(6): 369-373.

[70] L. A. Swafford, L. A. Weigand, M. J. Bowers, et al. Homogeneously Alloyed CdS_xSe_{1-x} Nanocrystals: Synthesis, Characterization, and Composition/Size-Dependent Band Gap[J]. J. Am. Chem. Soc., 2006, 128(37): 12299-12306.

[71] N. Pradhan, X. Peng. Efficient and Color-Tunable Mn-Doped ZnSe Nanocrystal Emitters: Control of Optical Performance via Greener Synthetic Chemistry[J]. J. Am. Chem. Soc., 2007, 129(11): 3339-3347.

[72] R. Xie, X. Peng. Synthesis of Cu-Doped InP Nanocrystals with ZnSe Diffusion Barrier as Efficient and Color-Tunable NIR Emitters[J]. J. Am. Chem. Soc., 2009, 131(30): 10645-10651.

[73] W. Liu, M. Howarth, A. B. Greytak, et al. Compact Biocompatible Quantum Dots Functionalized for Cellular Imaging[J]. J. Am. Chem. Soc., 2008, 130(4): 1274-1284.

[74] S. C. Hsieh, F. F. Wang, C. S. Lin, et al. The Inhibition of Osteogenesis

with Human Bone Marrow Mesenchymal Stem Cells by CdSe/ZnS Quantum Dot Labels[J]. Biomaterials, 2006, 27(8): 1656 - 1664.

[75] J. Rockenberger, L. Tröger, A. L. Rogach, et al. Weller. The Contribution of Particle Core and Surface to Strain, Disorder and Vibrations in Thiolcapped CdTe Nanocrystals[J]. J. Chem. Phys. 1998, 108(18): 7807 - 7815.

[76] A. M. Kapitonov, A. P. Stupak, S. V. Gaponenko, et al. Luminescence Properties of Thiol-Stabilized CdTe Nanocrystals [J]. J. Phys. Chem. B, 1999, 103(46): 10109 - 10113.

[77] M. Gao, S. Kirstein, H. Möhwald. Strongly Photoluminescent CdTe Nanocrystals by Proper Surface Modification[J]. J. Phys. Chem. B, 1998, 102 (43): 8360 - 8363.

[78] N. Gaponik, D. V. Talapin, A. L. Rogach, et al. Thiol-Capping of CdTe Nanocrystals: an Alternative to Organometallic Synthetic Routes[J]. J. Phys. Chem. B, 2002, 106(29): 7177 - 7185.

[79] H. Zhang, L. P. Wang, H. M. Xiong, L. H. Hu, B. Yang, W. Li. Adv. Mater., 2003, 15: 1712 - 1715.

[80] Wang C., Zhang H., Zhang J., et al. Application of Ultrasonic Irradiation in Aqueous Synthesis of Highly Fluorescent CdTe/CdS Core-shell Nanocrystals [J]. J. Phys. Chem. C, 2007, 111(6): 2465 - 2469.

[81] J. Ziegler, A. Merkulov, M. Grabolle. High-Quality ZnS Shells for CdSe Nanoparticles: Rapid Microwave Synthesis[J]. Langmuir, 2007, 23(14): 7751 - 7759.

[82] J. Guo, W. Yang, C. Wang. Systematic Study of the Photoluminescence Dependence of thiol-Capped CdTe Nanocrystals on the Reaction Conditions[J]. J. Phys. Chem. B, 2005, 109(37): 17467 - 17473.

[83] T. Torimoto, H. Kontani, Y. Shibutani, et al. Characterization of Ultrasmall CdS Nanoparticles Prepared by the Size-Selective Photoetching Technique[J]. J. Phys. Chem. B, 2001, 105(29): 6838 - 6845.

[84] Q. D. Chen, Q. Ma, Y. Wan, et al. Studies on Fluorescence Resonance Energy Transfer between Dyes and Water-Soluble Quantum Dots[J]. Lumines-

cence. 2005, 20: 251 -255.

[85]J. Müller, J. M. Lupton, A. Rogach, et al. Signatures of Surface Charge Migration in the Spectral Diffusion of Single Elongated CdSe/CdS Nanocrystals [J]. Phys. Rev. B, 2005, 72: 205339 -205350.

[86]M. Bäumle, D. Stamou, Segura J - M, et al. Highly Fluorescent Streptavidin-Coated CdSe Nanopaticles: Preparation in Water, Characterization, and Micropatterning[J]. Langmuir, 2004, 20(10): 3828 -3831.

[87]W. Guo, J. J. Li, Y. A. Wang, et al. Conjugation Chemistry and Bioapplications of Semiconductor Box Nanocrystals Prepared via Dendrimer Bridging [J]. Chemistry of Materials, 2003, 15: 3125 -3133.

[88]I. Arslan, T. J. V. Yates, N. D. Browning, et al. Embedded Nanostructures Revealed in Three Dimensions [J]. Science, 2005, 309 (5744): 2195 -2198.

[89]A. R. Clapp, I. L. Medintz, H. T. Uyeda, et al. Quantum Dot-Based Multiplexed Fluorescence Resonance Energy Transfer[J]. J. Am. Chem. Soc., 2005, 127(51): 18212 -18221.

[90]B. J. Walker, G. P. Nair, L. F. Marshall, et al. Narrow-Band Absorption-Enhanced Quantum Dot/J - Aggregate Conjugates[J]. J. Am. Chem. Soc., 2009, 131 (28): 9624 -9625.

[91]W. Liu, H. S. Choi, J. P. Zimmer, et al. Compact Cysteine-Coated CdSe (ZnCdS) Quantum Dots for in Vivo Applications[J]. J. Am. Chem. Soc., 2007, 129 (47): 14530 -14531.

[92]Warren C. W., Chan S. Nie. Quantum Dot Bioconjugates for Ultrasensitive Nonisotopic Detection[J]. Science, 1998, 281(5385): 2016 -2018.

[93]H. K. Baca, C. Ashley, E. Carnes, et al. Cell-Directed Assembly of Lipid-Silica Nanostructures Providing Extended Cell Viability[J]. Science, 2006, 313(5785): 337 -341.

[94]X. Wu, H. Liu, J. Liu,et al. ImmunoFluorescent Labeling of Cancer Marker Her2 and other Cellular Targets with Semiconductor Quantum Dots[J]. Nature Biotechnology, 2002, 21: 41 -46.

[95]J. P. Zimmer, S - W. Kim, S. Ohnishi, et al. Size Series of Small Indium Arsenide-Zinc Selenide Core-Shell Nanocrystals and Their Application to In Vivo Imaging[J]. J. Am. Chem. Soc., 2006, 128 (8): 2526 - 2527.

[96]X. Gao, C. W. Chan, S. Nie. Quantum-Dot Nanocrystals for Ultrasensitive Biological Labeling and Multicolor Optical Encoding[J]. J. Biomed. Opt., 2002, 7(4): 532 - 537.

[97]M. Han, X. Gao, J. Z. Su, et al. Quantum-dot-tagged Microbeads for Multiplexed Optical Coding of Biomolecules[J]. Nature Biotechnology, 2001, 19: 631 - 635.

[98]E. R. Goldman, A. R. Clapp, G. P. Anderson, et al. Multiplexed Toxin Analysis Using Four Colors of Quantum Dot Fluororeagents[J]. Anal. Chem., 2004, 76 (3): 684 - 688.

[99]冯力蕴. 复合荧光 CdSe 量子点的制备、表征与光学性质研究[D]. 长春: 中国科学院研究分院(长春光学精密机械与物理研究所), 2006.

[100]J. W. Moreau, P. K. Weber, M. C. Martin, et al. Extracellular Proteins Limit the Dispersal of Biogenic Nanoparticles[J]. Science, 2007, 316 (5831):1600 - 1603.

[101]X. Michalet, F. F. Pinaud, L. A. Bentolila, et al. Quantum Dots for Live Cells, in Vivo Imaging, and Diagnostics[J]. Science, 2005, 307(5709): 538 - 544.

[102]金丽. CdTe 量子点的合成、表面修饰及其在生物医学上的应用[D]. 长春:吉林大学, 2009.

[103]E. A. Weiss, V. J. Porter, R. C. Chiechi, et al. The Use of Size-Selective Excitation To Study Photocurrent through Junctions Containing Single-Size and Multi-Size Arrays of Colloidal CdSe Quantum Dots[J]. J. Am. Chem. Soc., 2008, 130 (1): 83 - 92.

[104]A. K. Geim. Graphene: Status and Prospects[J]. Science, 2009, 324 (5934): 1530 - 1534

[105]T. Fujisawa, T. Hayashi, R. Tomita, et al. Bidirectional Counting of Single Electrons[J]. Science, 2006, 312(5720): 1634 - 1636.

[106]H. Matsubara, S. Yoshimoto, H. Saito, et al. GaN Photonic-Crystal Surface-Emitting Laser at Blue-Violet Wavelengths[J]. Science, 2008, 319: 445 -447.

[107]廖宇峰. 应用于生物光子成像的 CdSe 量子点核壳结构材料的绿色制备[D]. 杭州:浙江大学, 2008.

[108]陈鹏, 刘育梁. 量子点激光器[J]. 微纳电子技术, 2005, 7: 311 -317.

[109]Y. Chan, P. T. Snee, J -M. Caruge, et al. A Solvent-Stable Nanocrystal-Silica Composite Laser[J]. J. Am. Chem. Soc., 2006, 128 (10): 3146 -3147.

[110]D. V. Vezenov, B. T. Mayers, R. S. Conroy, et al. A Low-Threshold, High-Efficiency Microfluidic Waveguide Laser[J]. J. Am. Chem. Soc., 2005, 127 (25): 8952 -8953.

[111]王防震. 半导体量子点的光谱和光学性质研究[D]. 上海:复旦大学,2005.

[112]S. Noda. Applied Physics: Seeking the Ultimate Nanolaser[J]. Science, 2006, 314(5797): 260 -261.

[113]V. L. Colvin, M. C. Schlamp, A. P. Alivisatos. Light-Emitting Diodes Made from Cadmium Selenide Nanocrystals and a Semiconducting Polymer [J]. Nature, 1994, 370: 354 -357.

[114]Q. Sun, Y. A. Wang, L. S. Li, et al. Bright, Multicoloured Light-Emitting Diodes Based on Quantum Dots[J]. Nature Photonics, 2007, 1: 717 -722.

[115]Y. Xuan, D. Pan, N. Zhao, et al. White Electroluminescence from a Poly (N -vinylcarbazole) Layer Doped with CdSe/CdS Core-Shell Quantum Dots [J]. Nanotechnology, 2006, 17(19): 4966 -4969.

[116]张淑平. 混合有机电致发光材料的电输运及能量转移特性研究[D]. 哈尔滨:哈尔滨工业大学, 2008.

[117]G. Fève, A. Mahé, J. M. Berroir, et al. An On-Demand Coherent Single-Electron Source[J]. Science, 2007, 316: 1169 -1172.

[118]H. Mooij. The Road to Quantum Computing[J]. Science, 2005, 307 (5713): 1210 -1211.

[119] M. König, S. Wiedmann, C. Brüne, et al. Quantum Spin Hall Insulator State in HgTe Quantum Wells[J]. Science, 2007, 318(5851): 766 – 770.

[120] E. A. Stinaff, M. Scheibner, A. S. Bracker, et al. Optical Signatures of Coupled Quantum Dots[J]. Science, 2006, 311(5761): 636 – 639.

[121] L. Robledo, J. Elzerman, G. Jundt, et al. Conditional Dynamics of Interacting Quantum Dots[J]. Science, 2008, 320(5877): 772 – 775.